普通高等教育"十三五"应用型本科规划教材

概率论与数理统计

潘显兵　靳艳红　熊欧　主　编
边梦柯　陈素素　张学叶　副主编

清华大学出版社
北京

内 容 简 介

本书内容主要包括：概率论的基本概念、随机变量与多维随机变量及其分布、随机变量的数字特征、大数定律与中心极限定理、数理统计的基本概念、参数估计、假设检验、随机过程的基本概念．书中标题带 * 号的内容为选讲内容，每章均有应用案例或试验，附录中给出了常用的概率分布表及概率论与数理统计中常用的 MATLAB 基本命令等．

本书可作为高等院校非数学专业概率论与数理统计课程和概率论与随机过程课程的教材，也可供数学专业学生及广大工程技术人员参考．

本书封面贴有清华大学出版社防伪标签，无标签者不得销售．
版权所有，侵权必究．举报：010-62782989，beiqinquan@tup.tsinghua.edu.cn．

图书在版编目（CIP）数据

概率论与数理统计/潘显兵，靳艳红，熊欧主编．—北京：清华大学出版社，2017（2021.2重印）
（普通高等教育"十三五"应用型本科规划教材）
ISBN 978-7-302-48339-7

Ⅰ.①概⋯ Ⅱ.①潘⋯ ②靳⋯ ③熊⋯ Ⅲ.①概率论－高等学校－教材 ②数理统计－高等学校－教材 Ⅳ.①O21

中国版本图书馆 CIP 数据核字（2017）第 215770 号

责任编辑：陈　明
封面设计：傅瑞学
责任校对：王淑云
责任印制：杨　艳

出版发行：清华大学出版社
网　　址：http://www.tup.com.cn，http://www.wqbook.com
地　　址：北京清华大学学研大厦 A 座　　邮　编：100084
社 总 机：010-62770175　　邮　购：010-62786544
投稿与读者服务：010-62776969，c-service@tup.tsinghua.edu.cn
质量反馈：010-62772015，zhiliang@tup.tsinghua.edu.cn

印 装 者：三河市铭诚印务有限公司
经　　销：全国新华书店
开　　本：170mm×230mm　　印　张：15.5　　字　数：313 千字
版　　次：2017 年 8 月第 1 版　　印　次：2021 年 2 月第 4 次印刷
定　　价：45.00 元

产品编号：074761-02

前言

概率论与数理统计是对随机现象的统计规律进行演绎和归纳的科学,是从数量上研究随机现象的客观规律的一门基础学科,是近代数学的重要组成部分.当前,概率论与数理统计已广泛应用于自然科学、社会科学、工程技术、工农业生产和军事技术中,并且正广泛与其他学科互相渗透或结合,成为近代经济理论、管理科学等学科的应用研究的重要工具.因此,概率论与数理统计是理工农医、经济管理、金融等各类学生的必修课,是在现代科学技术、经济管理、人文科学中应用最广泛的一门课程.

本教材为普通高等学校非数学专业学生编写,也可供各类需要提高数学素质和能力的人员使用.本教材在编写过程中,始终贯彻"以理论为基础,以应用为目标"的原则,深入浅出地介绍了概率论、数理统计与随机过程的基本理论、方法及应用,注重随机现象思想与原理的叙述,特别强调概率论、数理统计方法的应用性.在本教材中,概念、定理及理论叙述准确、精炼,符合使用标准、规范,知识点突出,难点分散,证明和计算过程严谨,例题、习题等均经过精选,具有代表性和启发性.

本教材由重庆邮电大学移通学院数理教学部编写,潘显兵提出编写思想和提纲,靳艳红和熊欧负责部分章节编写及全书统稿工作,边梦柯、陈素素、张学叶等参与编写.编写过程中参阅了大量的相关教材和资料,并借鉴了部分相关内容,重庆邮电大学理学院的鲜思东教授对全部内容进行了审阅并提出宝贵意见.另外,本书的出版得到清华大学出版社的大力支持,在此一并表示衷心感谢.

由于编者的水平有限,教材中难免有不妥之处,希望读者提出宝贵意见.

编 者
2017 年 4 月

目录

第1章 事件与概率 …………………………………………… 1

1.1 随机事件 …………………………………………………… 1
    1.1.1 随机试验 ……………………………………………… 1
    1.1.2 样本空间和样本点 …………………………………… 2
    1.1.3 随机事件 ……………………………………………… 2
    1.1.4 事件的关系与运算 …………………………………… 3
    1.1.5 事件的运算律 ………………………………………… 5

1.2 概率的定义与计算 ………………………………………… 5
    1.2.1 频率与概率的统计定义 ……………………………… 5
    1.2.2 概率的公理化定义及性质 …………………………… 7
    1.2.3 古典概型 ……………………………………………… 8
    1.2.4 几何概型 ……………………………………………… 12

1.3 条件概率 …………………………………………………… 13
    1.3.1 条件概率 ……………………………………………… 13
    1.3.2 乘法定理 ……………………………………………… 14
    1.3.3 全概率公式与贝叶斯公式 …………………………… 16

1.4 独立性 ……………………………………………………… 17
    1.4.1 两个事件的独立性 …………………………………… 17
    1.4.2 多个事件的独立性 …………………………………… 18

1.5 应用案例与试验 …………………………………………… 20
    1.5.1 常染色体遗传模型 …………………………………… 20
    1.5.2 硬币试验 ……………………………………………… 23
    1.5.3 Galton 钉板试验 ……………………………………… 24

本章小结 ………………………………………………………… 26
习题一 …………………………………………………………… 26

第2章 随机变量 ……………………………………………… 30

2.1 随机变量及其分布函数 …………………………………… 30
    2.1.1 随机变量的概念 ……………………………………… 30

目录

   2.1.2 随机变量的分布函数 ······ 31
 2.2 离散型随机变量及其分布 ······ 32
   2.2.1 离散型随机变量的定义与性质 ······ 32
   2.2.2 几种常见的离散型随机变量分布 ······ 33
 2.3 连续型随机变量及其分布 ······ 40
   2.3.1 连续型随机变量的定义与性质 ······ 40
   2.3.2 几种常见的连续型分布 ······ 43
 2.4 随机变量函数的分布 ······ 49
   2.4.1 离散型随机变量函数的分布 ······ 49
   2.4.2 连续型随机变量函数的分布 ······ 50
 2.5 应用案例 ······ 51
 本章小结 ······ 53
 习题二 ······ 54

第3章 多维随机变量 ······ 57

 3.1 二维随机变量及其分布函数 ······ 57
   3.1.1 二维随机变量的概念 ······ 57
   3.1.2 二维随机变量的分布函数及其边缘分布函数 ······ 58
   3.1.3 两个随机变量的独立性 ······ 59
 3.2 二维离散型随机变量及其分布 ······ 59
   3.2.1 二维离散型随机变量及其联合分布律 ······ 59
   3.2.2 边缘分布律及其与独立性的关系 ······ 61
   3.2.3 条件分布律 ······ 64
 3.3 二维连续型随机变量及其分布 ······ 64
   3.3.1 二维连续型随机变量及其联合概率密度函数 ······ 64
   3.3.2 边缘密度函数及其与独立性的关系 ······ 67
   *3.3.3 条件密度函数 ······ 69
 *3.4 两个随机变量函数的分布 ······ 70
   3.4.1 二维离散型随机变量函数的分布 ······ 70
   3.4.2 二维连续型随机变量函数的分布 ······ 71
 3.5 应用案例与试验 ······ 75
   3.5.1 路程估计问题 ······ 75
   3.5.2 及时接车问题 ······ 76
 本章小结 ······ 79
 习题三 ······ 79

第4章　随机变量的数字特征 ……………………………………………………… 82

4.1　数学期望 …………………………………………………………………… 82
4.1.1　随机变量的数学期望 ………………………………………………… 83
4.1.2　随机变量函数的数学期望 …………………………………………… 85
4.1.3　数学期望的性质 ……………………………………………………… 87

4.2　方差 ………………………………………………………………………… 88
4.2.1　随机变量的方差 ……………………………………………………… 88
4.2.2　随机变量方差的性质 ………………………………………………… 90
4.2.3　常用分布的期望和方差 ……………………………………………… 91

4.3　协方差、相关系数及矩 …………………………………………………… 93
4.3.1　协方差及其性质 ……………………………………………………… 93
4.3.2　相关系数及其性质 …………………………………………………… 94
4.3.3　矩的概念 ……………………………………………………………… 96

4.4　大数定律与中心极限定理 ………………………………………………… 97
4.4.1　切比雪夫不等式 ……………………………………………………… 97
4.4.2　大数定律 ……………………………………………………………… 98
4.4.3　中心极限定理 ………………………………………………………… 99

4.5　应用案例与试验 …………………………………………………………… 102
4.5.1　风险决策问题 ………………………………………………………… 102
4.5.2　报童问题 ……………………………………………………………… 103
4.5.3　蒙特卡罗模拟 ………………………………………………………… 104

本章小结 ………………………………………………………………………… 105
习题四 …………………………………………………………………………… 106

第5章　数理统计基础 …………………………………………………………… 109

5.1　基本概念 …………………………………………………………………… 109
5.1.1　总体与样本 …………………………………………………………… 109
5.1.2　统计量 ………………………………………………………………… 110

5.2　统计量的分布 ……………………………………………………………… 112
5.2.1　χ^2 分布 …………………………………………………………… 112
5.2.2　t 分布 ……………………………………………………………… 113
5.2.3　F 分布 ……………………………………………………………… 114

5.3　正态总体的样本均值与样本方差的分布 ………………………………… 115
5.4　直方图 ……………………………………………………………………… 116

5.5 试验 ·········· 118
本章小结 ·········· 121
习题五 ·········· 121

第6章 参数估计 ·········· 122

6.1 点估计 ·········· 122
6.1.1 点估计问题的提出 ·········· 122
6.1.2 矩估计法 ·········· 123
6.1.3 极（最）大似然估计法 ·········· 124
6.1.4 估计量的评选标准 ·········· 127

6.2 区间估计 ·········· 131
6.2.1 区间估计的相关概念 ·········· 131
6.2.2 单个正态总体数学期望的置信区间 ·········· 133
6.2.3 单个正态总体方差的置信区间 ·········· 134
*6.2.4 两个正态总体的均值之差的置信区间 ·········· 135
*6.2.5 两个正态总体方差比的置信区间 ·········· 137

6.3 案例分析 ·········· 138
本章小结 ·········· 139
习题六 ·········· 139

第7章 假设检验 ·········· 142

7.1 假设检验的基本概念 ·········· 142
7.2 正态总体均值与方差的假设检验 ·········· 145
7.3 非正态总体参数的假设检验 ·········· 151
7.4 应用案例 ·········· 153
本章小结 ·········· 156
习题七 ·········· 156

第8章 随机过程初步 ·········· 158

8.1 随机过程的概念 ·········· 158
8.2 平稳随机过程 ·········· 165
8.3 马尔可夫链 ·········· 167
8.4 应用案例 ·········· 173
本章小结 ·········· 178
习题八 ·········· 178

附录A　概率论与数理统计中常用的 MATLAB 基本命令 …………… 181

附录B　常见概率分布表 …………………………………………………… 219
　　附表1　泊松分布数值表 ……………………………………… 219
　　附表2　标准正态分布表 ……………………………………… 223
　　附表3　t 分布表 ……………………………………………… 224
　　附表4　χ^2 分布临界值表 …………………………………… 225
　　附表5　F 分布临界值表 ……………………………………… 226

习题参考答案 ……………………………………………………………… 232

第1章 事件与概率

自然界和社会上发生的现象是各式各样的,有一类现象,在一定条件下必然发生,这类现象称为**确定性现象**. 例如,太阳从东方升起;水在标准大气压下温度达到100℃时必然沸腾;同性电荷相互排斥,异性电荷相互吸引等. 在自然界和社会上也存在另一类现象,在一定的条件下,可能出现这样的结果,也可能出现那样的结果,且在试验或观察之前不能确定哪一个结果会出现,这类现象称为**随机现象**. 例如,掷一枚均匀的硬币,其结果可能是正面朝上,也可能是反面朝上,并且在每次抛掷之前无法确定抛掷的结果是什么;又如,在军训射击时,用同一步枪向同一目标射击,每次弹着点不尽相同,且在每一次射击之前无法预测弹着点的确切位置.

人们经过长期的实践和深入研究后,发现随机现象在大量重复试验或观察下,结果呈现出某种规律性. 例如,多次重复掷一枚均匀硬币得到正面朝上的结果大致有一半;同一步枪射击同一目标的弹着点按照一定的规律分布. 随机现象的这种在大量重复试验或观察中所呈现出的固有规律性,我们称为随机现象的**统计规律性**. 概率论与数理统计就是研究和揭示随机现象统计规律性的一门数学科学.

1.1 随机事件

1.1.1 随机试验

人们是通过观察和试验来研究随机现象的,为对随机现象加以研究所进行的观察或试验,称为试验. 若一个试验具有下列三个特点:

(1) 可以在相同的条件下重复地进行;

(2) 每次试验的可能结果不止一个,并且能事先明确试验的所有可能结果;

(3) 进行一次试验之前不能确定哪一个结果会出现,

则称这一试验为随机试验(random trial),通常用 E 表示.

例 1.1.1 随机试验的例子.

(1) E_1:抛一枚硬币,观察正面 H、反面 T 出现的情况.

(2) E_2:将一枚硬币抛掷三次,观察正面 H、反面 T 出现的情况.

(3) E_3：将一枚硬币抛掷三次，观察正面出现的次数.

(4) E_4：记录一天内进入某商场的顾客数.

(5) E_5：在一批灯泡中任意抽取一只，测试它的寿命.

(6) E_6：记录某一地区一昼夜的最低温度和最高温度.

1.1.2 样本空间和样本点

对于随机试验，尽管在每次试验之前不能确定试验的结果，但试验的所有可能结果是已知的，我们将随机试验 E 的所有可能结果组成的集合称为 E 的**样本空间**（Space），记为 S. 样本空间的元素，即 E 的每个结果，称为**样本点**.

例 1.1.2 请给出例 1.1.1 中随机试验的样本空间.

解 (1) $S_1 = \{H, T\}$；

(2) $S_2 = \{HHH, HHT, HTH, THH, TTH, THT, HTT, TTT\}$；

(3) $S_3 = \{0, 1, 2, 3\}$；

(4) $S_4 = \{0, 1, 2, \cdots\}$；

(5) $S_5 = \{t \mid t \geq 0\}$；

(6) $S_6 = \{(x, y) \mid T_0 \leq x \leq y \leq T_1\}$，这里 x 表示最低温度，y 表示最高温度，并设这一地区温度不会小于 T_0 也不会大于 T_1.

需要注意的是：

(1) 样本空间中的元素可以是数，也可以不是数.

(2) 样本空间中的元素个数可以是有限的，也可以是无限的，但至少含有两个元素.

(3) 样本空间中的元素由试验目的确定.

1.1.3 随机事件

一般地，我们称试验 E 的样本空间 S 的子集为 E 的**随机事件**，简称事件，通常用大写字母 $A, B, C, \cdots$ 表示. 在每次试验中，当且仅当这一子集中的一个样本点出现时，称这一**事件发生**，否则称**事件不发生**. 例如，在掷骰子的试验中，可以用 A 表示"出现点数为偶数"这个事件，若试验结果是"出现 6 点"，就称事件 A 发生；若试验结果是"出现 1 点"，就称事件 A 不发生.

特别地，由一个样本点组成的单点集，称为**基本事件**. 例如，在掷骰子的试验中有六个基本事件$\{1\}, \{2\}, \cdots, \{6\}$. 每次试验中都必然发生的事件，称为**必然事件**. 由于样本空间 S 包含所有的样本点，它是 S 自身的子集，且在每次试验中都必然发生的，故它就是一个必然事件. 因而必然事件我们也用 S 表示. 在每次试验中都不可能发生的事件称为**不可能事件**. 空集 $\varnothing$ 不包含任何样本点，它作为样本空间的子集，在每次试验中都不可能发生，故它就是一个不可能事件. 因而不可能事件也用 $\varnothing$ 表示.

例 1.1.3 在掷一颗骰子观察点数的试验中,令事件 A 表示"出现的点数是奇数",事件 B 表示"出现的点数是偶数",事件 C 表示"出现的点数小于 5",事件 D 表示"出现的点数是不小于 3 的偶数". 请写出随机试验的样本空间及事件包含的样本点.

解 $S=\{1,2,3,4,5,6\}, A=\{1,3,5\}, B=\{2,4,6\}, C=\{1,2,3,4\}, D=\{4,6\}$.

1.1.4 事件的关系与运算

事件是一个集合,因而事件间的关系与运算自然按照集合论中集合之间的关系和运算来处理. 根据"事件发生"的含义,给出它们在概率论中的含义. 设试验 E 的样本空间为 S,而 $A, B, A_k(k=1,2,\cdots)$ 是 S 的子集.

1. **包含关系** 若事件 A 发生必然导致事件 B 发生,则称事件 B 包含事件 A(或称事件 A 包含于事件 B),记为 $B \supset A$(或 $A \subset B$)(见图 1.1.1).

为了方便起见,规定对于任一事件 A,有 $\varnothing \subset A \subset S$.

2. **相等关系** 若事件 B 包含事件 A,事件 A 也包含事件 B,即 $B \supset A$ 且 $A \supset B$,则称事件 A 与事件 B 相等,记为 $A=B$.

3. **事件的和** 事件 A 与事件 B 至少有一个发生,这一事件称为事件 A 与事件 B 的并(和),记为 $A \cup B$(见图 1.1.2).

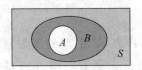
图 1.1.1 $B \supset A$ 或 $A \subset B$

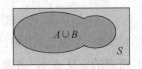
图 1.1.2 $A \cup B$

对任一事件 A,有 $A \cup S = S, A \cup \varnothing = A$.

$A = \bigcup_{i=1}^{n} A_i$ 表示"$A_1, A_2, \cdots, A_n$ 中至少有一个事件发生"这一事件.

$A = \bigcup_{i=1}^{\infty} A_i$ 表示"可列无穷多个事件 A_i 中至少有一个事件发生"这一事件.

在例 1.1.3 中,A 表示"出现的点数是奇数";事件 C 表示"出现的点数小于 5",则 $A \cup C = \{1,2,3,4,5\}$.

4. **事件的积** 事件 A 与事件 B 同时发生,这一事件称为事件 A 与事件 B 的积(或交),记为 $A \cap B$(或 AB)(见图 1.1.3).

对任一事件 A,有 $A \cap S = A, A \cap \varnothing = \varnothing$.

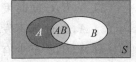
图 1.1.3 $A \cap B$

$B = \bigcap_{i=1}^{n} B_i$ 表示"n 个事件 $B_1, B_2, \cdots, B_n$ 同时发生"这一事件.

$B = \bigcap_{i=1}^{\infty} B_i$ 表示"可列无穷多个事件 B_i 同时发生"这一事件.

在例 1.1.3 中, A 表示"出现的点数是奇数"; C 表示"出现的点数小于 5", 则 $A \cap C = \{1, 3\}$.

5. 事件的差 事件 A 发生而事件 B 不发生, 这一事件称为事件 A 与事件 B 的差, 记为 $A - B$(见图 1.1.4).

对任一事件 A, 有 $A - A = \varnothing$, $A - \varnothing = A$, $A - S = \varnothing$.

在例 1.1.3 中, A 表示"出现的点数是奇数", C 表示"出现的点数小于 5", 则 $A - C = \{5\}$.

6. 互不相容事件 若事件 A 与事件 B 不能同时发生, 亦即 $AB = \varnothing$, 则称事件 A 与事件 B 是互不相容的(见图 1.1.5).

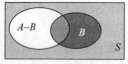
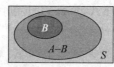
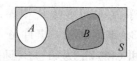

(a) $A - B$ ($B \not\subset A$) (b) $A - B$ ($B \subset A$)

图 1.1.4 图 1.1.5 $AB = \varnothing$

在例 1.1.3 中, A 表示"出现的点数是奇数", B 表示"出现的点数是偶数", 则 A 与 B 是互不相容的; D 表示"出现的点数是不小于 3 的偶数", 则 A 与 D 也是互不相容的.

7. 互逆事件 若在任何一次试验中, 事件 A 与事件 B 有且仅有一个发生, 亦即事件 A 与事件 B 满足 $A \cup B = S$ 且 $A \cap B = \varnothing$, 则称事件 A 与事件 B 互逆, 又称 A 是 B 的对立事件(或 B 是 A 的对立事件), 记为 $A = \overline{B}$(或 $B = \overline{A}$).

在例 1.1.3 中, A 表示"出现的点数是奇数", B 表示"出现的点数是偶数", 因此 $B = \overline{A}$.

例 1.1.4 设 A, B, C 是 E 的随机事件, 用 A, B, C 的运算关系表示下列事件:

(1) A, B 都发生而 C 不发生;

(2) A, B, C 同时发生;

(3) A, B, C 都不发生;

(4) A, B, C 至少有一个事件发生;

(5) A, B, C 至少有两个事件发生;

(6) A, B, C 中恰好有两个事件发生;

(7) A, B, C 中不多于一个事件发生.

解 （1）$AB\bar{C}$；（2）ABC；（3）$\overline{ABC}$；（4）$A\cup B\cup C$；（5）$AB\cup AC\cup BC$；
（6）$AB\bar{C}\cup A\bar{B}C\cup \bar{A}BC$；（7）$\overline{ABC}\cup \overline{ABC}\cup \overline{ABC}\cup \overline{ABC}$.

1.1.5 事件的运算律

在进行事件的运算时，经常要用到下述定律，设 A,B,C 为事件，则有
(1) 交换律　　$A\cup B=B\cup A, AB=BA$.
(2) 结合律　　$(A\cup B)\cup C=A\cup(B\cup C),(AB)C=A(BC)$.
(3) 分配律　　$A(B\cup C)=AB\cup AC, A\cup BC=(A\cup B)(A\cup C)$.
(4) 重叠律　　$A\cup A=A, AA=A$.
(5) 否定律　　$\bar{\bar{A}}=A$.
(6) 互逆律　　$A\cup \bar{A}=S, A\bar{A}=\varnothing$.
(7) 差化积　　$A-B=A\bar{B}$.
(8) 吸收律　　若 $A\subset B$，则 $A\cup B=B, AB=A$.
(9) 对偶律（德摩根律）　$\overline{A\cup B}=\bar{A}\cap \bar{B},\overline{A\cap B}=\bar{A}\cup \bar{B}$.

德摩根律可推广到有限个事件及无穷可列个事件的情况：

$$\overline{\bigcup_{i=1}^{n}A_i}=\bigcap_{i=1}^{n}\bar{A_i},\quad \overline{\bigcap_{i=1}^{n}A_i}=\bigcup_{i=1}^{n}\bar{A_i};$$

$$\overline{\bigcup_{i=1}^{\infty}A_i}=\bigcap_{i=1}^{\infty}\bar{A_i},\quad \overline{\bigcap_{i=1}^{\infty}A_i}=\bigcup_{i=1}^{\infty}\bar{A_i}.$$

例 1.1.5 设事件 A 表示"甲种产品畅销，乙种产品滞销"，求其对立事件 $\bar{A}$.

解 设 B 表示"甲种产品畅销"，C 表示"乙种产品滞销"，则 $A=BC$，故 $\bar{A}=\overline{BC}=\bar{B}\cup \bar{C}$ 表示"甲种产品滞销或乙种产品畅销".

1.2 概率的定义与计算

除必然事件与不可能事件外，任一随机事件在一次试验中都有可能发生，也有可能不发生．人们常常希望了解某些事件在一次试验中发生的可能性大小．为此，我们首先引入频率的概念，它描述了事件发生的频繁程度．进而我们再引出表示事件在一次试验中发生的可能性大小的数——概率．

1.2.1 频率与概率的统计定义

定义 1.2.1 在相同的条件下，进行 n 次试验，事件 A 发生的次数 n_A 称为事件 A 发生的**频数**，比值 $\frac{n_A}{n}$ 称为事件 A 在 n 次试验中发生的**频率**（Frequency），记为 $f_n(A)$.

由频率的定义可知,频率具有下列性质:

(1) 对任一事件 A,有 $0 \leqslant f_n(A) \leqslant 1$;
(2) 对必然事件 S,有 $f_n(S)=1$;
(3) 若事件 A,B 互不相容,则
$$f_n(A \cup B) = f_n(A) + f_n(B).$$

一般地,若事件 $A_1, A_2, \cdots, A_m$ 两两互不相容,则
$$f_n\left(\bigcup_{i=1}^{m} A_i\right) = \sum_{i=1}^{m} f_n(A_i).$$

事件 A 发生的频率 $f_n(A)$ 表示 A 发生的频繁程度,频率越大,事件 A 发生就越频繁,在一次试验中,A 发生的可能性也就越大.反之亦然.因而直观的想法是用 $f_n(A)$ 表示 A 在一次试验中发生可能性的大小.但是,由于试验的随机性,即使同样是进行 n 次试验,$f_n(A)$ 的值也不一定相同.但大量试验证实,随着重复试验次数 n 的增加,频率 $f_n(A)$ 会逐渐稳定于某个常数附近,而偏离的可能性很小,这种规律称为频率的"稳定性".例如掷硬币的试验中,发生正面的频率应稳定在 0.5 的附近,历史上曾有不少科学家做过试验,所得结果如表 1-2-1 所示.

表 1-2-1 抛硬币试验的结果

试验者	抛掷次数 n	出现正面次数 n_A	频数 n_A/n
德摩根	2 048	1 017	0.496 6
德摩根	2 048	1 048	0.511 7
蒲丰	4 040	2 048	0.506 9
皮尔逊	12 000	6 019	0.501 6
维尼	30 000	14 994	0.499 8
德摩根	2 048	1 039	0.507 3
德摩根	2 048	1 061	0.518 1
皮尔逊	24 000	12 012	0.500 5

从表 1-2-1 中数据可以看出:①频率具有随机波动性(即使对于同样的试验次数 n,所得的 $f_n(A)$ 不尽相同);②抛掷硬币的次数 n 较小时,频率 $f_n(A)$ 随机波动的幅度较大,但随着 n 增大,频率 $f_n(A)$ 呈现出稳定性(当 n 逐渐增大时,$f_n(A)$ 稳定在 0.5 附近).

对于每一个事件 A 都有这样一个客观存在的常数与之对应.这种"**频率稳定性**"即通常所说的统计规律性,不断地为人类的实践所证实,它揭示了隐藏在随机现象中的规律性.用这个频率稳定值来表示事件发生的可能性大小是合适的,这就是概率的统计定义.

定义 1.2.2 设事件 A 在 n 次重复试验中发生的次数为 k,当 n 很大时,频率 $\dfrac{k}{n}$

在某一数值 p 的附近摆动,而随着试验次数 n 的增加,发生较大摆动的可能性越来越小,则称数 p 为事件 A 发生的概率,记为 $P(A)=p$.

要注意的是,上述定义并没有提供确切计算概率的方法,因为我们永远不可能依据它确切地定出任一事件的概率. 在实际中,我们不可能对每一个事件都做大量的试验,况且我们不知道 n 取多大才行;如果 n 取很大,不一定能保证每次试验的条件都完全相同. 而且也没有理由认为,取试验次数为 $n+1$ 来计算频率,总会比取试验次数为 n 来计算频率将会更准确、更逼近所求的概率. 为了理论研究的需要,我们从频率的稳定性和频率的性质得到启发,给出概率的公理化定义.

1.2.2 概率的公理化定义及性质

定义 1.2.3 设 E 是随机试验, S 是它的样本空间,对于 E 的每一个事件 A 赋予一个实数,记为 $P(A)$,称为事件 A 的概率,如果集合函数 $P(\cdot)$ 满足下列条件:

(1) 非负性:对于每一个事件 A,有 $P(A) \geqslant 0$;

(2) 规范性:对于必然事件 S,有 $P(S)=1$;

(3) 可列可加性:设 $A_1,A_2,\cdots$ 是两两互不相容的事件,即对于 $i \neq j$, $A_i A_j = \varnothing$, $i,j=1,2,\cdots$,有

$$P\left(\bigcup_{i=1}^{\infty} A_i\right) = \sum_{i=1}^{\infty} P(A_i).$$

由概率的公理化定义,可得概率有以下性质.

1. $P(\varnothing)=0$. 即不可能事件发生的概率为 0.

证 令 $A_n = \varnothing (n=1,2,\cdots)$,则 $\bigcup_{n=1}^{\infty} A_n = \varnothing$ 且 $A_i A_j = \varnothing (i \neq j, i,j=1,2,\cdots)$.

由概率的可列可加性得 $P(\varnothing) = P\left(\bigcup_{n=1}^{\infty} A_n\right) = \sum_{n=1}^{\infty} P(A_n) = \sum_{n=1}^{\infty} P(\varnothing)$,而 $P(\varnothing) \geqslant 0$,故由上式知 $P(\varnothing) = 0$.

2. (**有限可加性**) 若 $A_1, A_2, \cdots, A_n$ 是两两互不相容的事件,则有

$$P(A_1 \bigcup A_2 \bigcup \cdots \bigcup A_n) = P(A_1) + P(A_2) + \cdots + P(A_n).$$

证 令 $A_{n+1} = A_{n+2} = \cdots = \varnothing$,则 $A_i A_j = \varnothing$,当 $i \neq j, i,j=1,2,\cdots$ 时,由可列可加性,得

$$P\left(\bigcup_{k=1}^{n} A_k\right) = P\left(\bigcup_{k=1}^{\infty} A_k\right) = \sum_{k=1}^{\infty} P(A_k) = \sum_{k=1}^{n} P(A_k).$$

3. 设 A, B 是两个事件,若 $A \subset B$,则有

$$P(B-A) = P(B) - P(A), \quad P(B) \geqslant P(A).$$

证 由 $A \subset B$ 知 $B = A \bigcup (B-A)$,且 $A(B-A) = \varnothing$,再由概率的有限可加性有

$$P(B) = P(A \bigcup (B-A)) = P(A) + P(B-A);$$

又由 $P(B-A) \geqslant 0$, 得 $P(B) \geqslant P(A)$.

一般地, 对任意两事件 A, B, 有 $P(B-A) = P(B\bar{A}) = P(B) - P(AB)$.

4. 对任一事件 A, $P(A) \leqslant 1$.

证 因为 $A \subset S$, 由性质 3 得 $P(A) \leqslant P(S) = 1$.

5. 对任一事件 A, 有 $P(\bar{A}) = 1 - P(A)$.

证 因为 $\bar{A} \cup A = S$ 且 $\bar{A}A = \varnothing$, 由有限可加性, 得
$$1 = P(S) = P(\bar{A} \cup A) = P(\bar{A}) + P(A),$$
即 $P(\bar{A}) = 1 - P(A)$.

6. (**加法公式**) 对于任意两个事件 A, B, 有
$$P(A \cup B) = P(A) + P(B) - P(AB).$$

证 因为 $A \cup B = A \cup (B - AB)$ 且 $A \cap (B - AB) = \varnothing$, 由性质 2 和性质 3 得
$$P(A \cup B) = P(A \cup (B - AB))$$
$$= P(A) + P(B - AB)$$
$$= P(A) + P(B) - P(AB).$$

性质 6 还可推广到三个事件的情形. 例如, 设 A, B, C 为任意三个事件, 则有
$P(A \cup B \cup C) = P(A) + P(B) + P(C) - P(AB) - P(AC) - P(BC) + P(ABC)$.

一般地, 对任意 n 个事件 $A_1, A_2, \cdots, A_n$, 有
$$P\left(\bigcup_{i=1}^{n} A_i\right) = \sum_{i=1}^{n} P(A_i) - \sum_{1 \leqslant i < j \leqslant n} P(A_i A_j)$$
$$+ \sum_{1 \leqslant i < j < k \leqslant n} P(A_i A_j A_k) - \cdots + (-1)^{n-1} P(A_1 A_2 \cdots A_n).$$

例 1.2.1 设 A, B 为任意两事件, $P(A) = 0.5$, $P(B) = 0.3$, $P(AB) = 0.1$, 求:
(1) $P(A - B)$; (2) $P(A \cup \bar{B})$; (3) $P(\bar{A}\bar{B})$.

解 (1) $P(A - B) = P(A) - P(AB) = 0.5 - 0.1 = 0.4$.
(2) $P(A \cup \bar{B}) = P(A) + P(\bar{B}) - P(A\bar{B}) = 0.5 + (1 - 0.3) - 0.4 = 0.8$.
(3) $P(\bar{A}\bar{B}) = P(\overline{A \cup B}) = 1 - P(A \cup B) = 1 - [P(A) + P(B) - P(AB)] = 1 - (0.5 + 0.3 - 0.1) = 0.3$.

1.2.3 古典概型

定义 1.2.4 设 E 是一个随机试验, 若它满足以下两个条件:
(1) (有限性) 试验的样本空间只有有限个样本点;
(2) (等可能性) 试验中每个样本点发生的可能性相等,
则称 E 为古典概型(等可能概型).

定义 1.2.5 设 E 是一个古典概型, 样本空间 $S = \{e_1, e_2, \cdots, e_n\}$, A 是 E 中的一个事件, 且 $A = \{e_{i_1}, e_{i_2}, \cdots, e_{i_k}\}$, 定义 A 的概率为

$$P(A) = \frac{A\text{所包含的样本点个数}}{S\text{中样本点总数}},$$

并称所确定的概率为事件 A 的古典概率.

容易验证古典概率满足下列性质:

(1) 对任一事件 A,有 $0 \leqslant P(A) \leqslant 1$;

(2) 对于必然事件 S,有 $P(S)=1$;

(3) 设 $A_1, A_2, \cdots, A_n$ 互不相容,则有 $P\left(\bigcup_{i=1}^{n} A_i\right) = \sum_{i=1}^{n} P(A_i)$.

例 1.2.2 将一枚硬币抛掷三次,设事件 A_1 为"恰有一次出现正面",事件 A_2 为"至少有一次出现正面",求 $P(A_1), P(A_2)$.

解 将一枚硬币抛掷三次的样本空间为

$$S = \{HHH, HHT, HTH, THH, HTT, THT, TTH, TTT\},$$

S 中包含有限个元素,且由对称性知每个基本事件发生的可能性相同.

(1) $A_1 = \{HTT, THT, TTH\}$,得 $P(A_1) = \frac{3}{8}$.

(2) $A_2 = \{HHH, HHT, HTH, THH, HTT, THT, TTH\}$,得 $P(A_2) = \frac{7}{8}$.

当样本空间的元素较多时,我们一般不再将 S 中的元素一一列出,而只需分别求出 S 与 A 中包含的元素的个数(即基本事件的个数),再由古典概型的计算公式求出 A 的概率. 所以计算中经常用到乘法原理、加法原理和排列组合工具.

(1) **乘法原理** 如果完成某项工作需经 k 个步骤,第一步有 m_1 种方法,第二步有 m_2 种方法,……,第 k 步有 m_k 种方法,那么完成这项工作共有 $m_1 \cdot m_2 \cdot \cdots \cdot m_k$ 种方法.

(2) **加法原理** 如果某项工作可由 k 种不同途径去完成,其中第一种途径有 m_1 种完成方法,第二种途径有 m_2 种完成方法,……,第 k 种途径有 m_k 种完成方法,那么完成这项工作共有 $m_1 + m_2 + \cdots + m_k$ 种方法.

(3) **排列** 从 n 个不同元素中任取 $r(r \leqslant n)$ 个元素排成一列(考虑元素出现次序),称此为一个排列,此种排列的总数记为 A_n^r,且

$$A_n^r = \frac{n!}{(n-r)!}.$$

(4) **组合** 从 n 个不同元素中任取 $r(r \leqslant n)$ 个元素组成一组(不考虑元素出现次序),称此为一个组合,此种组合的总数记为 C_n^r,且

$$C_n^r = \frac{n!}{r!(n-r)!}.$$

例 1.2.3 一口袋装有 8 只球,其中 5 只白球、3 只红球。从口袋中取球两次,每次随机地取一只. 考虑两种取球方式:

(a) 第一次取一只球,观察颜色后放回袋中,搅匀后再取一球,这种取球方式叫做有放回抽样;

(b) 第一次取一只球不放回袋中,第二次从剩余的球中再取一球,这种取球方式叫做不放回抽样.

试分别就上面两种情况求:

(1) 取到的两只球都是白球的概率;

(2) 取到的两只球颜色相同的概率;

(3) 取到的两只球中至少有一只是白球的概率.

解 令 $A=\{$取到的两只球都是白球$\}$,$B=\{$取到的两只球都是红球$\}$,$C=\{$取到的两只球中至少有一只是白球$\}$. 则 $A\cup B=\{$取到的两只球颜色相同$\}$,且 $C=\bar{B}$.

(a) 有放回抽样的情形.

在袋中依次取两只球,每一种取法为一个基本事件,显然此时样本空间中仅包含有限个元素,且由对称性知每个基本事件发生的可能性相同,因而可用古典概型来计算事件的概率.

第一次从袋中取球有 8 只球可取,第二次也有 8 只球可取. 由乘法原理,共有 8×8 种取法,即样本空间中元素总数为 8×8. 对于事件 A 而言,由于第一次有 5 只白球可供抽取,第二次也有 5 只白球可供抽取,由乘法原理,共有 5×5 种取法,即 A 中包含 5×5 个元素. 同理,B 包含 3×3 个元素. 于是

$$P(A)=\frac{5\times 5}{8\times 8}=\frac{25}{64},\quad P(B)=\frac{3\times 3}{8\times 8}=\frac{9}{64}.$$

由于 $AB=\varnothing$,得

$$P(A\cup B)=P(A)+P(B)=\frac{17}{32},\quad P(C)=P(\bar{B})=1-P(B)=\frac{55}{64}.$$

(b) 不放回抽样的情况.

第一次从袋中取球有 8 只球可取,第二次有 7 只球可取,由乘法原理,共有 8×7 种取法,即样本空间中元素总数为 8×7. 对于事件 A 而言,由于第一次有 5 只白球可供抽取,第二次有 4 只白球可供抽取,由乘法原理,共有 5×4 种取法,即 A 中包含 5×4 个元素. 同理,B 中包含 3×2 个元素. 于是

$$P(A)=\frac{5\times 4}{8\times 7}=\frac{5}{14},\quad P(B)=\frac{3\times 2}{8\times 7}=\frac{3}{28}.$$

由于 $AB=\varnothing$,所以

$$P(A\cup B)=P(A)+P(B)=\frac{13}{28},\quad P(C)=P(\bar{B})=1-P(B)=\frac{25}{28}.$$

例 1.2.4 箱中装有 a 只白球,b 只黑球,现进行不放回抽样,每次取一只. 求:

(1) 任取 $m+n$ 只,恰有 m 只白球,n 只黑球的概率($m\leqslant a,n\leqslant b$);

(2) 第 k 次才取到白球的概率($k\leqslant b+1$);

(3) 第 k 次恰取到白球的概率.

解 (1) 可看作一次取出 $m+n$ 只球,与次序无关,是组合问题.从 $a+b$ 只球中任取 $m+n$ 只,所有可能的取法共有 C_{a+b}^{m+n} 种,每一种取法为一基本事件,且由对称性知每个基本事件发生的可能性相同.从 a 只白球中取 m 只,共有 C_a^m 种不同的取法,从 b 只黑球中取 n 只,共有 C_b^n 种不同的取法.由乘法原理知,取到 m 只白球,n 只黑球的取法共有 $C_a^m C_b^n$ 种,于是所求概率为

$$p_1 = \frac{C_a^m C_b^n}{C_{a+b}^{m+n}}.$$

(2) 抽取与次序有关.每次取一只,取后不放回,一共取 k 次,每种取法即是从 $a+b$ 个不同元素中任取 k 个不同元素的一个排列,每种取法是一个基本事件,共有 A_{a+b}^k 个基本事件,且由对称性知每个基本事件发生的可能性相同.前 $k-1$ 次都取到黑球,从 b 只黑球中任取 $k-1$ 只的取法种数,有 A_b^{k-1} 种,第 k 次抽取的白球可为 a 只白球中任一只,有 A_a^1 种不同的取法.由乘法原理,前 $k-1$ 次都取到黑球,第 k 次取到白球的取法共有 $A_b^{k-1} A_a^1$ 种,于是所求概率为

$$p_2 = \frac{A_b^{k-1} A_a^1}{A_{a+b}^k}.$$

(3) 基本事件总数仍为 A_{a+b}^k.第 k 次必取到白球,可为 a 只白球中任一只,有 A_a^1 种不同的取法,其余被取的 $k-1$ 只球可以是其余 $a+b-1$ 只球中的任意 $k-1$ 只,共有 A_{a+b-1}^{k-1} 种不同的取法,由乘法原理,第 k 次恰取到白球的取法有 $A_a^1 A_{a+b-1}^{k-1}$ 种,故所求概率为

$$p_3 = \frac{A_a^1 A_{a+b-1}^{k-1}}{A_{a+b}^k} = \frac{a}{a+b}.$$

例 1.2.4(3)中 p_3 与 k 无关,也就是说其中任一次取球,取到白球的概率都跟第一次取到白球的概率相同,为 $\frac{a}{a+b}$,而跟取球的先后次序无关(例如购买福利彩票时,尽管购买的先后次序不同,但各人得奖的机会是一样的).

例 1.2.5(**分房问题**) 设有 n 个人,每个人都等可能地被分配到 N 个房间中任意一间去住($n \leqslant N$),求下列事件的概率:
(1) 指定 n 个房间各有一个人住;
(2) 恰好有 n 个房间,其中各住一个人.

解 因为每一个人有 N 个房间可供选择,故 n 个人住的方式共有 N^n 种,它们是等可能的.

(1) 指定的 n 个房间各有一个人住,其可能总数为 n 个人的全排列 $n!$,于是

$$p_1 = \frac{n!}{N^n};$$

(2) n 个房间可以在 N 个房间中任意选取,其总数有 C_N^n 个,对选定的 n 个房间,按前述的讨论可知有 $n!$ 种分配方式,所以恰有 n 个房间其中各住一人的概率为

$$p_2 = \frac{C_N^n n!}{N^n} = \frac{N!}{N^n(N-n)!}.$$

例 1.2.6(生日问题) 假设每人的生日在一年 365 天中的任一天是等可能的,求 64 人生日各不相同的概率.

解 将一年 365 天看成是 365 个房间,则"64 人生日各不相同"就相当于"恰好有 64 个房间,其中各住一个人",所以 64 人生日各不相同的概率为

$$p = \frac{365!}{365^{64}(365-64)!} = 0.003.$$

1.2.4 几何概型

上述古典概型的计算,只适用于具有等可能性的有限样本空间,若试验结果无限时,它显然已不适合.为了克服有限的限制,可将古典概型的计算加以推广.

设试验具有以下特点:

(1) 样本空间 S 是一个几何区域,这个区域的大小可以度量(如长度、面积、体积等),并把 S 的度量记作 $m(S)$;

(2) 向区域 S 内任意投掷一个点,落在区域内任一个点处都是"等可能的",或者设落在 S 中的区域 A 内的可能性与 A 的度量 $m(A)$ 成正比,与 A 的位置和形状无关.

这类随机试验称为几何概型.不妨也用 A 表示事件"掷点落在区域 A 内",规定事件 A 的概率为

$$P(A) = \frac{m(A)}{m(S)}.$$

例 1.2.7(约会问题) 两人相约晚上 7 点至 8 点在预定地方会面,先到者等候 20min,过时则离去,如果每人在这指定的 1h 内任一时刻到达是等可能的,试求这两人能会面的概率.

解 以 x, y 分别表示两人到达的时间,那么,两人到达时间的一切可能结果落在边长为 60 的正方形内,这个正方形就是样本空间 S,而两人能会面的充要条件是 $|x-y| \leqslant 20$,即 $y \leqslant x+20, y \geqslant x-20$.

令事件 A 表示"两人能会面",如图 1.2.1 中阴影部分所示,则

$$P(A) = \frac{m(A)}{m(S)} = \frac{60^2 - 40^2}{60^2} = \frac{5}{9}.$$

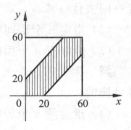

图 1.2.1

1.3 条件概率

1.3.1 条件概率

在实际应用中经常需要考虑当事件 A 发生的条件下,事件 B 发生的概率,称为条件概率,记为 $P(B|A)$,它与 $P(A)$ 是不同的两类概率.下面用一个例子说明.

例 1.3.1 将一枚硬币抛掷两次,观察其出现正反面的情况.设事件 A 为"至少有一次为正面 H",事件 B 为"两次掷出同一面".求:(1)事件 B 发生的概率;(2)已知事件 A 已经发生的条件下事件 B 发生的概率.

解 由题意,样本空间 $S=\{HH, HT, TH, TT\}$,$A=\{HH, HT, TH\}$,$B=\{HH, TT\}$.

(1) $P(B) = \dfrac{2}{4} = \dfrac{1}{2}$.

(2) 已知事件 A 已发生,有了这一信息,排除了 TT 发生的可能性,这时样本空间 S 也随之变为 $S_A = A = \{HH, HT, TH\}$,A 中共有 3 个元素,其中有 $HH \in B$.于是,在 A 发生的条件下 B 发生的概率(记为 $P(B|A)$)为

$$P(B|A) = \dfrac{1}{3}.$$

在这里,我们看到 $P(B) \neq P(B|A)$.这很容易理解,因为在求 $P(B|A)$ 时我们是限制在 A 已经发生的条件下考虑 B 发生的概率.

另外,由于 $P(A) = \dfrac{3}{4}$,$P(AB) = \dfrac{1}{4}$,$P(B|A) = \dfrac{1}{3} = \dfrac{1}{4} \Big/ \dfrac{3}{4}$.所以有 $P(B|A) = \dfrac{P(AB)}{P(A)}$.这个结果具有一般性.

由例 1.3.1 的结果,我们给出条件概率的定义.

定义 1.3.1 设 A,B 是两个事件,且 $P(A)>0$,称 $P(B|A) = \dfrac{P(AB)}{P(A)}$ 为在事件 A 发生的条件下事件 B 发生的**条件概率**.

可以证明,条件概率 $P(\cdot|A)$ 符合概率公理化定义中的三个条件,即

(1) 对任一事件 B,有 $P(B|A) \geqslant 0$;

(2) $P(S|A) = 1$;

(3) 若 $B_1, B_2, \cdots$ 是两两不相容的事件,则有 $P\left(\bigcup\limits_{i=1}^{\infty} B_i \Big| A\right) = \sum\limits_{i=1}^{\infty} P(B_i | A)$.

故对概率所证明的一些重要结果都适用于条件概率.例如,对任意事件 B_1, B_2,有

$$P(B_1 \cup B_2 | A) = P(B_1 | A) + P(B_2 | A) - P(B_1 B_2 | A).$$

又如，对任一事件 B，有
$$P(\bar{B} \mid A) = 1 - P(B \mid A).$$

例 1.3.2 一盒子装有 5 只产品，其中有 3 只一等品，2 只二等品，从中取产品两次，每次任取一只，作不放回抽样．求第一次取到的是一等品的条件下，第二次取到的也是一等品的概率．

解 设事件 A 为"第一次取到的是一等品"，事件 B 为"第二次取到的是一等品"，求 $P(B|A)$．

方法一 按定义计算．
$$P(A) = \frac{3}{5}, \quad P(AB) = \frac{3 \times 2}{5 \times 4} = \frac{3}{10},$$
故有
$$P(B \mid A) = \frac{P(AB)}{P(A)} = \frac{3}{10} \Big/ \frac{3}{5} = \frac{1}{2}.$$

方法二 在限制后的样本空间中直接计算．
已知第一次取到一等品，则第二次抽取时共有 4 只产品，其中只有 2 只一等品．因此
$$P(B \mid A) = \frac{2}{4} = \frac{1}{2}.$$

例 1.3.3 某科动物出生之后活到 25 岁的概率为 0.8，活到 30 岁的概率为 0.4，求现年为 25 岁的动物活到 30 岁的概率．

解 设 A 表示"活到 25 岁以上"的事件，B 表示"活到 30 岁以上"的事件，则有 $P(A)=0.8, P(B)=0.4$，且 $B \subset A$，可得
$$P(B \mid A) = \frac{P(AB)}{P(A)} = \frac{P(B)}{P(A)} = \frac{0.4}{0.8} = \frac{1}{2}.$$

1.3.2 乘法定理

定理 1.3.1 设 $P(A) > 0$，则有
$$P(AB) = P(B \mid A) P(A).$$

上式称为概率的乘法公式．利用数学归纳法，我们可以将乘法公式推广到有限多个事件的积事件的情况．

设 $A_1, A_2, \cdots, A_n$ 为 $n(n \geqslant 2)$ 个事件，且 $P(A_1 A_2 \cdots A_n) > 0$，则有
$$P(A_1 A_2 \cdots A_n) = P(A_n \mid A_1 A_2 \cdots A_{n-1}) P(A_{n-1} \mid A_1 A_2 \cdots A_{n-2}) \cdots P(A_2 \mid A_1) P(A_1).$$

事实上，由 $A_1 \supset A_1 A_2 \supset \cdots \supset A_1 A_2 \cdots A_{n-1}$，有
$$P(A_1) \geqslant P(A_1 A_2) \geqslant \cdots \geqslant P(A_1 A_2 \cdots A_{n-1}).$$
故公式右边的条件概率每一个都有意义，由条件概率定义可知

$$P(A_n \mid A_1 A_2 \cdots A_{n-1}) P(A_{n-1} \mid A_1 A_2 \cdots A_{n-2}) \cdots P(A_2 \mid A_1) P(A_1)$$
$$= \frac{P(A_1 A_2 \cdots A_n)}{P(A_1 A_2 \cdots A_{n-1})} \cdot \frac{P(A_1 A_2 \cdots A_{n-1})}{P(A_1 A_2 \cdots A_{n-2})} \cdot \cdots \cdot \frac{P(A_1 A_2)}{P(A_1)} \cdot P(A_1)$$
$$= P(A_1 A_2 \cdots A_n).$$

特别地,当 $n=3$ 时,设 A, B, C 为三个事件,当 $P(AB) > 0$ 时,有
$$P(ABC) = P(C \mid AB) P(B \mid A) P(A).$$

例 1.3.4 设袋中装有 r 只红球,t 只白球. 每次自袋中任取一只球,观察其颜色然后放回,并再放入 a 只与所取出的那只球同色的球. 若在袋中连续取球四次,试求第一、二次取到红球且第三、四次取到白球的概率.

解 以 $A_i (i=1,2,3,4)$ 表示第 i 次取到红球,则 $\overline{A}_3, \overline{A}_4$ 分别表示事件第三、四次取到白球. 由乘法定理,所求概率为
$$P(A_1 A_2 \overline{A}_3 \overline{A}_4) = P(\overline{A}_4 \mid A_1 A_2 \overline{A}_3) P(\overline{A}_3 \mid A_1 A_2) P(A_2 \mid A_1) P(A_1)$$
$$= \frac{t+a}{r+t+3a} \cdot \frac{t}{r+t+2a} \cdot \frac{r+a}{r+t+a} \cdot \frac{r}{r+t}.$$

例 1.3.5 设某光学仪器厂制造的透镜,第一次落下时打破的概率为 $1/2$;若第一次落下未打破,第二次落下打破的概率为 $7/10$;若前两次落下未打破,第三次落下打破的概率为 $9/10$. 试求透镜落下三次而未打破的概率.

解 以 $A_i (i=1,2,3)$ 表示事件"透镜第 i 次落下打破",以 B 表示事件"透镜三次落下而未打破",则 $B = \overline{A}_1 \overline{A}_2 \overline{A}_3$. 所以
$$P(B) = P(\overline{A}_1 \overline{A}_2 \overline{A}_3) = P(\overline{A}_3 \mid \overline{A}_1 \overline{A}_2) P(\overline{A}_2 \mid \overline{A}_1) P(\overline{A}_1)$$
$$= \left(1 - \frac{9}{10}\right)\left(1 - \frac{7}{10}\right)\left(1 - \frac{1}{2}\right) = \frac{3}{200}.$$

另解,按题意,$\overline{B} = A_1 \cup \overline{A}_1 A_2 \cup \overline{A}_1 \overline{A}_2 A_3$. 而 $A_1, \overline{A}_1 A_2, \overline{A}_1 \overline{A}_2 A_3$ 是两两互不相容的事件,所以有
$$P(\overline{B}) = P(A_1) + P(\overline{A}_1 A_2) + P(\overline{A}_1 \overline{A}_2 A_3).$$

又已知
$$P(A_1) = \frac{1}{2}, \quad P(A_2 \mid \overline{A}_1) = \frac{7}{10}, \quad P(A_3 \mid \overline{A}_1 \overline{A}_2) = \frac{9}{10},$$

于是有
$$P(\overline{A}_1 A_2) = P(A_2 \mid \overline{A}_1) P(\overline{A}_1) = \frac{7}{10}\left(1 - \frac{1}{2}\right) = \frac{7}{20},$$
$$P(\overline{A}_1 \overline{A}_2 A_3) = P(A_3 \mid \overline{A}_1 \overline{A}_2) P(\overline{A}_2 \mid \overline{A}_1) P(\overline{A}_1) = \frac{9}{10}\left(1 - \frac{7}{10}\right)\left(1 - \frac{1}{2}\right) = \frac{27}{200}.$$

故得
$$P(\overline{B}) = \frac{1}{2} + \frac{7}{20} + \frac{27}{200} = \frac{197}{200}.$$

1.3.3 全概率公式与贝叶斯公式

定义 1.3.2 设 $B_1, B_2, \cdots, B_n$ 为 E 的一组事件,若

(1) $B_i B_j = \varnothing, i \neq j, i, j = 1, 2, \cdots, n$;

(2) $B_1 \cup B_2 \cup \cdots \cup B_n = S$,

则称 $B_1, B_2, \cdots, B_n$ 为样本空间 S 的一个完备事件组.

例如,$A, \overline{A}$ 是样本空间 S 的一个完备事件组.

若 $B_1, B_2, \cdots, B_n$ 为样本空间 S 的一个完备事件组,那么在每次试验中,事件 $B_1, B_2, \cdots, B_n$ 有且仅有一个发生.

定理 1.3.2(全概率公式) 设试验 E 的样本空间为 S,A 为 E 的任一事件,$B_1, B_2, \cdots, B_n$ 为 S 的一个完备事件组,且 $P(B_i) > 0 (i = 1, 2, \cdots, n)$,则

$$P(A) = \sum_{i=1}^{n} P(A \mid B_i) P(B_i).$$

证 因为 $A = AS = A(B_1 \cup B_2 \cup \cdots \cup B_n) = AB_1 \cup AB_2 \cup \cdots \cup AB_n$. 由假设 $P(B_i) > 0 (i = 1, 2, \cdots, n)$,且 $(AB_i)(AB_j) = \varnothing, i \neq j$,得到

$$P(A) = P(AB_1) + P(AB_2) + \cdots + P(AB_n)$$
$$= P(A \mid B_1) P(B_1) + P(A \mid B_2) P(B_2) + \cdots + P(A \mid B_n) P(B_n).$$

从定理证明过程可以看出,我们实际上是借助于样本空间的一个完备事件组 $B_1, B_2, \cdots, B_n$,将事件 A 分解成互不相容的部分 $AB_1, AB_2, \cdots, AB_n$,进而将"全"概率 $P(A)$ 分成若干部分,分别计算再求和.

定理 1.3.3(贝叶斯公式) 设试验 E 的样本空间为 S,A 为 E 的事件,$B_1, B_2, \cdots, B_n$ 为 S 的一个完备事件组,且 $P(B_i) > 0 (i = 1, 2, \cdots, n)$,则

$$P(B_i \mid A) = \frac{P(A \mid B_i) P(B_i)}{\sum_{j=1}^{n} P(A \mid B_j) P(B_j)}, \quad i = 1, 2, \cdots, n.$$

证 由条件概率公式及全概率公式,有

$$P(B_i \mid A) = \frac{P(AB_i)}{P(A)} = \frac{P(A \mid B_i) P(B_i)}{\sum_{j=1}^{n} P(A \mid B_j) P(B_j)}, \quad i = 1, 2, \cdots, n.$$

说明 全概率公式和贝叶斯公式中的事件 A 往往是一个较复杂的事件,它发生的可能性大小受其他因素的影响,而事件 $B_1, B_2, \cdots, B_n$ 就是影响事件 A 发生的可能性大小的原因或条件.因此,全概率公式和贝叶斯公式适用于具有因果关系的场合,把事件 A 看作结果,把 $B_1, B_2, \cdots, B_n$ 看成原因,根据历史资料,每一原因 B_i 发生的概率已知,而且每一原因对结果的影响程度 $P(A \mid B_i)$ 已知,则求结果发生的概率 $P(A)$ 用全概率公式,如果已知结果 A 已经发生,求此结果是由第 i 个原因引起的概率 $P(B_i \mid A)$ 用贝叶斯公式.

例 1.3.6 某工厂有 4 条流水线生产同一种产品,这 4 条流水线的产量分别占总量的 15%,20%,30% 和 35%,又这 4 条流水线的不合格率依次为 0.05,0.04,0.03 和 0.02.现在从出厂产品中任取一件,(1)求恰好取到不合格品的概率;(2)现在在出厂产品中任取一件,结果为不合格产品,但该件产品是哪一条流水线生产的标志已经脱落,问该次品出自哪条流水线的可能性最大?

解 令 $A=\{$任取一件,恰好抽到不合格品$\}$,$B_i=\{$任取一件,恰好抽到第 i 条流水线的产品$\}$ $(i=1,2,3,4)$,易知,B_1,B_2,B_3,B_4 为样本空间 S 的一个完备事件组.

(1) 由全概率公式,有
$$P(A)=\sum_{i=1}^{4}P(A\mid B_i)P(B_i)$$
$$=0.05\times0.15+0.04\times0.20+0.03\times0.30+0.02\times0.35=0.0315.$$

(2) 由贝叶斯公式,有
$$P(B_1\mid A)=\frac{P(A\mid B_1)P(B_1)}{P(A)}=\frac{0.05\times0.15}{0.0315}=0.238.$$

同理可得 $P(B_2\mid A)=0.254$,$P(B_3\mid A)=0.286$,$P(B_4\mid A)=0.222$.

以上结果表明,这件不合格品出自第 3 条流水线的可能性最大.

例 1.3.7 某地区居民的肝癌发病率为 0.0004,现用甲胎蛋白法进行普查.医学研究表明,化验结果存有错误.已知患有肝癌的人其化验结果 99% 呈阳性(患病),而没患肝癌的人其化验结果 99.9% 呈阴性(无病).现某人的检验结果呈阳性,问他真的患肝癌的概率是多少?

解 设 A 表示"检查结果呈阳性",B 表示"患有肝癌".由题设知
$$P(B)=0.0004,\quad P(\bar{B})=0.9996,$$
$$P(A\mid B)=0.99,\quad P(A\mid \bar{B})=0.001,$$

由贝叶斯公式得
$$P(B\mid A)=\frac{P(B)P(A\mid B)}{P(B)P(A\mid B)+P(\bar{B})P(A\mid \bar{B})}$$
$$=\frac{0.0004\times0.99}{0.0004\times0.99+0.9996\times0.001}=0.284.$$

1.4 独立性

独立性是概率论中又一个重要概念,利用独立性可以简化概率的计算.下面先讨论两个事件之间的独立性,然后讨论多个事件之间的独立性.

1.4.1 两个事件的独立性

两个事件之间的独立性是指:一个事件的发生不影响另一个事件的发生.这在

实际问题中是很多的,譬如在掷两颗骰子的试验中,记事件 A 为"第一颗骰子的点数为 1",记事件 B 为"第二颗骰子的点数为 4",显然 A 与 B 的发生是互不影响的.

另外,从概率的角度看,事件 A 的条件概率 $P(A|B)$ 与无条件概率 $P(A)$ 的区别在于:事件 B 的发生改变了事件 A 发生的概率,也即事件 B 对事件 A 有某种"影响". 如果事件 B 的发生对事件 A 的发生毫无影响,即有 $P(A|B)=P(A)$. 由此又可推出 $P(B|A)=P(B)$,即事件 A 发生对 B 也无影响. 由乘法公式 $P(AB)=P(B)P(A|B)=P(A)P(B|A)$,得 $P(AB)=P(A)P(B)$. 为此,我们给出独立性的定义.

定义 1.4.1 设 A,B 是两事件,如果有以下等式
$$P(AB) = P(A)P(B)$$
成立,则称 A,B 相互独立.

显然,必然事件和不可能事件与任何事件都是相互独立的.

定理 1.4.1 若 $P(A)>0, P(B)>0$,则 A,B 相互独立与 A,B 互不相容不能同时成立.

证明 如果 A,B 相互独立,就有 $P(AB)=P(A)P(B)>0 (P(A)>0, P(B)>0)$,$AB \neq \varnothing$,即 A,B 相容. 反之,如果 A,B 互不相容,即 $AB=\varnothing$,则 $P(AB)=0$,而 $P(A)P(B)>0$,所以 $P(AB) \neq P(A)P(B)$,因此 A,B 不独立.

定理 1.4.2 若事件 A,B 相互独立,则下列各对事件也相互独立:
$$A 与 \bar{B}, \quad \bar{A} 与 B, \quad \bar{A} 与 \bar{B}.$$

证明 由概率的性质知
$$P(A\bar{B}) = P(A) - P(AB),$$
又由 A 与 B 的独立性知
$$P(AB) = P(A)P(B),$$
所以
$$P(A\bar{B}) = P(A) - P(A)P(B) = P(A)[1-P(B)] = P(A)P(\bar{B}),$$
即 A 与 $\bar{B}$ 相互独立.

类似可证 $\bar{A}$ 与 B 独立,$\bar{A}$ 与 $\bar{B}$ 独立.

1.4.2 多个事件的独立性

我们首先研究三个事件的相互独立性,对此先给出以下定义.

定义 1.4.2 设 A,B,C 是三事件,如果有
$$\begin{cases} P(AB) = P(A)P(B), \\ P(BC) = P(B)P(C), \\ P(AC) = P(A)P(C), \end{cases}$$
则称 A,B,C **两两独立**. 若还有
$$P(ABC) = P(A)P(B)P(C),$$

则称 A,B,C 相互独立.

例 1.4.1 设一个盒中装有 4 张卡片,上面依次标有下列各组字母:
$$XXY, XYX, YXX, YYY,$$
从盒中任取一张卡片,用 A_i 表示"取到的卡片第 i 位上的字母为 X"($i=1,2,3$)的事件. 求证:A_1,A_2,A_3 两两独立,但 A_1,A_2,A_3 并不相互独立.

证 易求出
$$P(A_1) = P(A_2) = P(A_3) = \frac{1}{2},$$
$$P(A_1A_2) = P(A_1A_3) = P(A_2A_3) = \frac{1}{4},$$
故 A_1,A_2,A_3 是两两独立的.

但 $P(A_1A_2A_3)=0$,而 $P(A_1)P(A_2)P(A_3)=\frac{1}{8}$,故
$$P(A_1A_2A_3) \neq P(A_1)P(A_2)P(A_3),$$
因此 A_1,A_2,A_3 不是相互独立的.

定义 1.4.3 对 n 个事件 $A_1,A_2,\cdots,A_n$,若以下 2^n-n-1 个等式成立:
$$P(A_iA_j) = P(A_i)P(A_j), \quad 1 \leqslant i < j \leqslant n,$$
$$P(A_iA_jA_k) = P(A_i)P(A_j)P(A_k), \quad 1 \leqslant i < j < k \leqslant n,$$
$$\vdots$$
$$P(A_1A_2\cdots A_n) = P(A_1)P(A_2)\cdots P(A_n),$$
则称 $A_1,A_2,\cdots,A_n$ 是相互独立的事件.

由定义 1.4.3 可知:

(1) 若事件 $A_1,A_2,\cdots,A_n(n \geqslant 2)$ 相互独立,则其中任意 $k(2 \leqslant k \leqslant n)$ 个事件也相互独立.

(2) 若 n 个事件 $A_1,A_2,\cdots,A_n(n \geqslant 2)$ 相互独立,则将 $A_1,A_2,\cdots,A_n$ 中任意多个事件换成它们的对立事件,所得的 n 个事件仍相互独立.

在实际应用中,对于事件相互独立性,我们往往不是根据定义来判断,而是按实际意义来确定.

例 1.4.2 设有电路图如图 1.4.1 所示,其中 1,2,3,4 为四个开关,设各开关闭合与否相互独立,且每个开关闭合的概率为 p,求 L 至 R 为通路的概率.

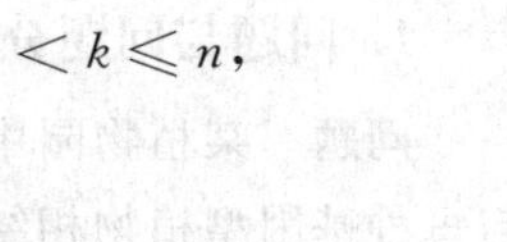

解 设事件 $A_i(i=1,2,3,4)$ 为"第 i 个开关闭合",A 表示 L 至 R 为通路. 于是 $A=A_1A_2 \bigcup A_3A_4$. 从而由概率加法公式及 A_1,A_2,A_3,A_4 的相互独立性,得到

图 1.4.1 电路图

$$P(A) = P(A_1A_2) + P(A_3A_4) - P(A_1A_2A_3A_4)$$

$$= P(A_1)P(A_2) + P(A_3)P(A_4) - P(A_1)P(A_2)P(A_3)P(A_4)$$
$$= p^2 + p^2 - p^4 = 2p^2 - p^4.$$

例 1.4.3 三人独立地去破译一个密码,他们能译出的概率分别为 $\frac{1}{5}, \frac{1}{3}, \frac{1}{4}$. 求能将此密码译出的概率.

解 设 A 表示"此密码译出", $A_i(i=1,2,3)$ 表示"第 i 人译出",则
$$P(A) = P(A_1 \cup A_2 \cup A_3) = 1 - P(\overline{A_1 \cup A_2 \cup A_3})$$
$$= 1 - P(\overline{A}_1 \overline{A}_2 \overline{A}_3) = 1 - P(\overline{A}_1)P(\overline{A}_2)P(\overline{A}_3)$$
$$= 1 - \left(1 - \frac{1}{5}\right)\left(1 - \frac{1}{3}\right)\left(1 - \frac{1}{4}\right)$$
$$= \frac{3}{5}.$$

1.5 应用案例与试验

1.5.1 常染色体遗传模型

1. 问题与问题分析

问题 某植物园中一种植物的基因型为 AA,AB 和 BB. 现计划采用 AA 型植物与每种基因型植物相结合的方案培育植物后代,试预测,若干年后,这种植物的任一代的三种基因型分布情况.

所谓常染色体遗传,是指后代从每个亲体的基因中各继承一个基因从而形成自己的基因型.

如果所考虑的遗传特征是由两个基因 A 和 B 控制的,那么就有三种可能的基因型:AA、AB 和 BB. 例如,金鱼草是由两个遗传基因决定它开花的颜色,AA 型开红花,AB 型开粉花,而 BB 型开白花. 这里的 AA 型和 AB 型表示了同一外部特征(红色),则人们认为基因 A 支配基因 B,也说成基因 B 对于基因 A 是隐性的. 当一个亲体的基因型为 AB,另一个亲体的基因型为 BB,那么后代便可从 BB 型中得到基因 B,从 AB 型中得到基因 A 或基因 B,且是等可能性地得到.

2. 模型假设

(1) 按问题分析,后代从上一代亲体中继承基因 A 或基因 B 是等可能的,即有双亲体基因型的所有可能结合使其后代形成每种基因型的概率分布情况如表 1-5-1 所示.

表 1-5-1　两代基因分布表

下一代基因型(n代)	上一代父-母基因型($n-1$代)					
	AA-AA	AA-AB	AA-BB	AB-AB	AB-BB	BB-BB
AA	1	1/2	0	1/4	0	0
AB	0	1/2	1	1/2	1/2	0
BB	0	0	0	1/4	1/2	1

(2) 以 a_n, b_n 和 c_n 分别表示第 n 代植物中基因型为 AA、AB 和 BB 的植物总数的百分率，y_n 表示第 n 代植物的基因型分布，即有

$$\boldsymbol{y}_n = \begin{pmatrix} a_n \\ b_n \\ c_n \end{pmatrix}. \tag{1-5-1}$$

特别当 $n=0$ 时，$\boldsymbol{y}_0 = (a_0, b_0, c_0)^\mathrm{T}$ 表示植物基因型的初始分布（培育开始时所选取各种基因型分布），显然有 $a_0 + b_0 + c_0 = 1$.

3. 模型建立

注意到原问题是采用 AA 型与每种基因型相结合，因此这里只考虑遗传分布表的前三列.

首先考虑第 n 代中的 AA 型，按上表所给数据，第 n 代 AA 型所占百分率为 a_n. 即第 $n-1$ 代的 AA 型与 AA 型结合全部进入第 n 代的 AA 型，第 $n-1$ 代的 AB 型与 AA 型结合只有一半进入第 n 代 AA 型，第 $n-1$ 代的 BB 型与 AA 型结合没有一个成为 AA 型而进入第 n 代 AA 型，由全概率公式，故有

$$a_n = 1 \times a_{n-1} + \frac{1}{2} \times b_{n-1} + 0 \times c_{n-1}, \tag{1-5-2}$$

即 $a_n = a_{n-1} + \frac{1}{2} b_{n-1}$.

同理，第 n 代的 AB 型和 BB 型所占有比率分别为

$$b_n = c_{n-1} + \frac{1}{2} b_{n-1}, \tag{1-5-3}$$

$$c_n = 0. \tag{1-5-4}$$

将 (1-5-2) 式，(1-5-3) 式，(1-5-4) 式联立，并用矩阵形式表示，得到

$$\boldsymbol{y}_n = \begin{pmatrix} a_n \\ b_n \\ c_n \end{pmatrix} = \begin{pmatrix} 1 & 1/2 & 0 \\ 0 & 1/2 & 1 \\ 0 & 0 & 0 \end{pmatrix} \begin{pmatrix} a_{n-1} \\ b_{n-1} \\ c_{n-1} \end{pmatrix} = \boldsymbol{M} \boldsymbol{y}_{n-1}, \tag{1-5-5}$$

其中 $\boldsymbol{M} = \begin{pmatrix} 1 & 1/2 & 0 \\ 0 & 1/2 & 1 \\ 0 & 0 & 0 \end{pmatrix}$，$\boldsymbol{y}_{n-1} = \begin{pmatrix} a_{n-1} \\ b_{n-1} \\ c_{n-1} \end{pmatrix}$.

利用(1-5-5)式进行递推,便可获得第 n 代基因型分布的数学模型

$$y_n = My_{n-1} = M^2 y_{n-2} = \cdots = M^n y_0. \tag{1-5-6}$$

(1-5-6)式明确表示了历代基因型分布均可由初始分布与矩阵 M 确定.

4. 模型求解

这里的关键是计算 M^n. 为计算简便,将 M 对角化,即求出可逆阵 P,使 $M = PDP^{-1}$,从而 $M^n = PD^nP^{-1}$.

由线性代数的知识,求出 M 的特征值和特征向量,可将 M 对角化:

$$M = \begin{pmatrix} 1 & 1/2 & 0 \\ 0 & 1/2 & 1 \\ 0 & 0 & 0 \end{pmatrix} = PDP^{-1} = \begin{pmatrix} 1 & 1 & 1 \\ 0 & -1 & -2 \\ 0 & 0 & 1 \end{pmatrix} \begin{pmatrix} 1 & 0 & 0 \\ 0 & 1/2 & 0 \\ 0 & 0 & 0 \end{pmatrix} \begin{pmatrix} 1 & 1 & 1 \\ 0 & -1 & -2 \\ 0 & 0 & 1 \end{pmatrix}^{-1},$$

其中 D 为对角阵,其对角元素为 M 的特征值,P 的列向量为 M 的特征值所对应的特征向量.

从而可计算

$$y_n = M^n y_0 = PD^nP^{-1} y_0 = \begin{pmatrix} 1 & 1-\left(\frac{1}{2}\right)^n & 1-\left(\frac{1}{2}\right)^{n-1} \\ 0 & \left(\frac{1}{2}\right)^n & \left(\frac{1}{2}\right)^{n-1} \\ 0 & 0 & 0 \end{pmatrix} \begin{pmatrix} a_0 \\ b_0 \\ c_0 \end{pmatrix},$$

其分量分别为

$$a_n = a_0 + \left[1-\left(\frac{1}{2}\right)^n\right]b_0 + \left[1-\left(\frac{1}{2}\right)^{n-1}\right]c_0 = a_0 + b_0 + c_0 - \left(\frac{1}{2}\right)^n b_0 - \left(\frac{1}{2}\right)^{n-1} c_0$$

$$= 1 - \left(\frac{1}{2}\right)^n b_0 - \left(\frac{1}{2}\right)^{n-1} c_0,$$

$$b_n = \left(\frac{1}{2}\right)^n b_0 + \left(\frac{1}{2}\right)^{n-1} c_0,$$

$$c_n = 0.$$

由上式可见,当 $n \to \infty$ 时,有 $a_n \to 1, b_n \to 0, c_n = 0$. 即当繁殖代数 n 很大时,所培育出的植物基本上呈现的是 AA 型,AB 型的极少,BB 型不存在.

5. 模型分析及推广

(1) 完全类似地,可以选用 AB 型和 BB 型植物与每一个其他基因型植物相结合从而给出类似的结果. 特别是将具有相同基因的植物相结合,并利用表 1-5-1 的第 1,4,6 列数据使用类似模型及解法而得到以下结果.

这就是说,如果用基因型相同的植物培育后代,在极限情形下,后代仅具有基因型 AA 与 BB,而 AB 型消失了. 选用这种植物培育方式,可以起到纯化品种的作用.

(2) 本案例利用了全概率公式求出第 n 代与第 $n-1$ 代基因之间的关系,并利用

递推关系得到第 n 代与初始基因分布之间的关系,在此基础上运用矩阵来表示概率分布,从而充分利用特征值与特征向量,通过对角化方法解决了矩阵 n 次幂的计算问题,是概率论与线性代数方法应用于解决实际的一个范例.

(3) 本案例没有考虑基因的变异问题,对于基因变异引起的基因结果可以运用相同思路进行分析和探讨.

1.5.2 硬币试验

1. **试验内容** 动画模拟掷硬币试验,大量的重复试验体现出一定的规律性,即偶然性后面的必然性.

2. **试验目的** 通过动画模拟掷硬币试验,呈现频率对概率的逼近或频率的稳定性现象.

3. **动画模拟掷硬币试验的 MATLAB 程序**

```
function out = coins(n,p);
% 掷硬币试验,用频率来逼近概率
% 算法:随机生成(0,1)的均匀分布随机数,如果落在(0,p)表示硬币为正面,否则为反面
% 输入
% n 为掷硬币达到的次数
% p 为每次出现正面的概率
% 输出
% out 为频率向量
% 散点图
realp = p * ones(n,1);
s = zeros(n,1);
k = zeros(n,1);
a = rand(n+1,1);
for i = 2:(n+1);
b = find(a(2:i,1)<=p);
if b~=[];
s(i-1) = length(b);
fequency(i-1) = s(i-1)/(i-1);
else
end
k(i-1,1) = (i-1);
end
out = fequency;
plot(k,fequency,'ro',k,realp,'b*');legend('估计值 ','概率值');
title('频率逼近概率')
xlabel('掷 k 次硬币');
ylabel('掷硬币出现正面的频率与概率');
```

4. **运行及结果**(图 1.5.1) 在窗口运行

p = 0.5; n = 1000; coins(n,p).

事件与概率
第1章

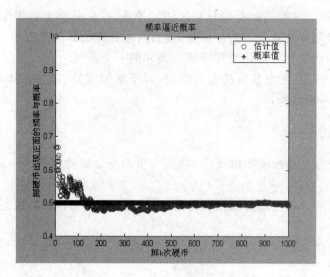

图 1.5.1　频率逼近概率的示意图

1.5.3　Galton 钉板试验

1. **试验内容**　在一个钉有 n 排钉子的木板上有一小球任其自由下落,当小球碰到钉子后将以均等的机会从钉子的左右下落,如此下去最后落在底板的某一格中. 观察重复小球落下过程所出现的结果.

2. **试验目的**　动画模拟 Galton 钉板试验,通过试验理解频率与概率的关系.

3. **动画模拟 Galton 钉板试验的 MATLAB 程序**

```
function results = moviegalton(m,nn)
% Galton 钉板试验:在一个钉有 n 排钉子的木板上有一小球任其自由下落
% 当小球碰到钉子后将以均等的机会从钉子的左右下落,如此下去最后落在底板的某一格中
% 观察重复小球落下过程所出现的结果
%目的:动画模拟 Galton 钉板试验
%m = 动画的桢数 nn = 播放动画次数
results.meth = '动画模拟';
n = 6;y0 = 3;                                    % 设置参数
ballnum = zeros(1,n + 1);p = 0.5;q = 1 - p;
for i = n + 1: - 1:1                             % 创建钉子的坐标 x,y
x(i,1) = 0.5 * (n - i + 1);
y(i,1) = (n - i + 1) + y0;
for j = 2:i
x(i,j) = x(i,1) + (j - 1) * 1;y(i,j) = y(i,1);
end
end
mm = moviein(m);                                 % 动画开始,模拟小球下落路径
```

```
for i = 1:m
    s = rand(1,n);                                      % 产生 n 个随机数
    xi = x(1,1);yi = y(1,1);k = 1;l = 1;                % 小球遇到第一个钉子
    for j = 1:n
        plot(x(1:n,:),y(1:n,:),'o',x(n+1,:),y(n+1,:),'.-'),  % 画钉子的位置
        axis([-2 n+2 0 y0+n+1]),hold on
        k = k + 1;                                      % 小球下落一格
        if s(j)>p
            l = l + 0;                                  % 小球左移
        else
            l = l + 1;                                  % 小球右移
        end
        xt = x(k,l);yt = y(k,l);                        % 小球下落的坐标
        h = plot([xi,xt],[yi,yt]);axis([-2 n+2 0 y0+n+1])  % 画小球运动轨迹
        xi = xt;yi = yt;
    end
    ballnum(l) = ballnum(l) + 1;                        % 计数
    ballnum1 = 3 * ballnum./m;
    bar([0:n],ballnum1),axis([-2 n+2 0 y0+n+1])         % 画各格子的频率
    mm(i) = getframe;                                   % 存储动画数据
    title('Galton 钉板试验');
    hold off
end
movie(mm,nn)                                            % 播放动画 nn 次
```

4. 运行及结果(图 1.5.2) 在窗口运行

m = 10; nn = 20; moviegalton(m,nn).

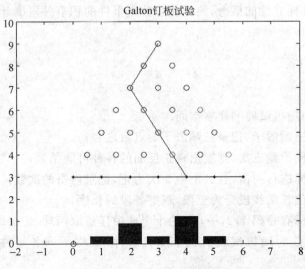

图 1.5.2 Galton 钉板试验示意图

本章小结

随机现象是概率论与随机过程的研究对象,而随机试验是研究随机现象的必要手段,随机试验的各种结果称为随机事件,概率则是随机事件在一次试验中发生的可能性大小的度量.我们从频率的性质和频率的稳定性得到启发,给出了概率的公理化定义,并由此推出了概率的一些基本性质.古典概型是满足只有有限个基本事件且每个基本事件发生的可能性相等的概率模型.计算古典概型中事件 A 的概率,关键是弄清试验的基本事件的具体含义.计算基本事件总数和事件 A 中包含的基本事件数的方法灵活多样,没有固定模式,一般可利用排列、组合及乘法原理、加法原理的知识计算.将古典概型中只有有限个基本事件推广到有无穷个基本事件的情形,并保留等可能性的条件,就得到几何概型.以此为基础,介绍了条件概率、乘法公式、全概率公式与贝叶斯公式,最后讨论了事件的独立性.通过案例,让我们进一步学会应用概率知识解决实际问题;通过试验,让我们对随机现象及其规律有初步的理解,为学习后面的各章奠定必要基础.具体要求如下:

1. 能熟知事件的 7 种关系,重点掌握事件的和、事件的积、互不相容事件、互逆事件的概念及运算.

2. 正确理解概率的概念,熟练掌握概率的基本性质.

3. 理解古典概型的定义及计算方法,会根据事件的关系、概率的性质计算一些古典概型中的概率问题.

4. 理解条件概率的定义,掌握条件概率及乘法公式并进行计算,会用全概率公式和贝叶斯公式求解某些概率问题.

5. 理解事件独立性的概念,熟记相互独立事件的积事件概率计算公式并能熟练运用.

习题一

1. 写出下列随机试验的样本空间.
(1) 同时掷三颗骰子,记录三颗骰子的点数之和;
(2) 将一枚硬币抛三次,观察出现正反面的各种可能结果;
(3) 对一目标进行射击,且到击中 5 次为止,记录射击的次数;
(4) 将一单位长的线段分为三段,观察各段的长度;
(5) 从分别标有号码 $1,2,\cdots,10$ 的十个球中任意取两球,记录球的号码.

2. 设 A,B,C 为随机试验的三个随机事件,试将下列各事件用 A,B,C 表示出来.

(1) 仅仅 B 发生；

(2) 所有三个事件都发生；

(3) A 与 C 均发生，B 不发生；

(4) 至少有一个事件发生；

(5) 至少有两个事件发生；

(6) 恰有一个事件发生；

(7) 恰有两个事件发生；

(8) 没有一个事件发生；

(9) 不多于两个事件发生.

3. 设 A,B 为随机事件，且 $P(A)=0.7, P(A-B)=0.3$，求 $P(\overline{AB})$.

4. 设 A,B 为随机事件，且 $P(A)=0.2, P(B)=0.5, P(A\cup B)=0.6$，试求：

(1) $P(AB)$；(2) $P(\overline{AB})$；(3) $P(A\overline{B})$；(4) $P(\overline{A}\overline{B})$.

5. 设 A,B 是两事件，且 $P(A)=0.6, P(B)=0.7$，问：

(1) 在什么条件下 $P(AB)$ 取到最大值？

(2) 在什么条件下 $P(AB)$ 取到最小值？

6. 设 A,B,C 为三个事件，且 $P(A)=P(B)=\dfrac{1}{4}, P(C)=\dfrac{1}{3}$ 且 $P(AB)=P(BC)=0$，$P(AC)=\dfrac{1}{12}$，求 A,B,C 至少有一个事件发生的概率.

7. 在房间里有 10 个人，分别佩戴 1～10 号的纪念章，任意选 3 人，记录其纪念章的号码.分别求"最小号码为 5"和"最大号码为 5"的概率.

8. 一元件盒中有 50 个元件，其中 25 件一等品，15 件二等品，10 件次品，从中任取 10 件，求：

(1) 恰有两件一等品、两件二等品的概率；

(2) 恰有两件一等品的概率；

(3) 没有次品的概率.

9. 从 5 双不同的鞋子中任取 4 只，求这 4 只鞋子中至少有两只鞋子配成一双的概率.

10. 在电话号码簿中任取一电话号码，求后面四个数字全不相同的概率(设后面四个数字中的每个数字都是等可能地取自 $0,1,\cdots,9$).

11. 将 12 个球随机地放入 18 个盒子，每个盒子容纳球的个数不限，求事件"没有球的盒子的数目恰好是 6"的概率.

12. 对一个五人学习小组考虑生日问题.求

(1) 五人生日都在星期日的概率；

(2) 五人生日都不在星期日的概率；

(3) 五人生日不都在星期日的概率.

13. 已知某路汽车每整点发出一趟车,则某乘客等待该路汽车的时间不超过 20min 的概率.

14. 从区间(0,1)中随机地取两个数,求:

(1) 两个数之和小于 6/5 的概率;

(2) 两个数之积小于 1/4 的概率.

15. 若 $P(A)=0.5, P(B)=0.6, P(B|A)=0.8$,求 $P(A \cup B)$.

16. 已知 10 件产品中有 2 件是次品,在其中取两次,每次随机地取 1 件,作不放回抽取.若第一件是合格品,求第二件是次品的概率.

17. 某地某天下雪的概率为 0.3,下雨的概率为 0.5,既下雪又下雨的概率为 0.1,求:

(1) 在下雨条件下下雪的概率;

(2) 这天下雨或下雪的概率.

18. 将两颗均匀骰子同时掷一次,已知两个骰子的点数之和是奇数,求两个骰子的点数之和小于 8 的概率.

19. 某人忘记电话号码的最后一个数字,他仅记得最末一位数字是偶数.现在他试着拨最后一个号码,求他拨号不超过三次而接通电话的概率.

20. 一批零件共有 100 个,其中有 10 个不合格品.从中一个一个取出,求第三次才取得不合格品的概率.

21. 某保险公司把被保险人分为三类:"谨慎的""一般的"和"冒失的". 统计资料表明,上述三种人在一年内发生事故的概率依次为 0.05,0.15 和 0.30;如果"谨慎的"被保险人占 20%,"一般的"占 50%,"冒失的"占 30%,现知某被保险人在一年内出了事故,则他是"谨慎的"被保险人的概率是多少?

22. 甲、乙、丙 3 台机床加工同一种零件,零件由各台机床加工的百分比依次是 50%,30%,20%.各机床加工的优质品率依次是 80%,85%,90%,将加工的零件放在一起,从中任取 1 个,求取得优质品的概率.

23. 在一个盒中装有 15 个乒乓球,其中有 9 个新球,在第一次比赛中任意取出三个球,比赛后放回原盒中,第二次比赛时,同样任意取出三个球,求第二次取出三个新球的概率.

24. 按以往概率论考试结果分析,努力学习的学生中有 90% 的可能考试及格,不努力学习的学生中有 90% 的可能考试不及格.据调查,学生中有 80% 的人是努力学习的,试问:

(1) 考试及格的学生有多大可能性是不努力学习的人?

(2) 考试不及格的学生有多大可能性是努力学习的人?

25. 将两信息分别编码为 A 和 B 传递出来,接收站收到时,A 被误收作 B 的概率为 0.02,而 B 被误收作 A 的概率为 0.01.信息 A 与 B 传递的频繁程度为 2∶1.若接收站收到的信息是 A,试问:原发信息是 A 的概率是多少?

26. 已知男人中有 5% 是色盲患者,女人中有 0.25% 是色盲患者,今从男女人数相等的人群中随机地挑选一人,发现恰好是色盲患者,问:此人是男性的概率.

27. 某彩票每周开奖一次,每次提供十万分之一的中奖机会,且各周开奖是相互独立的.若某人每周买一张彩票,且坚持十年(每年 52 周),问:此人从未中奖的可能性是多少?

28. 设高射炮每次击中飞机的概率为 0.2,问:至少需要多少门这种高射炮(每门射击一次)同时独立射击才能使击中飞机的概率不小于 0.9?

29. 设事件 A 与 B 相互独立,且 $P(\bar{A}B)=P(A\bar{B})=\dfrac{1}{4}$,求 $P(A)$.

30. 设事件 A 与 B 相互独立,证明:$\bar{A}$ 与 $\bar{B}$ 相互独立.

31. 袋中有 50 个乒乓球,其中 20 个是黄色,30 个是白色,今有两人依次随机地从袋中各取一球,取后不放回,求第二人取得黄球的概率.

32. 在区间 $(0,1)$ 中随机地取两个数,求这两个数之差的绝对值小于 $\dfrac{1}{2}$ 的概率.

33. 设 A,B,C 是随机事件,A 与 C 互不相容,$P(AB)=\dfrac{1}{2}$,$P(C)=\dfrac{1}{3}$,求 $P(AB|\bar{C})$.

34. 设 A,B 为随机事件,且 $P(B)>0,P(A|B)=1$,则必有(　　).
　　A. $P(A\cup B)>P(A)$　　　　　　　　B. $P(A\cup B)>P(B)$
　　C. $P(A\cup B)=P(A)$　　　　　　　　D. $P(A\cup B)=P(B)$

35. 设随机事件 A 与 B 相互独立,且 $P(B)=0.5,P(A-B)=0.3$,则 $P(B-A)=$(　　).
　　A. 0.1　　　　　B. 0.2　　　　　C. 0.3　　　　　D. 0.4

36. 若 A,B 为任意两个随机事件,则(　　).
　　A. $P(AB)\leqslant P(A)P(B)$　　　　　　B. $P(AB)\geqslant P(A)P(B)$
　　C. $P(AB)\leqslant \dfrac{P(A)+P(B)}{2}$　　　　D. $P(AB)\geqslant \dfrac{P(A)+P(B)}{2}$

第 2 章 随机变量

第 1 章所讨论的随机试验的样本空间中的元素有些是用实数来标识的,例如,抽样检验某一批灯泡的使用寿命等;而有些则不是用实数来标识的,如观察新生婴儿的性别等. 而概率论是利用数据研究随机现象内在规律性的一门学科,为了更方便地研究随机现象的内在规律性,我们需要将那些不能用实数来标识的样本空间中的元素与我们所熟知的实数对应起来,即把随机试验的每一个可能结果 e 都用一个实数 X 来表示. 这样就建立了一个定义在样本空间 S 取值为实数的"函数". 例如,在观察新生婴儿性别的试验中,我们用实数"1"表示"新生儿为男孩",用"0"表示"新生儿为女孩". 显然,一般来讲此处的实数 X 的值将随 e 的不同而变化,它的值因 e 的随机性而具有随机性,我们称这种取值具有随机性的变量为随机变量.

2.1 随机变量及其分布函数

2.1.1 随机变量的概念

定义 2.1.1 设随机试验 E 的样本空间为 S,如果对 S 中每一个元素 e,都有一个实数 $X(e)$ 与之相对应,这样就得到一个定义在 S 上的取值为实值的函数 $X=X(e)$,称 $X=X(e)$ 为随机试验 E 的一个随机变量(random variable).

例 2.1.1 将一枚硬币抛两次,观察正反面出现的情况. 定义 X 为"正面出现的次数",则该试验的样本空间 $S=\{(H,H),(H,T),(T,T),(T,H)\}$,其中 H 表示"正面",T 表示"反面",对应 X 的取值为 $2,1,0,1$.

由此可知,X 的取值一般随着试验结果的不同而变化,且因试验结果的随机性而有随机性,因此 X 是该随机试验的一个随机变量. 它取不同数值表示试验的不同结果,且 X 也是以一定概率取值的. 比如 $\{X=1\}$ 表示事件"出现一次正面",且 $P\{X=1\}=\frac{1}{2}$;$\{X=0\}$ 表示事件"没有出现一次正面",即"出现两次反面",且 $P\{X=0\}=\frac{1}{4}$;$\{X\geqslant 1\}$ 表示事件"至少出现一次正面",且 $P\{X\geqslant 1\}=\frac{3}{4}$.

例 2.1.2 设一批产品有 10 件,其中有 4 件次品,从中任意抽取 2 件,如果用 X

表示"抽取所得的次品数",则 X 的取值为 $0,1,2$,即有 $X=\begin{cases} 0, & \text{没有抽到次品} \\ 1, & \text{抽到1件次品}, \\ 2, & \text{抽到2件次品} \end{cases}$ 显然 X 是一个变量,它取不同数值表示试验抽取的不同结果,且 X 也是以一定概率取值的. 如 $\{X=1\}$ 表示事件"抽到1件次品",且 $P\{X=1\}=\dfrac{C_4^1 C_6^1}{C_{10}^2}=\dfrac{24}{25}$.

例 2.1.3 测试某种电子元件的寿命(单位:h),若用 X 表示其寿命,则 X 的取值由试验的结果所确定,可以为区间 $[0,+\infty)$ 上的任意一个数. 显然,X 是一个变量,它取不同的数值表示测试的不同结果. 如 $\{1\,000 \leqslant X \leqslant 3\,000\}$ 表示事件"被测试的电子元件寿命在 $1\,000 \sim 3\,000\mathrm{h}$ 之间".

例 2.1.4 一个质点沿数轴随机运动,它在数轴上的位置用 X 表示,则 X 是一个随机变量,可以取任何实数,即 $X \in (-\infty,+\infty)$.

本书中,我们一般以大写字母如 $X,Y,Z,\cdots$ 表示随机变量,而以小写字母如 $x,y,z,\cdots$ 表示实数.

由上述例子可以看出,随机变量 X 的取值不一定都能逐个列出,为了研究随机变量的概率规律,在一般情况下我们需要研究随机变量 X 落在某区间 $(x_1,x_2]$ 中的概率,即求 $P\{x_1<X \leqslant x_2\}$ 即可. 但由于 $P\{x_1<X \leqslant x_2\}=P\{X \leqslant x_2\}-P\{X \leqslant x_1\}$,因而要研究 $P\{x_1<X \leqslant x_2\}$ 就归结为研究形如 $P\{X \leqslant x\}$ 的概率问题了. 不难看出,$P\{X \leqslant x\}$ 的值将随 x 的不同而变化,它是 x 的函数,我们称这个函数为随机变量 X 的分布函数.

2.1.2 随机变量的分布函数

定义 2.1.2 设 X 是随机变量,x 为任意实数,称实函数
$$F(x) = P\{X \leqslant x\}$$
为随机变量 X 的分布函数(distribution function).

对于任意实数 $x_1,x_2(x_1<x_2)$,有
$$\begin{aligned} P\{x_1 < X \leqslant x_2\} &= P\{X \leqslant x_2\} - P\{X \leqslant x_1\} \\ &= F(x_2) - F(x_1). \end{aligned} \tag{2-1-1}$$

因此,若已知随机变量 X 的分布函数,我们就能知道 X 落在任一区间 $(x_1,x_2]$ 上的概率. 在这个意义上说,分布函数完整地描述了随机变量的统计规律性.

由高等数学的知识可知**分布函数的几何意义**:如果将 X 看成是数轴上的某质点的随机坐标,那么,分布函数 $F(x)$ 在 x 处的函数值就表示随机变量 X 落在区间 $(-\infty,x]$ 上的概率.

分布函数 $F(x)$ 具有如下基本性质:

(1) $F(x)$ 为单调不减的函数.

事实上,由(2-1-1)式,对于任意实数 $x_1, x_2 (x_1 < x_2)$,有
$$F(x_2) - F(x_1) = P\{x_1 < X \leqslant x_2\} \geqslant 0.$$

(2) $0 \leqslant F(x) \leqslant 1$,且 $\lim_{x \to +\infty} F(x) = 1$,记为 $F(+\infty) = 1$.

$\lim_{x \to -\infty} F(x) = 0$,记为 $F(-\infty) = 0$.

我们从几何上说明这两个式子.当区间端点 x 沿数轴趋向于负无穷时,则事件"$X \leqslant x$"趋于不可能事件,故其概率 $P\{X \leqslant x\} = F(x)$ 趋于 0;又当 x 沿数轴趋向于正无穷时,事件"$X \leqslant x$"趋于必然事件,从而其概率 $P\{X \leqslant x\} = F(x)$ 趋于 1.

(3) $F(x+0) = F(x)$,即 $F(x)$ 为右连续的.

证明略.

反过来也可以证明,任一满足以上三个性质的函数,也一定可以作为某个随机变量的分布函数.

概率论主要是利用随机变量来描述和研究随机现象,而利用分布函数就能很好地表示各事件的概率.例如,$P\{X > a\} = 1 - P\{X \leqslant a\} = 1 - F(a)$,$P\{X < a\} = F(a-0)$,$P\{X = a\} = F(a) - F(a-0)$,等等.在引进了随机变量和分布函数后,我们就能利用高等数学的许多结果和方法来研究各种复杂的随机现象了,它们是概率论的两个重要且基本的概念.

下面我们将分别从离散和连续两种类型深入地研究随机变量及其分布.

2.2 离散型随机变量及其分布

2.2.1 离散型随机变量的定义与性质

定义 2.2.1 如果随机变量 X 的所有可能取值有有限多个或无穷可列多个,则称 X 为**离散型随机变量**.如 2.1 节例 2.1.1、例 2.1.2 中的 X 都是离散型随机变量.

显然,要掌握一个离散型随机变量 X 的统计规律,必须且只需知道 X 的所有可能取值及取每一个可能值的概率.

定义 2.2.2 设离散型随机变量 X 的所有可能取值为 $x_k (k=1,2,\cdots)$,X 取各个可能值的概率,即事件"$X = x_k$"的概率为
$$P\{X = x_k\} = p_k, \quad k = 1, 2, \cdots. \tag{2-2-1}$$

称(2-2-1)式为离散型随机变量 X 的**概率分布**或**分布律**(列),也简记为 $\{p_k\}$.

分布律也常用表格形式来表示,如表 2-2-1 所示.

表 2-2-1 离散型随机变量 X 的分布律

X	x_1	x_2	$\cdots$	x_n	$\cdots$
p_k	p_1	p_2	$\cdots$	p_n	$\cdots$

由概率的性质易知,任一离散型随机变量的分布律$\{p_k\}$,都具有下述两个基本性质:

(1) $p_k \geqslant 0, k=1,2,\cdots;$ (2-2-2)

(2) $\sum_{k=1}^{\infty} p_k = 1.$ (2-2-3)

反之,任意一个具有以上两个性质的数列$\{p_k\}$,一定可以作为某一个离散型随机变量的分布律.

例 2.2.1 设一汽车在开往目的地的道路上需要经过四盏信号灯,每盏信号灯以 0.5 的概率允许或禁止汽车通过.以 X 表示汽车首次停下时已通过的信号灯盏数(设各信号灯的工作是相互独立的),求 X 的分布律.

解 以 p 表示事件"每盏信号灯禁止汽车通过"的概率,显然 X 的所有可能取值为 0,1,2,3,4,由第 1 章知识易知 X 的分布律为

X	0	1	2	3	4
p_k	p	$p(1-p)$	$p(1-p)^2$	$p(1-p)^3$	$(1-p)^4$

或 $P\{X=k\}=(1-p)^k p, k=0,1,2,3, P\{X=4\}=(1-p)^4$.

由题可知 $p=0.5$,将 $p=0.5$ 代入得

X	0	1	2	3	4
p_k	0.5	0.25	0.125	0.062 5	0.062 5

例 2.2.2 若离散型随机变量 X 的分布律为 $P\{X=x_k\}=4a\left(\dfrac{1}{3}\right)^k, k=1,2,\cdots,$ 求常数 a.

解 由分布律的基本性质(1)知 $p_k \geqslant 0, k=1,2,\cdots,$ 可得 $4a\left(\dfrac{1}{3}\right)^k \geqslant 0 \Rightarrow a \geqslant 0.$

由分布律的基本性质(2)知 $\sum_{k=1}^{\infty} p_k = 1,$ 可得 $\sum_{k=1}^{\infty} 4a\left(\dfrac{1}{3}\right)^k = 4a \cdot \dfrac{1/3}{1-(1/3)} = 2a = 1 \Rightarrow a = \dfrac{1}{2}.$

所以 $a = \dfrac{1}{2}.$

2.2.2 几种常见的离散型随机变量分布

1. 两点分布(0-1 分布)

设随机变量 X 只取 0 与 1 两个值,它的分布律是

$$P\{X=k\} = (1-p)^{1-k} p^k, \quad k=0,1,$$ (2-2-4)

则称 X 服从参数为 $p(0<p<1)$ 的**两点分布**或 **0-1 分布**. 也可写成分布律表,形式如下:

X	0	1
p_k	$1-p$	p

对于一个随机试验 E, 若它的样本空间 S 只包含两个样本点,不妨设 $S=\{e_1,e_2\}$, 我们总能在样本空间 S 上定义一个服从 0-1 分布的随机变量

$$X = X(e) = \begin{cases} 0, & e = e_1, \\ 1, & e = e_2, \end{cases}$$

用它来描述这个试验的结果. 所以,可以用两点分布来描述试验只包含两个基本事件的数学模型. 如,在抛硬币观察正反面试验中"出现正面"与"出现反面"的概率分布, 抽验产品正次品情况试验中"正品"与"次品"的概率分布,新生婴儿性别登记,等等. 同样,若一个随机试验只研究某事件 A 是否出现,也可以用一个服从 0-1 分布的随机变量来描述,即设

$$X = \begin{cases} 1, & \text{事件 } A \text{ 发生}, \\ 0, & \text{事件 } A \text{ 不发生}. \end{cases}$$

2. 二项分布

设随机试验 E 只有两个可能结果: A 及 $\bar{A}$,则称 E 为伯努利(Bernoulli)试验.

设 $P(A)=p>0, P(\bar{A})=1-p=q$, 将试验 E 独立地重复进行 n 次, 则称这一串重复的独立试验为 n **重伯努利试验**, 简称**伯努利试验**. 这里"重复"是指每次试验是在相同的条件下进行, 且每次试验中事件 A 发生的概率 $P(A)=p$ 保持不变.

伯努利试验在实际中有广泛的应用, 是研究最多的模型之一. 例如, 将一枚硬币抛掷一次, 观察正反面, 就是一个伯努利试验. 将硬币独立地抛 n 次, 就是 n 重伯努利试验. 又如, 抛掷一颗骰子, 若事件 A 表示"出现 1 点", 则 $\bar{A}$ 表示"不出现 1 点", 这是一个伯努利试验. 将骰子独立地抛 n 次, 就是 n 重伯努利试验. 再如, 在 N 件产品中有 M 件次品, 现从该产品中任取一件, 检测其是否为次品, 这是一个伯努利试验. 若有放回地抽取 n 次, 就是 n 重伯努利试验.

在实际问题中, 我们研究得更多的问题则是在 n 重伯努利试验中, 事件 A 恰好发生 m 次的概率 $P_n(m)$ 为多少.

分析 在 n 重伯努利试验中, n 次试验是相互独立的, 事件 A 恰好发生了 m 次, 故可先假定事件 A 在指定的其中 m 次试验中发生, 其他的 $n-m$ 次试验中不发生的概率为

$$\underbrace{pp\cdots p}_{m} \underbrace{(1-p)(1-p)\cdots(1-p)}_{n-m} = p^m(1-p)^{n-m},$$

由于这种指定的方式共有 C_n^m 种,它们是两两互不相容的,故在 n 重伯努利试验中,事件 A 发生 m 次的概率为

$$P_n(m) = C_n^m p^m (1-p)^{n-m}, \quad m=0,1,2,\cdots,n. \tag{2-2-5}$$

例 2.2.3 设某车间里共有 5 台车床,每台车床使用电力是间歇性的,平均起来每小时约有 6min 使用电力. 假设车工们工作是相互独立的,求在同一时刻
(1) 恰有两台车床使用电力的概率.
(2) 至少有三台车床使用电力的概率.
(3) 至多有三台车床使用电力的概率.
(4) 至少有一台车床使用电力的概率.

解 设 A 表示事件"车床使用电力",由题可知,$P(A)=p=\dfrac{6}{60}=0.1$,$P(\overline{A})=1-0.1=0.9$.

(1) $p_1=P_5(2)=C_5^2 (0.1)^2 (0.9)^3 = 0.0729$.

(2) $p_2=P_5(3)+P_5(4)+P_5(5)=C_5^3 (0.1)^3 (0.9)^2+C_5^4 (0.1)^4 (0.9)+(0.1)^5=0.00856$.

(3) $p_3=P_5(0)+P_5(1)+P_5(2)+P_5(3)=1-P_5(4)-P_5(5)$
$=1-C_5^4 (0.1)^4(0.9)-C_5^5 (0.1)^5 (0.9)^0=0.99954$.

(4) $p_4=1-P_5(0)=1-C_5^0 (0.1)^0 (0.9)^5=0.40951$.

若令 X 表示 n 重伯努利试验中事件 A 出现的次数,则 X 的所有可能取值为 $0,1,2,\cdots,n$,且 $P_n(m)=C_n^m p^m (1-p)^{n-m}(m=0,1,2,\cdots,n)$,称该分布为二项分布,即有如下定义.

定义 2.2.3 若随机变量 X 的分布律为

$$P\{X=k\} = C_n^k p^k (1-p)^{n-k}, \quad k=0,1,2,\cdots,n, \tag{2-2-6}$$

则称 X 服从参数为 n,p 的二项分布(binomial distribution). 记作 $X \sim b(n,p)$.

易知(2-2-6)式满足(2-2-2)式和(2-2-3)式. 事实上,$P\{X=k\} \geq 0$ 是显然的,再由二项展开式可知

$$\sum_{k=0}^{n} P\{X=k\} = \sum_{k=0}^{n} C_n^k p^k (1-p)^{n-k} = [p+(1-p)]^n = 1.$$

在 n 重伯努利试验中,事件 A 恰好发生 k 次的概率 $P_n(k)$ 为 $C_n^k p^k q^{n-k}$,而 $P\{X=k\}=C_n^k p^k (1-p)^{n-k}$ 恰好是 $[p+(1-p)]^n$ 二项展开式中含有 p^k 的那一项,这也就是二项分布名称的由来.

特别地,当 $n=1$ 时,二项分布就变为 0-1 分布,所以 0-1 分布也可看作是二项分布当 $n=1$ 时的特殊情形.

例 2.2.4 对某一目标进行射击,独立射击 10 次,每次射击的命中率为 $p=0.4$,试求至少有 2 次击中目标的概率.

解 设 X 表示 10 次射击中击中目标的次数,则 $X \sim b(n,p)$,其中 $n=10, p=0.4$. 所以

$$P\{X \geqslant 2\} = 1 - P\{X=0\} - P\{X=1\}$$
$$= 1 - C_{10}^0 (0.4)^0 (0.6)^{10} - C_{10}^1 (0.4)^1 (0.6)^9$$
$$= 0.95364.$$

*例 2.2.5 某一大批产品的合格品率为 98%,现随机地从这批产品中抽样 20 次,每次抽一个产品,求抽得的 20 个产品中恰好有 k 个($k=1,2,\cdots,20$)为合格品的概率.

解 这是不放回抽样.由于这批产品的总数很大,而抽出的产品的数量相对于产品总数来说又很小,那么取出少许几件可以认为并不影响剩下部分的合格品率,因而可以当作放回抽样来处理,这样做会有一些误差,但误差不大.我们将抽检一个产品看其是否为合格品看成一次试验,显然,抽检 20 个产品就相当于做 20 次伯努利试验,用 X 表示 20 个产品中合格品的个数,那么 $X \sim b(20, 0.98)$,即

$$P\{X=k\} = C_{20}^k (0.98)^k (0.02)^{20-k}, \quad k=1,2,\cdots,20.$$

若在上例中将参数 20 改为 200 或更大,显然此时直接计算该概率就显得相当麻烦.为此我们给出一个当 n 很大而 p(或 $1-p$)很小时的近似计算公式.

*定理 2.2.1(泊松(Poisson)定理) 设 $np_n = \lambda, \lambda > 0$ 是一常数,n 是任意正整数,则对任意一固定的非负整数 k,有

$$\lim_{n \to \infty} C_n^k p_n^k (1-p_n)^{n-k} = \frac{\lambda^k e^{-\lambda}}{k!}.$$

证 由 $p_n = \frac{\lambda}{n}$,有

$$C_n^k p_n^k (1-p_n)^{n-k} = \frac{n(n-1)\cdots(n-k+1)}{k!} \left(\frac{\lambda}{n}\right)^k \left(1-\frac{\lambda}{n}\right)^{n-k}$$

$$= \frac{\lambda^k}{k!} \left[1 \cdot \left(1-\frac{1}{n}\right)\left(1-\frac{2}{n}\right)\cdots\left(1-\frac{k-1}{n}\right)\right] \cdot \left(1-\frac{\lambda}{n}\right)^n \left(1-\frac{\lambda}{n}\right)^{-k}.$$

对任意固定的 k,当 $n \to \infty$ 时,

$$\left[1 \cdot \left(1-\frac{1}{n}\right)\left(1-\frac{2}{n}\right)\cdots\left(1-\frac{k-1}{n}\right)\right] \to 1, \quad \left(1-\frac{\lambda}{n}\right)^n \to e^{-\lambda}, \quad \left(1-\frac{\lambda}{n}\right)^{-k} \to 1,$$

故

$$\lim_{n \to \infty} C_n^k p_n^k (1-p_n)^{n-k} = \frac{\lambda^k e^{-\lambda}}{k!}.$$

由于 $\lambda = np_n$ 是常数,所以当 n 很大时 p_n 必定很小,因此,上述定理表明当 n 很大而 p 很小时,有以下近似公式

$$C_n^k p^k (1-p)^{n-k} \approx \frac{\lambda^k e^{-\lambda}}{k!}, \tag{2-2-7}$$

其中 $\lambda = np$.

从表 2-2-2 中可以直观地看出(2-2-7)式两端的近似程度.

表 2-2-2

k	按二项分布公式直接计算				按泊松近似公式(2-2-7)计算
	$n=10$ $p=0.1$	$n=20$ $p=0.05$	$n=40$ $p=0.025$	$n=100$ $p=0.01$	$\lambda=1\ (=np)$
0	0.349	0.358	0.363	0.366	0.368
1	0.385	0.377	0.372	0.370	0.368
2	0.194	0.189	0.186	0.185	0.184
3	0.057	0.060	0.060	0.061	0.061
4	0.011	0.013	0.014	0.015	0.015
⋮	⋮	⋮	⋮	⋮	⋮

在实际计算中,当 $n \geqslant 20, p \leqslant 0.05$ 时近似效果颇佳,而当 $n \geqslant 100, np \leqslant 10$ 时效果更好. $\dfrac{\lambda^k \mathrm{e}^{-\lambda}}{k!}$ 的取值表见本书附表 1.

二项分布的泊松近似,常常被应用于研究当伯努利试验的次数 n 很大时,稀有事件(即每次试验中事件 A 出现的概率 p 很小)发生的次数的分布.

例 2.2.6 某十字路口有大量汽车通过,假设每辆汽车在这里发生交通事故的概率为 0.001,如果每天有 5 000 辆汽车通过这个十字路口,求发生交通事故的汽车数不少于 2 的概率.

解 设 X 表示发生交通事故的汽车数,则 $X \sim b(n,p)$,其中 $n=5\ 000$,$p=0.001$.

令 $\lambda = np = 5$,则
$$P\{X \geqslant 2\} = 1 - P\{X < 2\} = 1 - P\{X=0\} - P\{X=1\}$$
$$= 1 - (1-0.001)^{5\ 000} - \mathrm{C}_{5\ 000}^{1} \times 0.001 \times (1-0.001)^{4\ 999}$$
$$\approx 1 - \frac{5^0 \mathrm{e}^{-5}}{0!} - \frac{5 \mathrm{e}^{-5}}{1!}.$$

查表可得
$$P\{X \geqslant 2\} = 1 - 0.006\ 74 - 0.033\ 69 = 0.959\ 57.$$

例 2.2.7 某人进行射击,设每次射击的命中率为 0.02,独立射击 400 次,试求至少击中两次的概率.

解 把每次射击看作是一次试验. 设击中的次数为 X,则 $X \sim b(400, 0.02)$,即 X 的分布律为
$$P\{X=k\} = \mathrm{C}_{400}^{k} (0.02)^k (0.98)^{400-k}, \quad k=0,1,\cdots,400.$$

故所求概率为

$$P\{X \geqslant 2\} = 1 - P\{X=0\} - P\{X=1\}$$
$$= 1 - (1-0.02)^{400} - C_{400}^1 (0.02)(1-0.02)^{399} = 0.9972.$$

这个概率很接近 1,我们可以从两方面来讨论这一结果的实际意义:其一,即使每次射击的命中率很小(为 0.02),但如果射击 400 次,则至少两次击中目标的结果几乎是肯定发生的. 这一事实说明,一个事件尽管在一次试验中发生的概率很小,但只要独立地进行很多次试验,那么该事件的发生几乎是肯定的. 这也告诉人们决不可轻视小概率事件. 其二,由于 $P\{X<2\} \approx 0.003$ 很小,在 400 次射击中,击中目标的次数竟不到两次,根据实际推断原理,我们将怀疑"每次射击的命中率为 0.02"这一假设,即认为该射手射击的命中率达不到 0.02.

3. 泊松分布

若随机变量 X 的分布律为

$$P\{X=k\} = \frac{\lambda^k e^{-\lambda}}{k!}, \quad k=0,1,2,\cdots, \tag{2-2-8}$$

其中 $\lambda > 0$,则称 X 服从参数为 λ 的泊松分布(Poisson distribution),记为 $X \sim P(\lambda)$.

易知(2-2-8)式满足(2-2-2)式和(2-2-3)式,事实上,$P\{X=k\} \geqslant 0$ 显然,再由

$$\sum_{k=0}^{\infty} \frac{\lambda^k e^{-\lambda}}{k!} = e^{-\lambda} \cdot e^{\lambda} = 1,$$

可知

$$\sum_{k=0}^{\infty} P\{X=k\} = 1.$$

由泊松定理可知,泊松分布可以作为描述大量试验中稀有事件出现次数的概率分布情况的数学模型. 比如抽样检查大量产品时得到的不合格品数,一个集团当中在除夕生日的人数,一页中印刷错误出现的数目,数字通信中传输数字时发生误码的个数等,都近似服从泊松分布. 除此之外,理论与实践都说明,一般说来它也可作为下列随机变量的概率分布的数学模型:在任给一段固定的时间间隔内,①由某块放射性物质放射出的 α 质点,到达某个计数器的质点数;②某地区发生交通事故的次数;③来到某公共设施要求给予服务的顾客数(此处公共设施的意义可以是极为广泛的,诸如售货员、机场跑道、电话交换台、医院等,在机场跑道的例子中,顾客可以相应地想象为飞机). 泊松分布是概率论中一种很重要的分布.

例 2.2.8 由某商店以往的销售记录可知,某种商品每月的销售数量服从参数 $\lambda = 5$ 的泊松分布. 为了有 95% 以上的把握保证该商品不脱销,则商店在月底至少应该进货商品多少件?

解 设该商店每月销售这种商品数量为 X,月底进货为 a 件,则当 $X \leqslant a$ 时不脱销,故有

$$P\{X \leqslant a\} \geqslant 0.95.$$

由于 $X \sim P(5)$，上式即为

$$\sum_{k=0}^{a} \frac{\mathrm{e}^{-5} 5^k}{k!} \geqslant 0.95.$$

查表可知

$$\sum_{k=0}^{9} \frac{\mathrm{e}^{-5} 5^k}{k!} \approx 0.9319 < 0.95,$$

$$\sum_{k=0}^{10} \frac{\mathrm{e}^{-5} 10^k}{k!} \approx 0.9682 > 0.95.$$

于是，这家商店只要在月底进这种商品 10 件（假定上个月没有存货），就可以 95% 以上的把握保证这种商品在下个月不会脱销.

下面我们就一般的离散型随机变量讨论其分布函数.

设离散型随机变量 X 的分布律如表 2-2-1 所示. 由分布函数的定义可知

$$F(x) = P\{X \leqslant x\} = \sum_{x_k \leqslant x} P\{X = x_k\} = \sum_{x_k \leqslant x} p_k,$$

此处的 $\sum_{x_k \leqslant x}$ 表示对所有满足 $x_k \leqslant x$ 的 k 求和，即对那些满足 $x_k \leqslant x$ 所对应的 p_k 的累加.

例 2.2.9 求例 2.2.1 中 X 的分布函数 $F(x)$.

解 由例 2.2.1 的分布律知，当 $x < 0$ 时，

$$F(x) = P\{X \leqslant x\} = P(\varnothing) = 0;$$

当 $0 \leqslant x < 1$ 时，

$$F(x) = P\{X \leqslant x\} = P\{X = 0\} = 0.5;$$

当 $1 \leqslant x < 2$ 时，

$$F(x) = P\{X \leqslant x\} = P\{(X = 0) \cup (X = 1)\}$$
$$= P\{X = 0\} + P\{X = 1\}$$
$$= 0.5 + 0.25 = 0.75;$$

当 $2 \leqslant x < 3$ 时，

$$F(x) = P\{X \leqslant x\} = P\{(X = 0) \cup (X = 1) \cup (X = 2)\}$$
$$= P\{X = 0\} + P\{X = 1\} + P\{X = 2\}$$
$$= 0.5 + 0.25 + 0.125 = 0.875;$$

当 $3 \leqslant x < 4$ 时，

$$F(x) = P\{X \leqslant x\} = P\{(X = 0) \cup (X = 1) \cup (X = 2) \cup (X = 3)\}$$
$$= P\{X = 0\} + P\{X = 1\} + P\{X = 2\} + P\{X = 3\}$$
$$= 0.5 + 0.25 + 0.125 + 0.0625 = 0.9375;$$

当 $x \geqslant 4$ 时，

$$F(x) = P\{X \leqslant x\} = P\{(X = 0) \cup (X = 1) \cup (X = 2) \cup (X = 3) \cup (X = 4)\}$$

$$= P\{X=0\} + P\{X=1\} + P\{X=2\} + P\{X=3\} + P\{X=4\}$$
$$= 0.5 + 0.25 + 0.125 + 0.062\,5 + 0.062\,5 = 1.$$

综上所述

$$F(x) = P\{X \leqslant x\} = \begin{cases} 0, & x < 0, \\ 0.5, & 0 \leqslant x < 1, \\ 0.75, & 1 \leqslant x < 2, \\ 0.875, & 2 \leqslant x < 3, \\ 0.937\,5, & 3 \leqslant x < 4, \\ 1, & x \geqslant 4. \end{cases}$$

$F(x)$ 的图形是一条阶梯状右连续曲线,在 $x=0,1,2,3,4$ 处有跳跃,其跳跃高度分别为 $0.5,0.25,0.125,0.062\,5,0.062\,5$,这条曲线从左至右依次从 $F(x)=0$ 逐步升级到 $F(x)=1$. 对表 2-2-1 所示的一般的分布律,其分布函数 $F(x)$ 表示一条阶梯状右连续曲线,在 $X=x_k(k=1,2,\cdots)$ 处有跳跃,跳跃的高度恰为 $p_k=P\{X=x_k\}$,从左至右,由水平直线 $F(x)=0$ 分别按阶高 $p_1, p_2, \cdots$ 升至水平直线 $F(x)=1$.

以上是已知分布律求分布函数. 反过来,若已知离散型随机变量 X 的分布函数 $F(x)$,则 X 的分布律也可由分布函数所确定:

$$p_k = P\{X = x_k\} = F(x_k) - F(x_k - 0).$$

2.3 连续型随机变量及其分布

2.2 节研究了离散型随机变量,这类随机变量的特点是它的所有可能取值及其对应的概率能被逐个地列出,而本节将要研究的连续型随机变量就不再具有这样的性质了. 连续型随机变量的特点是它的所有可能取值连续地充满某个区间甚至整个数轴. 例如,测量某个零件的长度,从理论上说这个长度的测量值 X 可以取区间 $(0,+\infty)$ 上的任何一个值. 此外,连续型随机变量取某特定值的概率总是零(关于这点将在该节说明). 例如,抽检一个零件其直径 X 丝毫不差刚好是其固定值(如 2cm)的事件"$X=2$"几乎是不可能发生的,即认为 $P\{X=2\}=0$. 所以讨论连续型随机变量在某点的概率是毫无意义的. 因此,对连续型随机变量就不能像离散型随机变量那样对每个可能取值的概率研究了. 我们需要引入一个函数——概率密度函数来研究连续型随机变量.

2.3.1 连续型随机变量的定义与性质

定义 2.3.1 对于随机变量 X 的分布函数 $F(x)$,若存在一元非负实函数 $f(x)$ $(-\infty < x < +\infty)$,使对任意实数 x,都有

$$F(x) = \int_{-\infty}^{x} f(t)\mathrm{d}t, \tag{2-3-1}$$

则称 X 为**连续型随机变量**,其中函数 $f(x)$ 称为连续型随机变量 X 的**概率密度函数**,简称**概率密度**或**密度函数**(density function),记作 $X \sim f(x)$.

显然要研究连续型随机变量的统计规律,只需要知道其概率密度函数即可.

由(2-3-1)式可知,连续型随机变量的分布函数是连续的,且由第一节中所讨论的分布函数的性质可知,连续型随机变量的分布函数是一条介于 $y=0$ 与 $y=1$ 之间的单调不减的连续函数.

由定义知道,概率密度 $f(x)$ 具有以下性质:

(1) $f(x) \geqslant 0$.

(2) $\int_{-\infty}^{+\infty} f(x)\mathrm{d}x = 1$.

上面我们曾指出,连续型随机变量 X 取某一特定值 a 的概率为零,即 $P\{X=a\}=0$. 事实上,令 $\Delta x > 0$,设 X 的分布函数为 $F(x)$,则由 $\{X=a\} \subset \{a-\Delta x < X \leqslant a\}$ 得

$$0 \leqslant P\{X=a\} \leqslant P\{a-\Delta x < X \leqslant a\} = F(a) - F(a-\Delta x).$$

由于 $F(x)$ 连续,所以 $\lim_{\Delta x \to 0^+} F(a-\Delta x) = F(a)$.

当 $\Delta x \to 0^+$ 时,由夹逼定理得

$$P\{X=a\} = 0,$$

由此易推出

$$P\{a<X<b\} = P\{a \leqslant X < b\} = P\{a \leqslant X \leqslant b\} = P\{a < X \leqslant b\}.$$

即在计算连续型随机变量落在某区间上的概率时,与该区间端点的情况无关.

(3) 对任意实数 a,若 $X \sim f(x)$,则 $P\{X=a\}=0$. 于是有

$$P\{a<X<b\} = P\{a \leqslant X < b\} = P\{a \leqslant X \leqslant b\} = P\{a < X \leqslant b\} = \int_a^b f(x)\mathrm{d}x.$$

$$\tag{2-3-2}$$

注意 事件 $\{X=a\}$ 不一定是不可能事件,但却有 $P\{X=a\}=0$. 也就是说,若 A 是不可能事件,则必有 $P(A)=0$;但若 $P(A)=0$,并不一定意味着 A 是不可能事件. 即概率为零的事件不一定是不可能事件. 反之,概率为 1 的事件也不一定是必然事件.

(4) X 为连续型随机变量,则有 $F'(x) = f(x)$.

由概率密度 $f(x)$ 的定义及性质,得其几何意义:

① 由性质(2)知密度函数曲线 $y=f(x)$ 与 x 轴所围的面积等于 1;

② 由性质(3)知连续型随机变量 X 落在某区间 $(x_1, x_2]$ 上的概率即为概率密度函数 $y=f(x)$ 在该区间上与 x 轴所围曲边梯形的面积.

例 2.3.1 设连续型随机变量 X 的分布函数为

$$F(x) = \begin{cases} 0, & x < 0, \\ Ax^2, & 0 \leqslant x < 1, \\ 1, & x \geqslant 1. \end{cases}$$

试求：(1) 未知系数 A；
(2) X 落在区间 $(0.3, 1.5)$ 内的概率；
(3) X 的概率密度函数.

解 (1) 由于 X 为连续型随机变量，故 $F(x)$ 是连续函数，因此有

$$1 = F(1) = \lim_{x \to 1^-} F(x) = \lim_{x \to 1^-} Ax^2 = A,$$

即 $A = 1$，于是

$$F(x) = \begin{cases} 0, & x < 0, \\ x^2, & 0 \leqslant x < 1, \\ 1, & x \geqslant 1. \end{cases}$$

(2) 因为 X 是连续型随机变量，所以

$$P\{0.3 < X < 1.5\} = F(1.5) - F(0.3) = 1 - 0.09 = 0.91.$$

(3) X 的概率密度函数为

$$f(x) = F'(x) = \begin{cases} 2x, & 0 \leqslant x < 1; \\ 0, & \text{其他}. \end{cases}$$

例 2.3.2 设随机变量 X 具有密度函数

$$f(x) = \begin{cases} kx, & 0 \leqslant x < 3, \\ 2 - \dfrac{x}{2}, & 3 \leqslant x \leqslant 4, \\ 0, & \text{其他}. \end{cases}$$

(1) 确定常数 k；(2) 求 X 的分布函数 $F(x)$；(3) 求 $P\{1 < X \leqslant 3.5\}$.

解 (1) 由 $\int_{-\infty}^{+\infty} f(x) \mathrm{d}x = 1$，得

$$\int_0^3 kx \, \mathrm{d}x + \int_3^4 \left(2 - \frac{x}{2}\right) \mathrm{d}x = 1, \quad 即 \ \frac{9}{2}k + \frac{1}{4} = 1,$$

解得 $k = \dfrac{1}{6}$，故 X 的密度函数为

$$f(x) = \begin{cases} \dfrac{x}{6}, & 0 \leqslant x < 3, \\ 2 - \dfrac{x}{2}, & 3 \leqslant x \leqslant 4, \\ 0, & \text{其他}. \end{cases}$$

(2) 由 $F(x) = P\{X \leqslant x\} = \int_{-\infty}^{x} f(t)\mathrm{d}t$ 得

$$F(x) = \begin{cases} 0, & x < 0, \\ \int_0^x \dfrac{t}{6}\mathrm{d}t, & 0 \leqslant x < 3, \\ \int_0^3 \dfrac{t}{6}\mathrm{d}t + \int_3^x \left(2 - \dfrac{t}{2}\right)\mathrm{d}t, & 3 \leqslant x < 4, \\ 1, & x \geqslant 4, \end{cases}$$

即

$$F(x) = \begin{cases} 0, & x < 0, \\ \dfrac{x^2}{12}, & 0 \leqslant x < 3, \\ -\dfrac{x^2}{4} + 2x - 3, & 3 \leqslant x < 4, \\ 1, & x \geqslant 4. \end{cases}$$

(3) $P\{1 < X \leqslant 3.5\} = F(3.5) - F(1) = \dfrac{41}{48}$.

2.3.2 几种常见的连续型分布

1. 均匀分布

若连续型随机变量 X 的概率密度函数为

$$f(x) = \begin{cases} \dfrac{1}{b-a}, & a < x < b, \\ 0, & \text{其他,} \end{cases} \tag{2-3-3}$$

则称 X 在区间 (a,b) 上服从均匀分布 (uniform distribution),记为 $X \sim U(a,b)$.

易验证 $f(x) \geqslant 0$, 且 $\int_{-\infty}^{+\infty} f(x)\mathrm{d}x = \int_a^b \dfrac{1}{b-a}\mathrm{d}x = 1$.

由 (2-3-3) 式可得

(1) $P\{X \geqslant b\} = \int_b^{+\infty} 0\mathrm{d}x = 0, P\{X \leqslant a\} = \int_{-\infty}^a 0\mathrm{d}x = 0$, 即

$$P\{a < X < b\} = 1 - P\{X \geqslant b\} - P\{X \geqslant a\} = 1;$$

(2) 若 $a \leqslant c < d \leqslant b$, 则

$$P\{c < X < d\} = \int_c^d \dfrac{1}{b-a}\mathrm{d}x = \dfrac{d-c}{b-a},$$

又若 $a \leqslant c_1 < d_1 \leqslant b$, 且 $d - c = d_1 - c_1$, 则 $P\{c < X < d\} = P\{c_1 < X < d_1\}$.

因此,若随机变量 X 在区间 (a,b) 上服从均匀分布,则 X 落入 (a,b) 中任一子区间 (c,d) 中的概率与该子区间的长度成正比,而与该子区间的位置无关.这也是均匀分布名称的由来.

由(2-3-3)式易得 X 的分布函数为

$$F(x) = \begin{cases} 0, & x < a, \\ \dfrac{x-a}{b-a}, & a \leqslant x < b, \\ 1, & x \geqslant b. \end{cases} \qquad (2\text{-}3\text{-}4)$$

例 2.3.3　设电阻 R 是在 $800 \sim 1\,000\,\Omega$ 上服从均匀分布的一个连续型随机变量，求 R 的概率密度及 R 落在 $950 \sim 1\,050\,\Omega$ 的概率.

解　由题意可知，$R \sim U(800, 1\,000)$，所以 R 的概率密度为

$$f(r) = \begin{cases} \dfrac{1}{1\,000-800}, & 800 < r < 1\,000, \\ 0, & \text{其他,} \end{cases} \quad \text{即 } f(r) = \begin{cases} \dfrac{1}{200}, & 800 < r < 1\,000, \\ 0, & \text{其他.} \end{cases}$$

于是，R 落在 $950 \sim 1\,050\,\Omega$ 的概率为

$$P\{950 < R \leqslant 1\,050\} = \int_{950}^{1\,000} \dfrac{1}{200} \mathrm{d}r = \dfrac{1}{4}.$$

例 2.3.4　随机变量 X 在区间 $[2,5]$ 上服从均匀分布，现对 X 进行三次独立观测，试求至少有两次观测值大于 3 的概率.

解　由题可知，X 的密度函数为

$$f(x) = \begin{cases} \dfrac{1}{3}, & x \in [2,5], \\ 0, & \text{其他,} \end{cases}$$

所以

$$P\{X > 3\} = \int_3^5 \dfrac{1}{3} \mathrm{d}x = \dfrac{2}{3}.$$

设 Y 表示三次独立观测中观测值大于 3 的次数，则 $Y \sim b\left(3, \dfrac{2}{3}\right)$，故

$$P\{Y \geqslant 2\} = C_3^2 \left(\dfrac{2}{3}\right)^2 \times \dfrac{1}{3} + C_3^3 \left(\dfrac{2}{3}\right)^3 = \dfrac{20}{27},$$

即至少有两次观测值大于 3 的概率为 $\dfrac{20}{27}$.

2. 指数分布

若连续型随机变量 X 的密度函数为

$$f(x) = \begin{cases} \lambda \mathrm{e}^{-\lambda x}, & x > 0, \\ 0, & x \leqslant 0, \end{cases} \qquad (2\text{-}3\text{-}5)$$

其中 $\lambda > 0$ 为常数，则称 X 服从参数为 λ 的指数分布（exponentially distribution），记作 $X \sim E(\lambda)$.

显然 $f(x) \geqslant 0$，且 $\displaystyle\int_{-\infty}^{+\infty} f(x) \mathrm{d}x = \int_0^{+\infty} \lambda \mathrm{e}^{-\lambda x} \mathrm{d}x = 1.$

由(2-3-5)式易得 X 的分布函数为

$$F(x) = \begin{cases} 1 - e^{-\lambda x}, & x > 0, \\ 0, & x \leqslant 0. \end{cases} \qquad (2\text{-}3\text{-}6)$$

例 2.3.5 某电子元件的寿命为 X(年),且 X 服从参数为 3 的指数分布.
(1) 求该电子元件寿命超过 4 年的概率.
(2) 已知该电子元件已使用了 2 年,求它还能再使用 4 年的概率.

解 由题可知,X 的密度函数为 $f(x) = \begin{cases} 3e^{-3x}, & x > 0, \\ 0, & x \leqslant 0. \end{cases}$

(1) $P\{X > 4\} = \int_4^{+\infty} 3e^{-3x} dx = e^{-12}$;

(2) $P\{X > 6 \mid X > 2\} = \dfrac{P\{X > 6, X > 2\}}{P\{X > 2\}} = \dfrac{\int_6^{+\infty} 3e^{-3x} dx}{\int_2^{+\infty} 3e^{-3x} dx} = e^{-12}.$

通过例 2.3.5 可以看出,在已知元件已使用了 s 小时的条件下,它还能至少再使用 t 小时的概率,与从开始使用时算起它至少能使用 t 小时的概率相等. 也就是说元件对它已使用过 s 小时是"没有记忆"的.

指数分布描述的是无老化时的寿命分布,但"无老化"是不可能的,因而只是一种近似. 对一些寿命长的元件,在初期阶段老化现象很小,在这一阶段,指数分布比较确切地描述了其寿命分布情况.

3. 正态分布

若连续型随机变量 X 的概率密度为

$$f(x) = \frac{1}{\sqrt{2\pi}\sigma} e^{-\frac{(x-\mu)^2}{2\sigma^2}}, \quad -\infty < x < +\infty, \qquad (2\text{-}3\text{-}7)$$

其中 $\mu, \sigma (\sigma > 0)$ 为常数,则称 X 服从参数为 $\mu, \sigma (\sigma > 0)$ 的正态分布(normal distribution),记为 $X \sim N(\mu, \sigma^2)$.

显然 $f(x) \geqslant 0$,下面来证明 $\int_{-\infty}^{+\infty} f(x) dx = 1$.

令 $\dfrac{x-\mu}{\sigma} = t$,则有

$$\int_{-\infty}^{+\infty} \frac{1}{\sqrt{2\pi}\sigma} e^{-\frac{(x-\mu)^2}{2\sigma^2}} dx = \frac{1}{\sqrt{2\pi}} \int_{-\infty}^{+\infty} e^{-\frac{t^2}{2}} dt.$$

记 $I = \int_{-\infty}^{+\infty} e^{-\frac{t^2}{2}} dt$,则有 $I^2 = \int_{-\infty}^{+\infty} \int_{-\infty}^{+\infty} e^{-\frac{t^2+s^2}{2}} dt ds$. 作极坐标变换 $s = r\cos\theta, t = r\sin\theta$, 于是有

$$I^2 = \int_0^{2\pi} \int_0^{+\infty} r e^{-\frac{r^2}{2}} dr d\theta = 2\pi,$$

而 $I>0$,故有 $I=\sqrt{2\pi}$,即

$$\int_{-\infty}^{+\infty} e^{-\frac{t^2}{2}} dt = \sqrt{2\pi}.$$

于是

$$\int_{-\infty}^{+\infty} \frac{1}{\sqrt{2\pi}\sigma} e^{-\frac{(x-\mu)^2}{2\sigma^2}} dx = \frac{1}{\sqrt{2\pi}} \cdot \sqrt{2\pi} = 1.$$

正态分布是概率论和数理统计中最重要的分布之一,在实际问题中大量的随机变量服从或近似服从正态分布. 只要某一个随机变量受到许多相互独立随机因素的影响,而每个个别因素的影响都不能起决定性作用,那么就可以断定随机变量服从或近似服从正态分布(这点我们将在第 4 章重点介绍). 例如,人的身高、体重受到种族、饮食习惯、地域、运动等因素影响,但这些因素又不能对身高、体重起决定性作用,所以我们可以认为身高、体重服从或近似服从正态分布.

正态分布概率密度函数(见图 2.3.1)的性质及几何特征:

(1) 密度曲线关于 $x=\mu$ 对称;

(2) 当 $x=\mu$ 时,$f(x)$ 取得最大值 $\dfrac{1}{\sqrt{2\pi}\sigma}$;

(3) 当 $x \to \pm\infty$ 时,$f(x) \to 0$;

(4) 密度曲线在 $x=\mu\pm\sigma$ 处有拐点;

(5) 密度曲线以轴 x 为渐近线;

(6) 当固定 σ,改变 μ 的大小时,$f(x)$ 图形的形状不变,只是沿 x 轴左右平移变化;

(7) 当固定 μ,改变 σ 的大小时,$f(x)$ 图形的对称轴不变,而形状在改变,σ 越小,图形越高越瘦;σ 越大,图形越矮越胖.

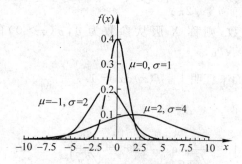

图 2.3.1 正态分布的密度函数图形

特别地,当 $\mu=0,\sigma=1$ 时,称 X 服从标准正态分布,记作 $X \sim N(0,1)$. 其概率密度和分布函数分别用 $\varphi(x),\Phi(x)$ 表示,即有

$$\varphi(x) = \frac{1}{\sqrt{2\pi}} e^{-\frac{x^2}{2}}, \quad -\infty < x < +\infty, \tag{2-3-8}$$

$$\Phi(x) = P\{X \leqslant x\} = \frac{1}{\sqrt{2\pi}} \int_{-\infty}^{x} e^{-\frac{t^2}{2}} dt, \quad -\infty < x < +\infty. \tag{2-3-9}$$

易知,$\Phi(-x) = 1 - \Phi(x)$.

由(2-3-9)式可知,$\Phi(x)$值较难求出,所以人们利用软件编制出 $\Phi(x)$ 的函数值表(见附表2).若 $Z \sim N(0,1)$,则查表得 $\Phi(0.5) = 0.6915$,$\Phi(1.96) = 0.975$.

一般地,若 $X \sim N(\mu, \sigma^2)$,则有 $Z = \dfrac{X-\mu}{\sigma} \sim N(0,1)$. 称 Z 为 X 的标准化.

事实上,$Z = \dfrac{X-\mu}{\sigma}$ 的分布函数为

$$P\{Z \leqslant x\} = P\left\{\frac{X-\mu}{\sigma} \leqslant x\right\} = P\{X \leqslant \mu + \sigma x\}$$

$$= \int_{-\infty}^{\mu+\sigma x} \frac{1}{\sqrt{2\pi}\sigma} e^{-\frac{(t-\mu)^2}{2\sigma^2}} dt,$$

令 $\dfrac{t-\mu}{\sigma} = s$,得

$$P\{Z \leqslant x\} = \frac{1}{\sqrt{2\pi}} \int_{-\infty}^{x} e^{-\frac{s^2}{2}} ds = \Phi(x),$$

由此知 $Z = \dfrac{X-\mu}{\sigma} \sim N(0,1)$.

因此,若 $X \sim N(\mu, \sigma^2)$,则可利用标准正态分布函数 $\Phi(x)$,通过查表求得 X 落在任一区间 $(x_1, x_2]$ 内的概率,即

$$P\{x_1 < X \leqslant x_2\} = P\left\{\frac{x_1-\mu}{\sigma} < \frac{X-\mu}{\sigma} \leqslant \frac{x_2-\mu}{\sigma}\right\}$$

$$= P\left\{\frac{X-\mu}{\sigma} \leqslant \frac{x_2-\mu}{\sigma}\right\} - P\left\{\frac{X-\mu}{\sigma} \leqslant \frac{x_1-\mu}{\sigma}\right\}$$

$$= \Phi\left(\frac{x_2-\mu}{\sigma}\right) - \Phi\left(\frac{x_1-\mu}{\sigma}\right). \tag{2-3-10}$$

例如,若 $X \sim N(1.5, 4)$,则

$$P\{-1 \leqslant X \leqslant 2\} = P\left\{\frac{-1-1.5}{2} \leqslant \frac{X-1.5}{2} \leqslant \frac{2-1.5}{2}\right\}$$

$$= \Phi(0.25) - \Phi(-1.25)$$

$$= \Phi(0.25) - [1 - \Phi(1.25)]$$

$$= 0.5987 - (1 - 0.8944) = 0.4931.$$

设 $X \sim N(\mu, \sigma^2)$,所以

$$P\{\mu - \sigma < X < \mu + \sigma\} = P\left\{-1 < \frac{X-\mu}{\sigma} < 1\right\} = \Phi(1) - \Phi(-1)$$

$$= 2\Phi(1) - 1 = 0.6826,$$

$$P\{\mu - 2\sigma < X < \mu + 2\sigma\} = P\left\{-2 < \frac{X-\mu}{\sigma} < 2\right\} = 2\Phi(2) - 1$$
$$= 0.9544,$$

$$P\{\mu - 3\sigma < X < \mu + 3\sigma\} = P\left\{-3 < \frac{X-\mu}{\sigma} < 3\right\} = 2\Phi(3) - 1$$
$$= 0.9974.$$

由此看到,尽管正态分布变量的取值范围是$(-\infty, +\infty)$,但它落在$(\mu - 3\sigma, \mu + 3\sigma)$区间内几乎是肯定的.因此在实际问题中,基本上可以认为有$|X - \mu| < 3\sigma$. 我们通常将之称为"3σ原则".

例2.3.6 将一温度调节器放在储存某种液体的房间内.调节器设定在d℃,液体的温度X(单位:℃)是一个服从正态分布的随机变量,且$X \sim N(d, 0.25)$.

(1) 若$d = 90$℃,求X小于89℃的概率.

(2) 若要保持液体的温度至少为80℃的概率不低于0.99,问d至少应设为多少?

解 (1) 由题意,所求概率为

$$P\{X < 89\} = P\left\{\frac{X - 90}{0.5} < \frac{89 - 90}{0.5}\right\}$$
$$= \Phi\left(\frac{89 - 90}{0.5}\right)$$
$$= \Phi(-2) = 1 - \Phi(2)$$
$$= 1 - 0.9772 = 0.0228.$$

(2) $P\{X \geqslant 80\} \geqslant 0.99 \Rightarrow 1 - P\{X < 80\} \geqslant 0.99 \Rightarrow 1 - F(80) \geqslant 0.99$

$$\Rightarrow 1 - \Phi\left(\frac{80 - d}{0.5}\right) \geqslant 0.99 \Rightarrow \Phi\left(\frac{80 - d}{0.5}\right) \leqslant 1 - 0.99 = 0.01 < 0.5,$$

所以$\frac{80-d}{0.5} < 0$,因此$\Phi\left(\frac{80-d}{0.5}\right) = 1 - \Phi\left(\frac{d-80}{0.5}\right) \leqslant 0.01$,即$\Phi\left(\frac{d-80}{0.5}\right) \geqslant 0.99$,查表得$\frac{d-80}{0.5} \geqslant 2.327 \Rightarrow d \geqslant 81.1635$.

例2.3.7 测量某一目标的距离所产生的随机误差X(单位:m),其密度函数为

$$f(x) = \frac{1}{4\sqrt{2\pi}} e^{-\frac{(x-2)^2}{32}}.$$

试求在三次测量中至少有一次误差的绝对值不超过3m的概率.

解 X的密度函数为

$$f(x) = \frac{1}{4\sqrt{2\pi}} e^{-\frac{(x-2)^2}{32}} = \frac{1}{\sqrt{2\pi} \times 4} e^{-\frac{(x-2)^2}{2 \times 4^2}},$$

即 $X \sim N(2,4^2)$,故在一次测量中随机误差的绝对值不超过 3m 的概率为
$$P\{|X| \leqslant 3\} = P\{-3 \leqslant X \leqslant 3\} = \Phi\left(\frac{3-2}{4}\right) - \Phi\left(\frac{-3-2}{4}\right)$$
$$= \Phi(0.25) - \Phi(-1.25) = \Phi(0.25) - [1 - \Phi(1.25)]$$
$$= 0.5987 - (1 - 0.8944) = 0.4931.$$

设 Y 为三次测量中误差的绝对值不超过 3m 的次数,则 $Y \sim b(3, 0.4931)$,故
$$P\{Y \geqslant 1\} = 1 - P\{Y = 0\} = 1 - C_3^0 (0.4931)^0 (1 - 0.4931)^3 = 0.8698.$$

为了便于今后应用,对于标准正态变量,我们将引入 α 分位点的定义.

设 $X \sim N(0,1)$,若实数 z_α 满足
$$P\{X > z_\alpha\} = \alpha, \quad 0 < \alpha < 1, \tag{2-3-11}$$

则称点 z_α 为标准正态分布的上 α 分位点(见图 2.3.2).例如,查表可得 $z_{0.05} = 1.645$, $z_{0.001} = 3.16$,故 1.645 与 3.16 分别是标准正态分布的上 0.05 分位点与上 0.001 分位点.

由公式(2-3-11),显然有 $z_{1-\alpha} = -z_\alpha$.

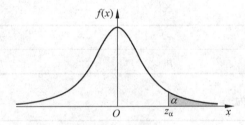

图 2.3.2 标准正态分布的上 α 分位点

2.4 随机变量函数的分布

在实际生活中,我们经常会遇到一些随机变量,而它们的分布往往难以直接得到(如测量轴承滚珠体积值 Y 等),但是与它们有函数关系的另一些简单随机变量的分布却是易知的(如滚珠直径测量值 X).因此,在本节中,我们将研究如何由已知的随机变量 X 的分布求与其有函数关系的随机变量 $Y = g(X)$ 的分布(其中 $g(\cdot)$ 是已知的连续函数).

2.4.1 离散型随机变量函数的分布

例 2.4.1 设随机变量 X 分布律如下所示,试求 $Y = X^2 + 1$ 的分布律.

X	-1	0	1	2
p_k	0.2	0.3	0.1	0.4

解 Y 的所有可能取值为 $(-1)^2+1, 0^2+1, 1^2+1, 2^2+1$，即 Y 的所有可能取值为 $1, 2, 5$，且

$$P\{Y=1\} = P\{X=0\} = 0.3,$$
$$P\{Y=2\} = P\{(X=-1)\cup(X=1)\} = P\{X=-1\}$$
$$+ P\{X=1\} = 0.2 + 0.1 = 0.3,$$
$$P\{Y=5\} = P\{X=2\} = 0.4.$$

故 Y 的分布律为

Y	1	2	5
p_k	0.3	0.3	0.4

由例 2.4.1 可归纳出离散型随机变量函数的分布律求法，具体如下：

若 X 是离散型随机变量，其函数 $Y=g(X)$ 也是离散型随机变量，且若 X 的分布律为

X	x_1	x_2	$\cdots$	x_n	$\cdots$
p_k	p_1	p_2	$\cdots$	p_n	$\cdots$

则 $Y=g(X)$ 的分布律为

$Y=g(X)$	$g(x_1)$	$g(x_2)$	$\cdots$	$g(x_n)$	$\cdots$
p_k	p_1	p_2	$\cdots$	p_n	$\cdots$

若 $g(x_k)$ 中有相同的值时，则将这些相同的值分别合并，并由概率可加性将相应的 p_k 相加，即可得到 $Y=g(X)$ 的分布律．

2.4.2 连续型随机变量函数的分布

若 X 是连续型随机变量，且其概率密度函数为 $f_X(x)$，则函数 $Y=g(X)$ 也是连续型随机变量，且 Y 的密度函数 $f_Y(y)$ 的求法为：先求 Y 的分布函数 $F_Y(y)$ 的表达式，然后再对 $F_Y(y)$ 求导即得 $f_Y(y)$．

例 2.4.2 设随机变量 X 有概率密度为 $f_X(x) = \begin{cases} \dfrac{x}{8}, & 0<x<4 \\ 0, & \text{其他} \end{cases}$，求 $Y=2X+8$ 的概率密度．

解 先求 $Y=2X+8$ 的分布函数 $F_Y(y)$，有

$$F_Y(y) = P\{Y \leqslant y\} = P\{2X+8 \leqslant y\} = P\left\{X \leqslant \frac{y-8}{2}\right\} = \int_{-\infty}^{\frac{y-8}{2}} f_X(x)\,\mathrm{d}x.$$

由高等数学中对变限积分求导的知识,对 $F_Y(y)$ 求导,得 $Y=2X+8$ 的概率密度为

$$f_Y(y) = f_X\left(\frac{y-8}{2}\right) \cdot \left(\frac{y-8}{2}\right)' = \begin{cases} \dfrac{1}{8} \cdot \dfrac{y-8}{2} \cdot \dfrac{1}{2}, & 0 < \dfrac{y-8}{2} < 4, \\ 0, & 其他 \end{cases}$$

$$= \begin{cases} \dfrac{y-8}{32}, & 8 < y < 16, \\ 0, & 其他. \end{cases}$$

由上例可归纳出计算连续型随机变量函数的概率密度函数的求法,具体如下:

定理 2.4.1 设连续型随机变量 X 的概率密度为 $f_X(x)$,又设 $y=g(x)$ 为有一阶连续导数的单调函数. 记 $x=h(y)$ 为 $y=g(x)$ 的反函数,则 $Y=g(X)$ 也是连续型随机变量,且其概率密度函数为

$$f_Y(y) = f_X[h(y)] |h'(y)|.$$

证明略.

例 2.4.3 设 $X \sim N(\mu, \sigma^2)$,试证明 X 的线性函数 $Y=aX+b(a \neq 0)$ 也服从正态分布.

证 由题可知 X 的概率密度为

$$f(x) = \frac{1}{\sqrt{2\pi}\sigma} e^{-\frac{(x-\mu)^2}{2\sigma^2}}, \quad -\infty < x < +\infty.$$

再令 $y=g(x)=ax+b$,且其反函数为 $x=h(y)=\dfrac{y-b}{a}$,所以 $h'(y)=\dfrac{1}{a}$.

由定理 2.4.1 得 $Y=aX+b(a \neq 0)$ 的概率密度为

$$f_Y(y) = \frac{1}{\sqrt{2\pi}|a|\sigma} e^{-\frac{(y-b-a\mu)^2}{2a^2\sigma^2}}, \quad y \in \mathbf{R},$$

所以 $Y \sim N(a\mu+b, |a|\sigma)$.

特别地,若 $Y = \dfrac{X-\mu}{\sigma}$,则有 $f_Y(y) = \dfrac{1}{\sqrt{2\pi}} e^{-\frac{y^2}{2}}, y \in \mathbf{R}$,即 $Y=\dfrac{X-\mu}{\sigma}$ 服从标准正态分布.

2.5 应用案例

1. 大学生的身高问题

在某一人群中,具有某种身高的人数会有多少呢?回答该问题的方法之一是利用正态概率密度函数模型.现考虑我国大学生中男性的身高,有关统计资料表明,该群体的平均身高约为 170cm,且该群体中约有 99.7% 的人身高在 150~190cm 之间. 试问:该群体身高的分布情况怎样?比如将 [150,190] 等分成 20 个区间,在每一高

度区间,给出人数的分布情况.特别地,身高中等(165~175cm 之间)的人占该群体的百分比超过 60%吗?

2. 问题分析与建立模型

由于该群体身高的分布可近似看作正态分布,所以,根据已知数据不难确定该分布的均值与标准差分别为 $\mu=170, \sigma=\dfrac{20}{3}$,故其密度函数为

$$p(x)=\dfrac{3}{20\sqrt{2\pi}}e^{-0.01125(x-170)^2}$$

从而,身高在任一区间 $[a,b]$ 的人数的百分比可利用积分 $\int_a^b p(x)\mathrm{d}x$ 来计算.

虽然通过变换再查标准正态分布的数值表,可算得上面积分,但是要得到各个身高区间上人数的分布情况,都用这种方法,显然是很繁杂的,而采用计算机却是轻而易举的事.我们通过数值积分的基本方法(矩形法、梯形法、辛普森法)来解决这个问题.

我们只考虑区间 $[a,a+2]$,将其 m 等分,则积分的近似计算公式如下:

(1) 矩形法

$$\int_a^{a+2} p(x)\mathrm{d}x \approx \sum_{i=1}^m f\left(a+\dfrac{2i-2}{m}\right)\dfrac{2}{m}, \quad (左端点)$$

$$\int_a^{a+2} p(x)\mathrm{d}x \approx \sum_{i=1}^m f\left(a+\dfrac{2i}{m}\right)\dfrac{2}{m}, \quad (右端点)$$

$$\int_a^{a+2} p(x)\mathrm{d}x \approx \sum_{i=1}^m f\left(a+\dfrac{2i-1}{m}\right)\dfrac{2}{m}. \quad (中点)$$

(2) 梯形法

$$\int_a^{a+2} p(x)\mathrm{d}x \approx \sum_{i=1}^m \left(f\left(a+\dfrac{2i-2}{m}\right)+f\left(a+\dfrac{2i}{m}\right)\right)\dfrac{1}{m}.$$

(3) 辛普森法

$$\int_a^{a+2} p(x)\mathrm{d}x \approx \dfrac{1}{3k}\Bigg[p(a)+p(a+2)+4\sum_{i=0}^{k-1} p\left(a+\dfrac{2i+1}{k}\right)$$

$$+2\sum_{i=1}^{k-1} p\left(a+\dfrac{2i}{k}\right)\Bigg], \quad m=2k, k=0,1,\cdots.$$

3. 计算过程

利用 MATLAB 命令"sum""trapz"和"quad"可以计算积分 $\int_a^{a+2} p(x)\mathrm{d}x$ 在三种不同方法下的近似值.当然,为提高运行速度,定义函数时可用 0.0598413 代替 $\dfrac{3}{20\sqrt{2\pi}}$.

为了节约篇幅,表 2-5-1 只列出了前 10 个区间上人数分布的百分比,而后 10 个

区间由正态分布的对称性即可得.

表 2-5-1

身高	矩形法	梯形法	辛普森法
[150,152)	0.211 652	0.211 819	0.211 707
[152,154)	0.472 96	0.473 248	0.473 056
[154,156)	0.966 543	0.966 977	0.966 688
[156,158)	1.806 4	1.806 96	1.806 59
[158,160)	3.087 49	3.088 08	3.087 69
[160,162)	4.826 1	4.826 53	4.826 24
[162,164)	6.899 02	6.899 09	6.899 04
[164,166)	9.019 44	9.019	9.019 29
[166,168)	10.783 9	10.782 9	10.783 5
[168,170)	11.791 6	11.790 3	11.791 1
⋮	⋮	⋮	⋮

我们可以直接用辛普森法计算身高中等(165~175cm)的人数不足 60%，约为 54.7%，如果放宽些(164~176cm)，则约有 63.2%.

本章小结

本章主要介绍了随机变量及其概率分布.用随机变量来描述随机事件是概率论中最重要的方法.引入随机变量后，可以用微积分的理论和方法对随机事件的概率进行数学推理和计算.对于随机变量，我们关心的是它取哪些值及取得这些值相对应的概率.分布函数则完整地描述了随机变量的统计规律性，是研究随机变量的重要工具.对于主要研究的离散型和连续型两种随机变量，分布律和概率函数是比分布函数更直接、更有效的工具.本章具体要求如下：

1. 理解随机变量的概念，会将对随机事件的研究转化为对随机变量的研究.理解常用的两种重要随机变量：离散型和连续型.

2. 熟练掌握离散型随机变量的分布律的定义和性质，会求简单的离散型随机变量的分布律.

3. 熟练掌握连续型随机变量的概率密度函数的定义和性质，会利用密度函数求连续型随机变量落在某区间内的概率.

4. 掌握常用的离散型随机变量的概率分布：0-1 分布、二项分布、泊松分布.

5. 掌握常用的连续型随机变量的概率分布：均匀分布、指数分布、正态分布.

6. 会求简单的随机变量函数的分布.

习题二

1. 判断下列表格中的数据能不能作为某个随机变量的分布律.

（1）

X	1	3	5
p_k	0.3	0.5	0.3

（2）

X	1	2	3
p_k	0.1	0.2	0.7

（3）

X	0	1	2	⋯	n	⋯
p_k	$\frac{1}{2}$	$\frac{1}{2}\left(\frac{1}{3}\right)$	$\frac{1}{2}\left(\frac{1}{3}\right)^2$	⋯	$\frac{1}{2}\left(\frac{1}{3}\right)^n$	⋯

2. 已知离散型随机变量 X 的分布律如下：

X	1	3	5
p_k	0.2	0.5	0.3

求 X 的分布函数.

3. 设在 10 只同类型零件中有 2 只次品，从中任取 3 次，每次取 1 只，作不放回抽样. 用 X 表示取出的次品个数，求：

（1）X 的分布律；

（2）X 的分布函数；

（3）$P\{X\leqslant 2\}, P\{1<X\leqslant 3\}, P\{1\leqslant X<3\}, P\{1<X<3\}$.

4. 射手向目标射击，共有 6 发子弹，若每次击中概率为 p，击中则终止. 设 X 表示射击次数，求 X 的分布律.

5. 将一颗骰子抛掷两次，用 X_1 表示两次所得点数之和，X_2 表示两次所得点数的最小值. 分别求 X_1, X_2 的分布律.

6. 已知离散型随机变量 X 的分布律为 $P\{X=i\}=p^{i+1}(i=0,1)$，试确定常数 p 的值.

7. 设连续型随机变量 X 的概率密度函数为 $f(x)=\begin{cases} kx, & 0<x<1, \\ 2-x, & 1\leqslant x\leqslant 2, \\ 0, & \text{其他}, \end{cases}$ 试求：

(1) k 的值；

(2) X 的分布函数；

(3) $P\left\{\dfrac{1}{2}\leqslant X<\dfrac{3}{2}\right\}$；

(4) $P\left\{-\dfrac{1}{2}\leqslant X<\dfrac{3}{2}\right\}$；

(5) $P\left\{-\dfrac{1}{2}\leqslant X<\dfrac{9}{2}\right\}$.

8. 设随机变量 X 服从参数为 $\lambda(\lambda>0)$ 的泊松分布，且 $P\{X=1\}=P\{X=2\}$，求 λ 的值.

*9. 设某射击手射中目标的概率为 0.03，现该射击手对目标射击 100 次，求至少有一次射中目标的概率.

10. 设连续型随机变量 X 的分布函数为 $F(x)=a+b\arctan x, -\infty<x<+\infty$，求：

(1) a, b 的值；

(2) X 落在 $(-1,1)$ 的概率；

(3) X 的密度函数 $f(x)$.

11. 已知随机变量 X 在 $(-3,3)$ 上服从均匀分布，设关于 y 的方程为
$$4y^2+4Xy+X+2=0,$$
求：(1) 方程有实根的概率；

(2) 方程有重根的概率；

(3) 方程没有实根的概率.

12. 设某产品的寿命 X 服从参数为 $\dfrac{1}{100}$ 的指数分布，计算 $P\{100\leqslant X<200\}$.

13. 设顾客在某银行的窗口等待服务的时间 X（单位：min）服从指数分布 $E(5)$. 某顾客在窗口等待服务，若超过 $10\min$ 他就离开. 他一个月要到银行 5 次，以 Y 表示一个月内他未等到服务而离开窗口的次数，试写出 Y 的分布律，并求 $P\{Y\geqslant 1\}$.

14. 设离散型随机变量 X 的分布律为 $P\{X=i\}=\dfrac{1}{2^i}, i=1,2,\cdots$. 求 $Y=\sin\dfrac{\pi X}{2}$ 的分布律.

15. 设离散型随机变量的分布律如下：

X	-1	0	1	2	4
p_k	0.2	0.1	0.3	0.3	0.1

分别求 $Y=2X-1, Z=X^2+4$ 的分布律.

16. 设随机变量 X 服从区间 $(-1,3)$ 上的均匀分布,求 $Y=2X-1$ 的概率密度函数.

17. 设随机变量 X 的概率密度函数为 $f(x)=\begin{cases} 2x, & 0<x<1, \\ 0, & 其他, \end{cases}$ 以 Y 表示对 X 的三次独立观测试验中事件 $\left\{X \leqslant \dfrac{1}{2}\right\}$ 出现的次数,求 $P\{Y=2\}$.

18. 设随机变量 $X \sim N(3, 2^2)$.

(1) 求:$P\{2<X \leqslant 5\}$;

(2) 求:$P\{-2<X<7\}$;

(3) 若 $P\{X>c\}=P\{X \leqslant c\}$,求 c 的值.

19. 设随机变量 $X \sim N(108, 9)$,求:

(1) $P\{101.1<X<117.6\}$;

(2) 常数 a,使得 $P\{X \leqslant a\}=0.9$.

20. 设随机变量 X 服从 $\lambda=1$ 的指数分布,且

$$Y_k=\begin{cases} 1, & X>k, \\ 0, & X \leqslant k, \end{cases} \quad k=1,2,$$

求 $P\{Y_1=1, Y_2=0\}$.

第 3 章 多维随机变量

在实际应用中,经常会遇到需要同时用两个或两个以上的随机变量来更好地刻画随机现象.如,为了考查某地区学龄儿童的身体发育情况,需要记录学龄儿童的身高 H、体重 W、视力 F 等等指标来研究;又如,飞机在飞行过程中控制台需要通过经度、维度和高度来确定飞机的位置;等等.我们将定义在同一样本空间 S 上的 n 个随机变量 $X_1, X_2, \cdots, X_n$ 所构成的 n 维向量 $(X_1, X_2, \cdots, X_n)$ 称为 n 维随机变量(或 n 维随机向量).基于此,可将第 2 章中的随机变量称为一维随机变量.本章主要讨论最简单的多维随机变量——二维随机变量,其他高维的随机变量的相关内容可由二维随机变量类似推出.

由一维随机变量到多维随机变量的推广,和高等数学中的由一元函数到多元函数的推广有相似之处.

3.1 二维随机变量及其分布函数

3.1.1 二维随机变量的概念

定义 3.1.1 设 X,Y 是定义在同一样本空间 S 上的两个随机变量,则称 (X,Y) 为定义在样本空间 S 上的**二维随机变量**(或**二维随机向量**).

说明 二维随机变量 (X,Y) 的性质不仅与 X 及 Y 有关,还依赖于这两个随机变量之间的关系.因此,单独研究 X 或 Y 的性质是不完善的,需将 (X,Y) 作为一个整体来研究.

设 D 为 xOy 平面上的一个点集,则 $\{(X,Y) \in D\}$ 通常表示的是某一个事件,即 $\{(X,Y) \in D\} = \{e \mid (X(e), Y(e)) \in D\}$.本章中,我们主要讨论形如 $\{(X,Y) \in D\}$ 的事件及其概率,其中 D 通常是区域.

类似地,可定义 n 维随机变量(或 n 维随机向量).

设 $X_1, X_2, \cdots, X_n$ 是定义在同一样本空间 S 上的 n 个随机变量,则称 $(X_1, X_2, \cdots, X_n)$ 为定义在样本空间 S 上的 n **维随机变量**(或 n **维随机向量**).

与一维随机变量类似,我们也可以通过分布函数来描述多维随机变量的概率分布.

3.1.2 二维随机变量的分布函数及其边缘分布函数

定义 3.1.2 设 (X,Y) 为二维随机变量,对任意实数 x,y,称二元实函数
$$F(x,y) = P\{X \leqslant x, Y \leqslant y\} \tag{3-1-1}$$
为二维随机变量 (X,Y) 的**联合分布函数**,简称 (X,Y) 的**分布函数**.

类似也可定义 n 维随机变量 $(X_1,X_2,\cdots,X_n)$ 的联合分布函数.

设 $(X_1,X_2,\cdots,X_n)$ 为 n 维随机变量,对任意实数 $x_1,x_2,\cdots,x_n$,称 n 元实函数
$$F(x_1,x_2,\cdots,x_n) = P\{X_1 \leqslant x_1, X_2 \leqslant x_2, \cdots, X_n \leqslant x_n\}$$
为 n 维随机变量 $(X_1,X_2,\cdots,X_n)$ 的联合分布函数.

联合分布函数的几何意义: $F(x,y)$ 在点 (x_0,y_0) 的函数值 $F(x_0,y_0)$ 表示平面上的随机点 (X,Y) 落在点 (x_0,y_0) 左下方无穷闭矩形区域中的概率.如图 3.1.1 所示.

由公式(3-1-1),结合分布函数几何意义及图 3.1.2 可知,随机点 (X,Y) 落在矩形域 $\{x_1 < X \leqslant x_2, y_1 < Y \leqslant y_2\}$ 中的概率为
$$P\{x_1 < X \leqslant x_2, y_1 < Y \leqslant y_2\} = F(x_2,y_2) + F(x_1,y_1) - F(x_1,y_2) - F(x_2,y_1). \tag{3-1-2}$$

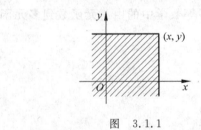

图 3.1.1

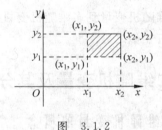

图 3.1.2

由定义 3.1.2,容易验证分布函数有如下性质:

(1) $F(x,y)$ 是关于 x 或 y 的单调不减函数,即

对于固定的 y,当 $x_1 < x_2$ 时,有 $F(x_1,y) \leqslant F(x_2,y)$;

对于固定的 x,当 $y_1 < y_2$ 时,有 $F(x,y_1) \leqslant F(x,y_2)$.

(2) $0 \leqslant F(x,y) \leqslant 1$,且有
$$\lim_{x \to -\infty} F(x,y) = 0, \quad \lim_{y \to -\infty} F(x,y) = 0, \quad \lim_{\substack{x \to -\infty \\ y \to -\infty}} F(x,y) = 0, \quad \lim_{\substack{x \to +\infty \\ y \to +\infty}} F(x,y) = 1.$$

可简记为 $F(-\infty,y)=0, F(x,-\infty)=0, F(-\infty,-\infty)=0, F(+\infty,+\infty)=1$.

(3) $F(x,y)$ 关于 x 或 y 是右连续的,即
$$F(x,y) = F(x+0,y), \quad F(x,y) = F(x,y+0).$$

(4) 对于任意的 $x_1 < x_2, y_1 < y_2$,都有
$$F(x_2,y_2) + F(x_1,y_1) - F(x_1,y_2) - F(x_2,y_1) \geqslant 0.$$

反之,具有以上 4 条性质的二元函数 $F(x,y)$ 一定可以作为某二维随机变量 (X,Y) 的联合分布函数.

二维随机变量 (X,Y) 作为一个整体,有其联合分布函数 $F(x,y)$;但每个随机分变量 X 和 Y 作为一维随机变量也有它们各自的分布函数,且 X 和 Y 各自的分布函数与 $F(x,y)$ 有如下关系:

$$P\{X\leqslant x\} = P\{X\leqslant x, Y<+\infty\} = F(x,+\infty) = \lim_{y\to+\infty} F(x,y) \xlongequal{\text{记作}} F_X(x),$$

(3-1-3)

$$P\{Y\leqslant y\} = P\{X<+\infty, Y\leqslant y\} = F(+\infty,y) = \lim_{x\to+\infty} F(x,y) \xlongequal{\text{记作}} F_Y(y).$$

(3-1-4)

我们分别称 $F_X(x), F_Y(y)$ 为 (X,Y) 关于 X 和 Y 的**边缘分布函数**.

在第 1 章中,给出了随机事件的独立性,现在我们也可以来研究随机变量之间的独立性.

3.1.3 两个随机变量的独立性

定义 3.1.3 设 X 和 Y 是两个随机变量,若对任意实数 x,y,都有

$$P\{X\leqslant x, Y\leqslant y\} = P\{X\leqslant x\}\cdot P\{Y\leqslant y\} \qquad (3\text{-}1\text{-}5)$$

成立,则称随机变量 X 和 Y 是相互独立的.

由于 $\{X\leqslant x\}, \{Y\leqslant y\}$ 表示两个事件,公式(3-1-5)其实就说明了这两个事件是相互独立的.

由联合分布函数和边缘分布函数定义可知,随机变量 X 和 Y 的独立性条件等价于:对任意实数 x,y,都有

$$F(x,y) = F_X(x)\cdot F_Y(y). \qquad (3\text{-}1\text{-}6)$$

与一维随机变量一样,通常研究的多维随机变量也有两种:离散型、连续型.

3.2 二维离散型随机变量及其分布

3.2.1 二维离散型随机变量及其联合分布律

定义 3.2.1 若二维随机变量 (X,Y) 的所有可能取值是有限多对或无穷可列多对,则称 (X,Y) 为**二维离散型随机变量**.

同一维离散型随机变量类似,要掌握二维离散型随机变量 (X,Y) 的统计规律,必须且只需知道 (X,Y) 的所有可能取值及取每一对可能值对应的概率即可.

定义 3.2.2 设二维离散型随机变量 (X,Y) 的所有可能取值为 (x_i, y_j) $(i,j=1, 2,\cdots)$,且

$$P\{X=x_i, Y=y_j\} = p_{ij}, \quad i,j=1,2,\cdots, \qquad (3\text{-}2\text{-}1)$$

则称(3-2-1)式为二维离散型随机变量(X,Y)的**联合分布律**或**联合概率分布**. 联合分布律也常用表格来表示，见表 3-2-1.

表 3-2-1

X \ Y	y_1	y_2	$\cdots$	y_j	$\cdots$
x_1	p_{11}	p_{12}	$\cdots$	p_{1j}	$\cdots$
x_2	p_{21}	p_{22}	$\cdots$	p_{2j}	$\cdots$
$\vdots$	$\vdots$	$\vdots$		$\vdots$	
x_i	p_{i1}	p_{i2}	$\cdots$	p_{ij}	$\cdots$
$\vdots$	$\vdots$	$\vdots$		$\vdots$	

由概率的性质易知，任一个二维离散型随机变量的联合分布律$\{p_{ij}\}$都具有下述两个基本性质：

(1) $p_{ij} \geqslant 0, i,j=1,2,\cdots$；

(2) $\sum\limits_{i=1}^{\infty} \sum\limits_{j=1}^{\infty} p_{ij} = 1$.

反之，任一具有以上两个性质的数列$\{p_{ij}\}$，也一定可以作为某个二维离散型随机变量的联合分布律.

二维离散型随机变量(X,Y)的联合分布函数为

$$F(x,y) = P\{X \leqslant x, Y \leqslant y\} = \sum_{x_i \leqslant x} \sum_{y_j \leqslant y} p_{ij}, \qquad (3\text{-}2\text{-}2)$$

其中和式是对一切满足 $x_i \leqslant x, y_j \leqslant y$ 的 i,j 求和.

例 3.2.1 袋中有 5 个球，分别编码为 1,2,3,4,5. 从中任取 3 个，分别用 X,Y 表示所取得的球中的最小编码和最大编码，求 X 和 Y 的联合分布律.

解 由题可知，X 和 Y 的所有可能取值分别为 X：1,2,3；Y：3,4,5，且有

$$P\{X=1, Y=3\} = \frac{1}{C_5^3} = \frac{1}{10}, \quad P\{X=1, Y=4\} = \frac{C_2^1}{C_5^3} = \frac{1}{5},$$

$$P\{X=1, Y=5\} = \frac{C_3^1}{C_5^3} = \frac{3}{10},$$

$$P\{X=2, Y=3\} = 0, \quad P\{X=2, Y=4\} = \frac{1}{C_5^3} = \frac{1}{10},$$

$$P\{X=2, Y=5\} = \frac{C_2^1}{C_5^3} = \frac{1}{5},$$

$$P\{X=3, Y=3\} = 0, \quad P\{X=3, Y=4\} = 0,$$

$$P\{X=3, Y=5\} = \frac{1}{C_5^3} = \frac{1}{10}.$$

即 X 和 Y 的联合分布律为

Y\X	3	4	5
1	$\frac{1}{10}$	$\frac{1}{5}$	$\frac{3}{10}$
2	0	$\frac{1}{10}$	$\frac{1}{5}$
3	0	0	$\frac{1}{10}$

例 3.2.2 设二维离散型随机变量 (X,Y) 的联合分布律如下所示：

Y\X	1	2	3
0	0.1	0	0.3
1	0.1	0.1	0
3	0.2	0	a

试求：(1) a 的值；(2) $P\{0.5<X\leqslant 3, 0\leqslant Y<3\}$；(3) $P\{Y=3\}$.

解 (1) 由联合分布律性质可知 $a\geqslant 0$，且
$$0.1+0+0.3+0.1+0.1+0+0.2+0+a=1,$$
解得 $a=0.2$；

(2) $P\{0.5<X\leqslant 3, 0\leqslant Y<3\}$
$=P\{X=1,Y=1\}+P\{X=1,Y=2\}+P\{X=3,Y=1\}+P\{X=3,Y=2\}$
$=0.1+0.1+0.2+0=0.4$；

(3)
$P\{Y=3\} = P\{-\infty<X<+\infty, Y=3\}$
$= P\{X=0,Y=3\}+P\{X=1,Y=3\}+P\{X=3,Y=3\}$
$= 0.3+0+0.2=0.5.$

由例 3.2.2 可看出，由 $P\{Y=y_j\}=\sum_{i=1}^{\infty}p_{ij}, j=1,2,\cdots$，可求得 Y 的分布律；类似地，也可求得 X 的分布律. 我们将其称为边缘分布律.

3.2.2 边缘分布律及其与独立性的关系

定义 3.2.3 设二维离散型随机变量 (X,Y) 的联合分布律为
$$P\{X=x_i, Y=y_j\}=p_{ij}, \quad i,j=1,2,\cdots.$$

令

$$p_{i*} = P\{X = x_i\} = \sum_{j=1}^{\infty} p_{ij}, \quad i = 1, 2, \cdots, \quad (3\text{-}2\text{-}3)$$

$$p_{*j} = P\{Y = y_j\} = \sum_{i=1}^{\infty} p_{ij}, \quad j = 1, 2, \cdots, \quad (3\text{-}2\text{-}4)$$

称 $p_{i*}(i=1,2,\cdots)$ 和 $p_{*j}(j=1,2,\cdots)$ 分别为 (X,Y) 关于 X 和 Y 的**边缘分布律**.

我们可在 (X,Y) 的联合分布律表格中同时添加一行、一列得到边缘分布律.

例 3.2.3 设袋中有 2 个白球及 4 个红球,现从其中随机地抽取两次,每次取一个,定义随机变量 X,Y 如下:

$$X = \begin{cases} 0, & \text{第一次摸出白球}, \\ 1, & \text{第一次摸出红球}, \end{cases} \quad Y = \begin{cases} 0, & \text{第二次摸出白球}, \\ 1, & \text{第二次摸出红球}. \end{cases}$$

分别求下列两种试验中的随机变量 (X,Y) 的联合分布律与边缘分布律:

(1) 有放回摸球;(2) 无放回摸球.

解 (1) 采取有放回摸球时,(X,Y) 的联合分布与边缘分布由表 3-2-2 给出.

表 3-2-2

X \ Y	0	1	$P\{X=x_i\}$
0	$\frac{2}{6} \times \frac{2}{6} = \frac{1}{9}$	$\frac{2}{6} \times \frac{4}{6} = \frac{2}{9}$	$\frac{1}{3}$
1	$\frac{4}{6} \times \frac{2}{6} = \frac{2}{9}$	$\frac{4}{6} \times \frac{4}{6} = \frac{4}{9}$	$\frac{2}{3}$
$P\{Y=y_j\}$	$\frac{1}{3}$	$\frac{2}{3}$	1

(2) 采取无放回摸球时,(X,Y) 的联合分布与边缘分布由表 3-2-3 给出.

表 3-2-3

X \ Y	0	1	$P\{X=x_i\}$
0	$\frac{2}{6} \times \frac{1}{5} = \frac{1}{15}$	$\frac{2}{6} \times \frac{4}{5} = \frac{4}{15}$	$\frac{1}{3}$
1	$\frac{4}{6} \times \frac{2}{5} = \frac{4}{15}$	$\frac{4}{6} \times \frac{3}{5} = \frac{2}{5}$	$\frac{2}{3}$
$P\{Y=y_j^*\}$	$\frac{1}{3}$	$\frac{2}{3}$	1

在上例的两个表格中,中间部分是 (X,Y) 的联合分布律,而边缘部分是由联合分布经同一行或同一列的和而得到的 X 和 Y 的边缘分布律,"边缘"二字即由此得来.

显然,二维离散型随机变量的边缘分布律也是离散的.且通过此例可以看出,即使(X,Y)的联合分布律不相同,也可得到相同的边缘分布.可见,联合分布不能由边缘分布唯一确定,即二维随机变量的性质不能由它的两个分量的个别性质来确定,还需考虑它们之间的联系.下面就利用边缘分布来研究随机变量之间的独立性.

由定义3.1.3易知,对于二维离散型随机变量(X,Y),X和Y相互独立等价于:对(X,Y)的任一可能取值(x_i,y_j),都有

$$P\{X=x_i,Y=y_j\}=P\{X=x_i\}\cdot P\{Y=y_j\},\quad i,j=1,2,\cdots, \quad (3\text{-}2\text{-}5)$$

即

$$p_{ij}=p_{i*}\cdot p_{*j},\quad i,j=1,2,\cdots. \quad (3\text{-}2\text{-}6)$$

如例3.2.3中,有放回摸球时,X和Y是相互独立的;无放回摸球时,因为$P\{X=0,Y=0\}\neq P\{X=0\}\cdot P\{Y=0\}$,所以$X$和$Y$不是相互独立的.

例 3.2.4 设(X,Y)的联合分布律为

X \ Y	0	1
1	$\frac{1}{6}$	$\frac{1}{3}$
2	$\frac{1}{9}$	α
3	$\frac{1}{18}$	β

试求:(1) α,β应满足的条件;

(2) 若X和Y是相互独立的,求α,β的值.

解 (1) 由联合分布律性质可知$\alpha\geqslant 0,\beta\geqslant 0$,且

$$\frac{1}{6}+\frac{1}{3}+\frac{1}{9}+\alpha+\frac{1}{18}+\beta=1,$$

所以α,β应满足

$$\alpha\geqslant 0,\beta\geqslant 0,\quad \text{且}\quad \alpha+\beta=\frac{1}{3}.$$

(2) 因为X和Y相互独立,所以有$p_{ij}=p_{i*}\cdot p_{*j},i,j=1,2,\cdots$,特别地有

$$P\{X=2,Y=0\}=P\{X=2\}\cdot P\{Y=0\},$$

即

$$\frac{1}{9}=\left(\frac{1}{9}+\alpha\right)\cdot\frac{1}{3},$$

解得$\alpha=\frac{2}{9}$.又因为$\alpha+\beta=\frac{1}{3}$,所以$\beta=\frac{1}{9}$.

3.2.3 条件分布律

在第 1 章中,我们定义随机事件的条件概率,在这里我们也可以讨论多个随机变量的条件分布律.

定义 3.2.4 设二维离散型随机变量 (X,Y) 的联合分布律为
$$P\{X=x_i, Y=y_j\} = p_{ij}, \quad i,j=1,2,\cdots$$

对于固定的 j,若 $P\{Y=y_j\}>0$,则称
$$P\{X=x_i \mid Y=y_j\} = \frac{P\{X=x_i, Y=y_j\}}{P\{Y=y_j\}}, \quad i=1,2,\cdots \quad (3\text{-}2\text{-}7)$$

为在 $Y=y_j$ 条件下随机变量 X 的条件分布律.

同样,对于固定的 i,若 $P\{X=x_i\}>0$,则称
$$P\{Y=y_j \mid X=x_i\} = \frac{P\{X=x_i, Y=y_j\}}{P\{X=x_i\}}, \quad j=1,2,\cdots \quad (3\text{-}2\text{-}8)$$

为在 $X=x_i$ 条件下随机变量 Y 的条件分布律.

显然条件概率满足

(1) $P\{X=x_i \mid Y=y_j\} \geqslant 0, P\{Y=y_j \mid X=x_i\} \geqslant 0$;

(2) $\sum_{i=1}^{\infty} P\{X=x_i \mid Y=y_j\} = 1, \sum_{j=1}^{\infty} P\{Y=y_j \mid X=x_i\} = 1$.

例 3.2.5 求例 3.2.2 中在 $Y=3$ 的条件下随机变量 X 的条件分布律.

解
$$P\{X=0 \mid Y=3\} = \frac{P\{X=0, Y=3\}}{P\{Y=3\}} = \frac{0.3}{0.5} = 0.6,$$

$$P\{X=1 \mid Y=3\} = \frac{P\{X=1, Y=3\}}{P\{Y=3\}} = \frac{0}{0.5} = 0,$$

$$P\{X=3 \mid Y=3\} = \frac{P\{X=3, Y=3\}}{P\{Y=3\}} = \frac{0.2}{0.5} = 0.4.$$

3.3 二维连续型随机变量及其分布

3.3.1 二维连续型随机变量及其联合概率密度函数

定义 3.3.1 设二维随机变量 (X,Y) 的联合分布函数为 $F(x,y)$,如果存在一个二元非负实函数 $f(x,y)$,使得对任意实数 x,y,都有
$$F(x,y) = \int_{-\infty}^{x} \int_{-\infty}^{y} f(u,v) \mathrm{d}u \mathrm{d}v, \quad (3\text{-}3\text{-}1)$$

则称 (X,Y) 是**二维连续型随机变量**,二元非负实函数 $f(x,y)$ 为连续型随机变量 (X,Y) 的**联合概率密度函数**或**联合密度函数**,简称**密度函数**.

由定义 3.3.1 易知,联合概率密度函数 $f(x,y)$ 具有如下两条基本性质:

(1) $f(x,y) \geqslant 0$;

(2) $\int_{-\infty}^{+\infty} \int_{-\infty}^{+\infty} f(x,y) \mathrm{d}x \mathrm{d}y = 1$.

反之,任一具有以上两条性质的二元实函数 $f(x,y)$ 也一定可以作为某一个二维连续型随机变量的密度函数.

此外,$f(x,y)$ 还有如下性质:

(3) 若 $f(x,y)$ 在点 (x,y) 连续,则有
$$\frac{\partial^2 F(x,y)}{\partial x \partial y} = f(x,y);$$

(4) 设点集 G 为平面上任一区域,则二维连续型随机点 (X,Y) 落在区域 G 内的概率为
$$P\{(X,Y) \in G\} = \iint_{(x,y) \in G} f(x,y) \mathrm{d}x \mathrm{d}y. \tag{3-3-2}$$

由概率密度定义及其性质,可得其几何意义:

1. 由性质(2)可知,密度函数 $f(x,y)$ 与 xOy 平面所围的曲顶柱体体积等于 1;

2. 由性质(4)可知,二维连续型随机变量 (X,Y) 落在平面某区域 G 内的概率即为以其密度函数 $f(x,y)$ 为顶,以区域 G 为底的曲顶柱体的体积.

例 3.3.1 设二维连续型随机变量 (X,Y) 的联合概率密度函数为
$$f(x,y) = \begin{cases} A\mathrm{e}^{-(4x+3y)}, & x>0, y>0, \\ 0, & \text{其他}. \end{cases}$$

试求:(1)常数 A 的值;(2)(X,Y) 的联合分布函数;(3)$P\{0 \leqslant X < 1, -1 < Y \leqslant 2\}$.

解 (1) 由性质 $\int_{-\infty}^{+\infty} \int_{-\infty}^{+\infty} f(x,y) \mathrm{d}x \mathrm{d}y = 1$ 得
$$\int_{-\infty}^{+\infty} \int_{-\infty}^{+\infty} f(x,y) \mathrm{d}x \mathrm{d}y = \int_0^{+\infty} \int_0^{+\infty} A\mathrm{e}^{-(4x+3y)} \mathrm{d}x \mathrm{d}y$$
$$= A \int_0^{+\infty} \mathrm{e}^{-4x} \mathrm{d}x \int_0^{+\infty} \mathrm{e}^{-3y} \mathrm{d}y = \frac{A}{12} = 1,$$

解得 $A = 12$.

(2) 当 $x \leqslant 0$ 或 $y \leqslant 0$ 时,$f(x,y) = 0$,显然 $F(x,y) = \int_{-\infty}^{x} \int_{-\infty}^{y} 0 \mathrm{d}u \mathrm{d}v = 0$;

当 $x>0$ 且 $y>0$ 时,
$$F(x,y) = \int_{-\infty}^{x} \int_{-\infty}^{y} f(u,v) \mathrm{d}u \mathrm{d}v = \int_0^x \mathrm{d}u \int_0^y 12\mathrm{e}^{-(4u+3v)} \mathrm{d}v = (1-\mathrm{e}^{-4x})(1-\mathrm{e}^{-3y}),$$

因此
$$F(x,y) = \begin{cases} (1-\mathrm{e}^{-4x})(1-\mathrm{e}^{-3y}), & x>0, y>0, \\ 0, & \text{其他}. \end{cases}$$

(3) 方法一 $P\{0\leqslant X<1,-1<Y\leqslant 2\}=F(1,2)+F(0,-1)-F(1,-1)-F(0,2)$
$$=(1-e^{-4})(1-e^{-6}).$$

方法二 $P\{0\leqslant X<1,-1<Y\leqslant 2\}=\int_0^1 dx\int_{-1}^2 f(x,y)dy=\int_0^1 dx\int_0^2 12e^{-(4x+3y)}dy$
$$=(1-e^{-4})(1-e^{-6}).$$

与一维连续型随机变量情形类似,下面也给出两种常用的二维连续型随机变量的分布.

(1) 设 G 为平面上一有界区域,其面积为 A_G,若二维连续型随机变量 (X,Y) 具有联合密度函数

$$f(x,y)=\begin{cases}\dfrac{1}{A_G}, & (x,y)\in G,\\ 0, & (x,y)\notin G,\end{cases}$$

则称 (X,Y) 在平面区域 G 上服从二维均匀分布.

若 (X,Y) 在平面区域 G 上服从二维均匀分布,且 $D\subset G$,则 (X,Y) 落在 D 中的概率为

$$P\{(X,Y)\in D\}=\iint\limits_{(x,y)\in D}f(x,y)dxdy=\iint\limits_{(x,y)\in D}\frac{1}{A_G}dxdy=\frac{A_D}{A_G},$$

其中 A_D 为子区域 D 的面积.

类似地,也可定义空间有界区域上的三维均匀分布等.

(2) 设二维连续型随机变量 (X,Y) 具有联合密度函数

$$f(x,y)=\frac{1}{2\pi\sigma_1\sigma_2\sqrt{1-\rho^2}}e^{-\frac{1}{2(1-\rho^2)}\left[\frac{(x-\mu_1)^2}{\sigma_1^2}-2\rho\frac{(x-\mu_1)(y-\mu_2)}{\sigma_1\sigma_2}+\frac{(y-\mu_2)^2}{\sigma_2^2}\right]},\quad -\infty<x,y<+\infty,$$

其中 $\mu_1,\mu_2,\sigma_1,\sigma_2,\rho$ 均为常数,且 $\sigma_1>0,\sigma_2>0,-1<\rho<1$,则称 (X,Y) 服从参数为 $\mu_1,\mu_2,\sigma_1,\sigma_2,\rho$ 的二维正态分布,记作 $(X,Y)\sim N(\mu_1,\mu_2,\sigma_1^2,\sigma_2^2,\rho)$.

例 3.3.2 设 (X,Y) 在平面圆域 $G:x^2+y^2\leqslant 9$ 上服从均匀分布,求:

(1) (X,Y) 的密度函数;

(2) $P\{X>Y\}$.

解 (1) 圆域 G 的面积为 $A_G=9\pi$,所以 (X,Y) 的密度函数为

$$f(x,y)=\begin{cases}\dfrac{1}{9\pi}, & (x,y)\in G,\\ 0, & (x,y)\notin G;\end{cases}$$

(2) 直线 $y=x$ 恰好将圆域 G 一分为二,令 $D=\{(x,y)|x>y\}\bigcap G$,则 $A_D=\dfrac{1}{2}A_G$,

所以 $P\{X>Y\}=P\{(X,Y)\in D\}=\dfrac{A_D}{A_G}=\dfrac{1}{2}$.

例 3.3.3 设 $(X,Y)\sim N(0,0,\sigma^2,\sigma^2,0)$,求 $P\{Y<X\}$.

解 由题意知(X,Y)的密度函数为
$$f(x,y) = \frac{1}{2\pi\sigma^2}e^{-\frac{x^2+y^2}{2\sigma^2}}, \quad -\infty < x,y < +\infty,$$

所以
$$P\{Y<X\} = \iint\limits_{y<x} f(u,v)\mathrm{d}u\mathrm{d}v = \frac{1}{2\pi\sigma^2}\iint\limits_{y<x} e^{-\frac{u^2+v^2}{2\sigma^2}}\mathrm{d}u\mathrm{d}v.$$

引入极坐标,令 $u = r\cos\theta, v = r\sin\theta$,则
$$P\{Y<X\} = \int_{-\frac{3\pi}{4}}^{\frac{\pi}{4}}\mathrm{d}\theta\int_{0}^{+\infty} \frac{1}{2\pi\sigma^2}e^{-\frac{r^2}{2\sigma^2}} r\mathrm{d}r = \frac{1}{2}.$$

3.3.2 边缘密度函数及其与独立性的关系

设(X,Y)是二维连续型随机变量,其联合密度函数为$f(x,y)$,则由公式(3-1-3)可知,(X,Y)关于X的边缘分布函数为
$$F_X(x) = F(x,+\infty) = \int_{-\infty}^{x}\int_{-\infty}^{+\infty} f(u,v)\mathrm{d}u\mathrm{d}v = \int_{-\infty}^{x}\left[\int_{-\infty}^{+\infty} f(u,v)\mathrm{d}v\right]\mathrm{d}u.$$

由此可知,X也是连续型随机变量,且其密度函数为
$$f_X(x) = \int_{-\infty}^{+\infty} f(x,y)\mathrm{d}y. \tag{3-3-3}$$

同理,Y也是连续型随机变量,其密度函数为
$$f_Y(y) = \int_{-\infty}^{+\infty} f(x,y)\mathrm{d}x. \tag{3-3-4}$$

分别称$f_X(x), f_Y(y)$为二维连续型随机变量(X,Y)关于X和Y的**边缘密度函数**.

例 3.3.4 设二维连续型随机变量(X,Y)的概率密度函数为
$$f(x,y) = \begin{cases} e^{-x}, & 0<y<x, \\ 0, & \text{其他}, \end{cases}$$

求边缘密度函数.

解 由题可知,密度函数在区域$G=\{(x,y)\mid 0<y<x\}$内不为0,区域G外都为0.

将G看作X-型区域:$\begin{cases}0<x<+\infty, \\ 0<y<x,\end{cases}$ 则(X,Y)关于X的边缘密度函数为
$$f_X(x) = \int_{-\infty}^{+\infty} f(x,y)\mathrm{d}y = \begin{cases}\int_0^x e^{-x}\mathrm{d}y, & 0<x<+\infty, \\ 0, & \text{其他}\end{cases} = \begin{cases}xe^{-x}, & 0<x<+\infty, \\ 0, & \text{其他};\end{cases}$$

再将G看作Y-型区域:$\begin{cases}0<y<+\infty, \\ y<x<+\infty,\end{cases}$ 则(X,Y)关于Y的边缘密度函数为

$$f_Y(y) = \int_{-\infty}^{+\infty} f(x,y)\mathrm{d}x = \begin{cases} \int_y^{+\infty} \mathrm{e}^{-x}\mathrm{d}x, & 0<y<+\infty, \\ 0, & \text{其他} \end{cases} = \begin{cases} \mathrm{e}^{-y}, & 0<y<+\infty, \\ 0, & \text{其他}. \end{cases}$$

例 3.3.5 设 $(X,Y) \sim N(\mu_1, \mu_2, \sigma_1^2, \sigma_2^2, \rho)$,求边缘密度函数.

解 $f_X(x) = \int_{-\infty}^{+\infty} f(x,y)\mathrm{d}y$,因为

$$\frac{(y-\mu_2)^2}{\sigma_2^2} - 2\rho\frac{(x-\mu_1)(y-\mu_2)}{\sigma_1\sigma_2} = \left[\frac{y-\mu_2}{\sigma_2} - \rho\frac{x-\mu_1}{\sigma_1}\right]^2 - \rho^2\frac{(x-\mu_1)^2}{\sigma_1^2},$$

所以

$$f_X(x) = \frac{1}{2\pi\sigma_1\sigma_2\sqrt{1-\rho^2}}\mathrm{e}^{-\frac{(x-\mu_1)^2}{2\sigma_1^2}}\int_{-\infty}^{+\infty} \mathrm{e}^{-\frac{1}{2(1-\rho^2)}\left[\frac{y-\mu_2}{\sigma_2} - \rho\frac{x-\mu_1}{\sigma_1}\right]^2}\mathrm{d}y.$$

令 $t = \frac{1}{\sqrt{1-\rho^2}}\left(\frac{y-\mu_2}{\sigma_2} - \rho\frac{x-\mu_1}{\sigma_1}\right)$,则有

$$f_X(x) = \frac{1}{2\pi\sigma_1}\mathrm{e}^{-\frac{(x-\mu_1)^2}{2\sigma_1^2}}\int_{-\infty}^{+\infty}\mathrm{e}^{-\frac{t^2}{2}}\mathrm{d}t = \frac{1}{\sqrt{2\pi}\sigma_1}\mathrm{e}^{-\frac{(x-\mu_1)^2}{2\sigma_1^2}}, \quad -\infty<x<+\infty.$$

同理

$$f_Y(y) = \frac{1}{\sqrt{2\pi}\sigma_2}\mathrm{e}^{-\frac{(y-\mu_2)^2}{2\sigma_2^2}}, \quad -\infty<y<+\infty.$$

由例 3.3.5 可以看出,二维正态分布的两个边缘分布都是一维正态分布,并且与参数 ρ 无关,即对于给定的参数 $\mu_1, \mu_2, \sigma_1, \sigma_2$,不同的 ρ 对应不同的二维正态分布,但它们的边缘分布却都是一样的. 这也说明,对于连续型随机变量来说,仅有关于 X 和关于 Y 的边缘分布,一般来说也是不能确定 X 和 Y 的联合分布.

但是若 X 和 Y 相互独立,边缘分布也可以确定联合分布,因为由定义 3.1.3 易知,对于二维连续型随机变量 (X,Y),X 和 Y 相互独立等价于:对 (X,Y) 的任一可能取值 (x,y),都有

$$f(x,y) = f_X(x)f_Y(y), \tag{3-3-5}$$

其中 $f(x,y), f_X(x), f_Y(y)$ 分别是二维连续型随机变量 (X,Y) 的联合密度函数和边缘密度函数.

如例 3.3.4 中,因为 $f(x,y) \neq f_X(x)f_Y(y)$,所以 X 和 Y 不是相互独立的.

例 3.3.6 设 $(X,Y) \sim N(\mu_1, \mu_2, \sigma_1^2, \sigma_2^2, \rho)$,则 X 和 Y 相互独立的充要条件为 $\rho = 0$.

证 (X,Y) 的联合密度函数为

$$f(x,y) = \frac{1}{2\pi\sigma_1\sigma_2\sqrt{1-\rho^2}}\mathrm{e}^{-\frac{1}{2(1-\rho^2)}\left[\frac{(x-\mu_1)^2}{\sigma_1^2} - 2\rho\frac{(x-\mu_1)(y-\mu_2)}{\sigma_1\sigma_2} + \frac{(y-\mu_2)^2}{\sigma_2^2}\right]}, \quad -\infty<x,y<+\infty,$$

由例 3.3.5 可知,边缘密度函数为

$$f_X(x) = \frac{1}{\sqrt{2\pi}\sigma_1}\mathrm{e}^{-\frac{(x-\mu_1)^2}{2\sigma_1^2}}, \quad -\infty<x<+\infty,$$

$$f_Y(y) = \frac{1}{\sqrt{2\pi}\sigma_2} e^{-\frac{(y-\mu_2)^2}{2\sigma_2^2}}, \quad -\infty < y < +\infty.$$

若 $\rho=0$,则对所有实数 x,y,都有 $f(x,y)=f_X(x)f_Y(y)$,即 X 和 Y 相互独立. 反之,若 X 和 Y 相互独立,因为 $f(x,y), f_X(x), f_Y(y)$ 都是连续函数,所以对所有实数 x,y,当 $f(x,y)=f_X(x)f_Y(y)$ 成立时,令 $x=\mu_1, y=\mu_2$,即得 $\frac{1}{2\pi\sigma_1\sigma_2\sqrt{1-\rho^2}} = \frac{1}{2\pi\sigma_1\sigma_2}$,所以有 $\rho=0$.

*3.3.3 条件密度函数

设 (X,Y) 为二维连续型随机变量,联合密度函数为 $f(x,y)$,可知 X 也是连续型随机变量,则对任意给定的实数 x,都有 $P\{X=x\}=0$,所以在事件 $\{X=x\}$ 发生的条件下来定义条件概率是无法直接计算的,但我们可仿照定义 3.2.4 中的离散型情形来定义连续型随机变量在 $\{X=x\}$ 条件下 Y 的条件密度函数为

$$\frac{f(x,y)}{f_X(x)}.$$

显然上式是非负的,且 $\int_{-\infty}^{+\infty} \frac{f(x,y)}{f_X(x)} dy = \frac{1}{f_X(x)} \int_{-\infty}^{+\infty} f(x,y) dy = \frac{f_X(x)}{f_X(x)} = 1$,因此 $\frac{f(x,y)}{f_X(x)}$ 满足密度函数的两条基本性质. 所以有如下定义.

定义 3.3.2 设 (X,Y) 为二维连续型随机变量,对任意给定的实数 x,有 $f_X(x)>0$,称 $\frac{f(x,y)}{f_X(x)}$ 为在 $X=x$ 的条件下 Y 的**条件密度函数**,记作 $f_{Y|X}(y|x)$.

同样,对任意给定的实数 y,有 $f_Y(y)>0$,称 $\frac{f(x,y)}{f_Y(y)}$ 为在 $Y=y$ 的条件下 X 的**条件密度函数**,记作 $f_{X|Y}(x|y)$.

例 3.3.7 设 $(X,Y) \sim N(0,0,1,1,\rho)$,求 $f_{Y|X}(y|x)$ 和 $f_{X|Y}(x|y)$.

解 由题可知,(X,Y) 的联合密度函数为

$$f(x,y) = \frac{1}{2\pi\sqrt{1-\rho^2}} e^{-\frac{x^2-2\rho xy+y^2}{2(1-\rho^2)}}, \quad -\infty < x,y < +\infty.$$

由例 3.3.5 可知,边缘密度函数为

$$f_X(x) = \frac{1}{\sqrt{2\pi}\sigma_1} e^{-\frac{(x-\mu_1)^2}{2\sigma_1^2}}, \quad -\infty < x < +\infty,$$

$$f_Y(y) = \frac{1}{\sqrt{2\pi}\sigma_2} e^{-\frac{(y-\mu_2)^2}{2\sigma_2^2}}, \quad -\infty < y < +\infty.$$

所以

$$f_{Y|X}(y \mid x) = \frac{f(x,y)}{f_X(x)} = \frac{1}{\sqrt{2\pi(1-\rho^2)}} e^{-\frac{(y-\rho x)^2}{2(1-\rho^2)}},$$

$$f_{X|Y}(x \mid y) = \frac{f(x,y)}{f_Y(x)} = \frac{1}{\sqrt{2\pi(1-\rho^2)}} e^{-\frac{(x-\rho y)^2}{2(1-\rho^2)}}.$$

*3.4 两个随机变量函数的分布

在 2.4 节我们讨论了一维随机变量的函数的分布,类似地,我们也可以讨论多维随机变量的函数的分布. 本节中将重点讨论二维随机变量函数的分布. 设(X,Y)是二维随机变量,$g(x,y)$是一个二元连续函数,则 $Z=g(X,Y)$ 也是随机变量,且随机变量 Z 的分布可由(X,Y)的分布确定.

3.4.1 二维离散型随机变量函数的分布

设(X,Y)是二维离散型随机变量,则 $Z=g(X,Y)$ 也是一维离散型随机变量,所以要求 Z 的分布,需求出 Z 的所有可能取值及其对应的概率.

例 3.4.1 设二维离散型随机变量(X,Y)的联合分布律为

X \ Y	1	2	3
0	0.1	0	0.3
1	0.1	0.1	0
3	0.2	0	0.2

试求:(1)$U=\max\{X,Y\}$的分布律;(2)$V=\min\{X,Y\}$的分布律.

解 (1) 由题易知 $U=\max\{X,Y\}$ 的所有可能取值为 $1,2,3$,且
$$P\{U=1\} = P\{X=0,Y=1\} + P\{X=1,Y=1\} = 0.1+0.1 = 0.2,$$
$$P\{U=2\} = P\{X=0,Y=2\} + P\{X=1,Y=2\} = 0+0.1 = 0.1,$$
$$P\{U=3\} = \sum_{i=0}^{1} P\{X=i,Y=3\} + \sum_{j=1}^{3} P\{X=3,Y=j\}$$
$$= 0.3+0+0.2+0+0.2 = 0.7.$$

即 U 的分布律为

U	1	2	3
p_k	0.2	0.1	0.7

(2) 易知 $V=\min\{X,Y\}$ 的所有可能取值为 $0,1,2,3$,且

$$P\{V=0\} = \sum_{j=1}^{3} P\{X=0, Y=j\} = 0.1 + 0 + 0.3 = 0.4,$$

$$P\{V=1\} = \sum_{j=1}^{3} P\{X=1, Y=j\} + P\{X=3, Y=1\}$$
$$= 0.1 + 0.1 + 0 + 0.2 = 0.4,$$

$$P\{V=2\} = P\{X=3, Y=2\} = 0,$$
$$P\{V=3\} = P\{X=3, Y=3\} = 0.2.$$

即 V 的分布律为

V	0	1	3
p_k	0.4	0.4	0.2

例 3.4.2 设 X,Y 相互独立,且分别服从参数为 λ_1,λ_2 的泊松分布,求证 $Z=X+Y$ 服从参数为 $\lambda_1+\lambda_2$ 的泊松分布.

证 Z 的可能取值为 $0,1,2,\cdots$,且 Z 的分布律为

$$P\{Z=k\} = P\{X+Y=k\} = \sum_{i=0}^{k} P\{X=i\}P\{Y=k-i\}$$
$$= \sum_{i=0}^{k} \frac{\lambda_1^i \lambda_2^{k-i}}{i!(k-i)!} e^{-\lambda_1} e^{-\lambda_2} = \frac{1}{k!} e^{-(\lambda_1+\lambda_2)} (\lambda_1+\lambda_2)^k, \quad k=0,1,2,\cdots.$$

所以 Z 服从参数为 $\lambda_1+\lambda_2$ 的泊松分布.

由此例可知,若 X,Y 相互独立,且 $X \sim P(\lambda_1), Y \sim P(\lambda_2)$,则 $X+Y \sim P(\lambda_1+\lambda_2)$. 这种性质称为泊松分布的独立可加性. 类似地可验证二项分布也是具有独立可加性的分布,即若 X,Y 相互独立,且 $X \sim b(n_1,p), Y \sim b(n_2,p)$,则 $X+Y \sim b(n_1+n_2,p)$.

3.4.2 二维连续型随机变量函数的分布

设 $f(x,y)$ 为二维连续型随机变量 (X,Y) 的联合密度函数,因此 $Z=g(X,Y)$ 也是一维连续型随机变量,且有密度函数 $f_Z(z)$,其密度函数 $f_Z(z)$ 的一般求法如下:

首先求出 $Z=g(X,Y)$ 的分布函数

$$F_Z(z) = P\{Z \leqslant z\} = P\{g(X,Y) \leqslant z\} = P\{(X,Y) \in G\} = \iint_G f(x,y) \mathrm{d}x\mathrm{d}y,$$

其中 $G = \{(x,y) \mid g(x,y) \leqslant z\}$.

然后对分布函数 $F_Z(z)$ 求导,即得密度函数 $f_Z(z)$.

下面讨论几个常用的随机变量函数的分布.

(1) $Z = g(X,Y) = X+Y$ 的分布

设 $f(x,y)$ 为二维连续型随机变量 (X,Y) 的联合密度函数,则 $Z=X+Y$ 的分布

函数为
$$F_Z(z) = P\{Z \leqslant z\} = \iint_{x+y \leqslant z} f(x,y)\mathrm{d}x\mathrm{d}y,$$

这里积分区域 $G=\{(x,y)|x+y\leqslant z\}$ 是直线 $x+y=z$ 左下方的半平面,转化为累次积分得
$$F_Z(z) = \int_{-\infty}^{+\infty} \mathrm{d}x \int_{-\infty}^{z-x} f(x,y)\mathrm{d}y.$$

令 $y=u-x$,得
$$\int_{-\infty}^{z-x} f(x,y)\mathrm{d}y = \int_{-\infty}^{z} f(x,u-x)\mathrm{d}u,$$

于是
$$F_Z(z) = \int_{-\infty}^{+\infty}\int_{-\infty}^{z} f(x,u-x)\mathrm{d}u\mathrm{d}x = \int_{-\infty}^{z}\left[\int_{-\infty}^{+\infty} f(x,u-x)\mathrm{d}x\right]\mathrm{d}u.$$

由分布函数与概率密度的关系 $F_Z'(z)=f_Z(z)$,即得 Z 的概率密度为
$$f_Z(z) = \int_{-\infty}^{+\infty} f(x,z-x)\mathrm{d}x. \tag{3-4-1}$$

由 X,Y 的对称性,还可得
$$f_Z(z) = \int_{-\infty}^{+\infty} f(y,z-y)\mathrm{d}y. \tag{3-4-2}$$

特别地,当 X,Y 相互独立时,设 (X,Y) 关于 X,Y 的边缘概率密度分别为 $f_X(x)$,$f_Y(y)$,则有
$$f_Z(z) = \int_{-\infty}^{+\infty} f_X(x)f_Y(z-x)\mathrm{d}x, \tag{3-4-3}$$
$$f_Z(z) = \int_{-\infty}^{+\infty} f_X(z-y)f_Y(y)\mathrm{d}y. \tag{3-4-4}$$

上面两个公式右侧的积分我们称为 $f_X(x),f_Y(y)$ 的卷积,记作 $f_X * f_Y$,即
$$f_X * f_Y = \int_{-\infty}^{+\infty} f_X(z-y)f_Y(y)\mathrm{d}y = \int_{-\infty}^{+\infty} f_X(x)f_Y(z-x)\mathrm{d}x. \tag{3-4-5}$$

例 3.4.3 设 X 和 Y 是两个相互独立的随机变量,且它们都服从 $N(0,1)$ 分布,求 $Z=X+Y$ 的密度函数.

解 由题知 X,Y 的密度函数分别为
$$f_X(x) = \frac{1}{\sqrt{2\pi}}\mathrm{e}^{-\frac{x^2}{2}}, \quad -\infty < x < +\infty,$$
$$f_Y(y) = \frac{1}{\sqrt{2\pi}}\mathrm{e}^{-\frac{y^2}{2}}, \quad -\infty < y < +\infty.$$

由公式 (3-4-5) 知
$$f_Z(z) = \int_{-\infty}^{+\infty} f_X(x)f_Y(z-x)\mathrm{d}x = \frac{1}{2\pi}\int_{-\infty}^{+\infty} \mathrm{e}^{-\frac{x^2}{2}}\mathrm{e}^{-\frac{(z-x)^2}{2}}\mathrm{d}x = \frac{1}{2\pi}\mathrm{e}^{-\frac{z^2}{4}}\int_{-\infty}^{+\infty} \mathrm{e}^{-\left(x-\frac{z}{2}\right)^2}\mathrm{d}x.$$

令 $t=x-\dfrac{z}{2}$,则有

$$f_Z(z) = \frac{1}{2\pi}\mathrm{e}^{-\frac{z^2}{4}}\int_{-\infty}^{+\infty}\mathrm{e}^{-t^2}\mathrm{d}t = \frac{1}{2\pi}\mathrm{e}^{-\frac{z^2}{4}}\sqrt{\pi} = \frac{1}{2\sqrt{\pi}}\mathrm{e}^{-\frac{z^2}{4}},$$

所以 Z 服从 $N(0,2)$ 分布,即 $Z\sim N(0,2)$.

一般地,若 X 和 Y 相互独立,且

$$X\sim N(\mu_1,\sigma_1^2),\quad Y\sim N(\mu_2,\sigma_2^2),$$

则

$$Z=X+Y\sim N(\mu_1+\mu_2,\sigma_1^2+\sigma_2^2).$$

该结论还可推广到有限多个独立正态随机变量之和的情况,即若

$$X_i\sim N(\mu_i,\sigma_i^2),\quad i=1,2,\cdots,n,$$

且它们相互独立,则它们的和 $Z=X_1+X_2+\cdots+X_n$ 也服从正态分布,且

$$Z\sim N\left(\sum_{i=1}^n\mu_i,\sum_{i=1}^n\sigma_i^2\right), \tag{3-4-6}$$

即有限个相互独立的正态随机变量的线性组合仍服从正态分布.

(2) $Z=g(X,Y)=\dfrac{X}{Y}$ 的分布

设二维连续型随机变量 (X,Y) 的联合概率密度为 $f(x,y)$,则 $Z=\dfrac{X}{Y}$ 的分布函数为

$$F_Z(z)=P\{Z\leqslant z\}=\iint\limits_{\frac{x}{y}\leqslant z}f(x,y)\mathrm{d}x\mathrm{d}y.$$

令 $u=y,v=\dfrac{x}{y}$,即 $x=uv,y=u$,且该变换的雅可比行列式为

$$J=\begin{vmatrix}v & u \\ 1 & 0\end{vmatrix}=-u.$$

于是,$Z=\dfrac{X}{Y}$ 的分布函数为

$$F_Z(z)=\iint\limits_{v\leqslant z}f(uv,u)|J|\mathrm{d}u\mathrm{d}v=\int_{-\infty}^{z}\left[\int_{-\infty}^{+\infty}f(uv,u)|u|\mathrm{d}u\right]\mathrm{d}v,$$

即 $Z=\dfrac{X}{Y}$ 的密度函数为

$$f_Z(z)=\int_{-\infty}^{+\infty}f(zu,u)|u|\mathrm{d}u.$$

特别地,当 X,Y 相互独立时,有

$$f_Z(z)=\int_{-\infty}^{+\infty}f_X(zu)f_Y(u)|u|\mathrm{d}u, \tag{3-4-7}$$

其中 $f_X(x), f_Y(y)$ 分别为 (X,Y) 关于 X 和 Y 的边缘概率密度.

例 3.4.4 设 X, Y 相互独立,且均服从 $N(0,1)$ 分布,求 $Z=\dfrac{X}{Y}$ 的密度函数 $f_Z(z)$.

解 由公式(3-4-7)得 $Z=\dfrac{X}{Y}$ 的密度函数 $f_Z(z)$ 为

$$f_Z(z) = \int_{-\infty}^{+\infty} f_X(zu) f_Y(u) |u| \, \mathrm{d}u = \frac{1}{2\pi} \int_{-\infty}^{+\infty} \mathrm{e}^{-\frac{u^2(1+z^2)}{2}} |u| \, \mathrm{d}u$$

$$= \frac{1}{\pi} \int_0^{+\infty} u \mathrm{e}^{-\frac{u^2(1+z^2)}{2}} \mathrm{d}u = \frac{1}{\pi(1+z^2)}, \quad -\infty < z < +\infty.$$

(3) $Z_1 = g_1(X, Y) = \max\{X, Y\}$ 和 $Z_2 = g_2(X, Y) = \min\{X, Y\}$ 的分布

设 X, Y 相互独立,且它们分布函数分别为 $F_X(x), F_Y(y)$.

因为 $Z_1 = \max\{X, Y\}$,所以 $\{Z_1 \leqslant z\} = \{X \leqslant z, Y \leqslant z\}$,故

$$P\{Z_1 \leqslant z\} = P\{X \leqslant z, Y \leqslant z\}.$$

又 X, Y 相互独立,所以有

$$F_{Z_1}(z) = P\{Z_1 \leqslant z\} = P\{X \leqslant z, Y \leqslant z\} = P\{X \leqslant z\} P\{Y \leqslant z\} = F_X(z) F_Y(z).$$

类似地,可得 $Z_2 = \min\{X, Y\}$ 的分布函数为

$$F_{Z_2}(z) = P\{Z_2 \leqslant z\} = 1 - P\{Z_2 > z\} = 1 - P\{X > z, Y > z\}$$

$$= 1 - P\{X > z\} P\{Y > z\}$$

$$= 1 - (1 - P\{X \leqslant z\})(1 - P\{Y \leqslant z\})$$

$$= 1 - [1 - F_X(z)][1 - F_Y(z)].$$

以上结果可推广到 n 个相互独立的随机变量的情况. 设 $X_1, X_2, \cdots, X_n$ 是 n 个相互独立的随机变量,且它们的分布函数分别为 $F_{X_i}(x_i)(i=1,2,\cdots,n)$,则函数 $Z_1 = \max\{X_1, X_2, \cdots, X_n\}$ 及 $Z_2 = \min\{X_1, X_2, \cdots, X_n\}$ 的分布函数分别为

$$F_{Z_1}(z) = F_{X_1}(z) F_{X_2}(z) \cdots F_{X_n}(z), \tag{3-4-8}$$

$$F_{Z_2}(z) = 1 - [1 - F_{X_1}(z)][1 - F_{X_2}(z)] \cdots [1 - F_{X_n}(z)]. \tag{3-4-9}$$

特别地,当 $X_1, X_2, \cdots, X_n$ 相互独立且有相同的分布函数 $F(x)$ 时,有

$$F_{Z_1}(z) = [F(z)]^n, \tag{3-4-10}$$

$$F_{Z_2}(z) = 1 - [1 - F(z)]^n. \tag{3-4-11}$$

例 3.4.5 设 X, Y 相互独立,且都服从参数为 1 的指数分布,求 $Z_1 = \max\{X, Y\}$ 和 $Z_2 = \min\{X, Y\}$ 的密度函数.

解 因为 X, Y 都服从参数为 1 的指数分布,设 X, Y 的分布函数为 $F(x)$,则

$$F(x) = \begin{cases} 1 - \mathrm{e}^{-x}, & x > 0, \\ 0, & x \leqslant 0. \end{cases}$$

又因为 X, Y 相互独立,则由公式(3-4-10)和公式(3-4-11)可分别得 Z_1 和 Z_2 的分布函数为

$$F_{Z_1}(z) = [F(z)]^2,$$
$$F_{Z_2}(z) = 1 - [1 - F(z)]^2,$$

所以,Z_1 和 Z_2 的密度函数分别为

$$f_{Z_1}(z) = F'_{Z_1}(z) = 2F(z)F'(z) = \begin{cases} 2\mathrm{e}^{-z}(1-\mathrm{e}^{-z}), & x > 0, \\ 0, & x \leqslant 0, \end{cases}$$

$$f_{Z_2}(z) = F'_{Z_2}(z) = 2[1 - F(z)]F'(z) = \begin{cases} 2\mathrm{e}^{-2z}, & x > 0, \\ 0, & x \leqslant 0. \end{cases}$$

3.5 应用案例与试验

3.5.1 路程估计问题

1. 问题

外出旅行或行军作战等,都可能涉及两地路程的估计问题. 当身边带有地图时,这似乎是很容易的事. 然而,从地图上量出的距离却是两地的直线距离 d,你能由此估计出这两地的实际路程 S 吗？试建立这个模型 $S=f(d)$.

要确定 S 与 d 的近似函数关系,必须收集若干 S 及与之相应的 d 的具体数据,通过分析找出其规律. 下面给出参考数据表：

彭州市→	成都	郫县	灌县	什邡	德阳	新繁	广汉	温江	崇庆
量距/cm	1.8	1.08	1.55	1.32	2.3	0.75	1.64	1.7	2.38
d/km	36	21.6	31	26.4	46	15	32.8	34	47.6
S/km	42	30	58	43	68	16	43	50	65

2. 问题分析与建立模型

问题的关键在于收集数据,然后描出数据散布图,通过观测,决定用什么函数去拟合. 由所给数据,发现它们大致在一条直线附近,故用直线拟合,又因 $d=0$ 时, S 必为 0,从而设模型为 $S=ad$.

3. 模型求解

应用 MATLAB 编程作数据散布点图,拟合直线图(见图 3.5.1),在同一图上观测拟合效果.

由此,得到经验模型 $S=1.42952d$.

将经验模型修改为简单模型 $S=1.5d-b$(见图 3.5.2),其目的很清楚,是为了便于计算. 在只作粗略估计的情况下,我们更愿意这样做. 作为实践中的一条经验,它比前者更具有优势. 式中的 b 显然应因短程与远程而有所不同,这实际上给我们提出

了这样一个问题：对 50km 以内的较短路程用一个公式,对较长的路程再用一个公式是否会更好些呢？

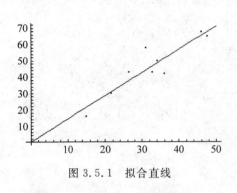

图 3.5.1　拟合直线

(*显示简单模型与样本数据点的图形*)

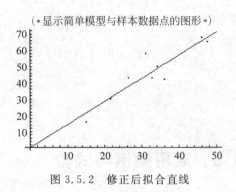

图 3.5.2　修正后拟合直线

4. 结果分析

比较上面两图,可知它们差不多,通过由经验模型算估计值与由简单模型算估计值比较,计算残差值.运行结果如下:

{51.5,30.9,44.3,37.7,65.8,21.4,46.9,48.6,68}，

{51.1,29.4,43.5,36.6,66,19.5,46.2,48,68.4}，

{−9.5,−0.88,14,5.3,2.2,−5.4,−3.9,1.4,−3}，

{−9,−0.6,14.5,6.4,2,−3.5,−3.2,2,−3.4}.

可见,两个模型的差异并不大,且它们对多数点都吻合得较好,但也有误差较大的,分析其原因,一是我们的模型本身是根据小样本而得到,不可能是精确的;二是有两种极端情形(它们的误差都较大)应该注意：(1)路较直,如彭州市→成都(误差为 −9);(2)路线起伏大,如彭州市→灌县,实际路线是彭州市→郫县→灌县,相当于走三角形的两边(误差为 +14.5).这是不是提醒我们,应该把与 AB 垂直的最大偏离 h 测量出来,并结合到模型中以提高精度呢？对此,我们不再继续讨论,留给有兴趣的读者.

3.5.2　及时接车问题

1. 问题

甲在 12 点 50 分从广汉车站打电话告知成都的乙,他所坐的火车大约在 13 点开出,火车从广汉到成都的运行时间均值为 30min,标准差为 2min 的随机变量,乙接到电话在 10min 后开车到火车站接甲,分别根据相对频率求出及时接到甲的概率.

2. 问题分析

乙能及时接到甲,即要求乙在甲的火车到达之前到火车站,我们需要模拟如下变量.

设火车出发时间为 t_1,火车运行时间为 t_2,乙到达火车站的时间为 t_3.要及时接到甲，必须 $t_3 < t_1 + t_2$，进行模拟，只需产生 t_1，t_2 和 t_3 的值，并检验上式是否成立. t_1，t_2 的值比较明确易得，虽然 t_2 的分布未知，但从一般的类似情况分布可知，t_2 是应服从均值为 30min，标准差为 2min 的正态分布.

3. 仿真模拟

我们以 RND 表示在区间 $[0,1]$ 上生成的连续均匀分布的随机数，利用 $X = [-2\ln(\mathrm{RND}_1)]^{\frac{1}{2}}\cos(2\pi\mathrm{RND}_2)$ 可产生服从 $N(0,1)$ 随机数，再由 $t_2 = 2X + 30$ 求得 t_2 的随机数.

利用 RND_3 确定 t_1，$t_1 = \begin{cases} 0, & 0 < \mathrm{RND}_3 < 0.7, \\ 5, & 0.7 < \mathrm{RND}_3 < 0.9, \\ 10, & 0.9 < \mathrm{RND}_3 < 10. \end{cases}$

利用 RND_4 确定 t_2，$t_2 = \begin{cases} 28, & 0 < \mathrm{RND}_4 < 0.3, \\ 30, & 0.3 < \mathrm{RND}_4 < 0.7, \\ 32, & 0.7 < \mathrm{RND}_4 < 0.9, \\ 34, & 0.9 < \mathrm{RND}_4 < 1.0. \end{cases}$

第 i 次模拟的结果 $T_i = \begin{cases} 1, & t_3 < t_1 + t_2, \\ 0, & t_3 \geq t_1 + t_2. \end{cases}$

如果经过 50 次模拟，可计算出乙能及时接到甲的（相对频率）概率

$$P(A) = \frac{1}{N}\sum_{i=1}^{N} T_i.$$

MATLAB 编程计算结果列表如下：

50 次模拟计算结果表

序号	RND_1	RND_2	x	t_2	RND_3	t_1	RND_4	t_3	T_i
1	0.004	0.033	3.253	36.506	0.335	0	0.011	28	T[1]=1
2	0.127	0.196	0.584	31.168	0.537	0	0.356	30	T[2]=1
3	0.950	0.444	−0.301	29.398	0.275	0	0.700	32	T[3]=0
4	0.698	0.042	0.819	31.638	0.564	0	0.109	28	T[4]=1
5	0.815	0.764	0.058	30.115	0.686	0	0.165	28	T[5]=1
6	0.960	0.427	−0.258	29.485	0.219	0	0.828	28	T[6]=0
7	0.840	0.811	0.221	30.442	0.923	10	0.953	34	T[7]=1
8	0.605	0.600	−0.812	28.375	0.662	0	0.451	30	T[8]=0
9	0.720	0.406	−0.674	28.652	0.114	0	0.549	30	T[9]=0
10	0.671	0.491	−0.891	28.217	0.475	0	0.121	28	T[10]=1
11	0.344	0.264	−0.132	29.736	0.869	5	0.564	30	T[11]=1
12	0.423	0.146	0.677	31.354	0.695	0	0.180	28	T[12]=1
13	0.645	0.003	0.935	31.871	0.623	0	0.538	30	T[13]=1
14	0.269	0.387	−1.226	27.548	0.461	0	0.787	32	T[14]=0

续表

序号	RND_1	RND_2	x	t_2	RND_3	t_1	RND_4	t_3	T_i
15	0.581	0.280	−0.194	29.612	0.30	0	0.377	30	T[15]=0
16	0.805	0.334	−0.331	29.338	0.295	0	0.171	28	T[16]=1
17	0.204	0.054	1.591	33.182	0.414	0	0.409	30	T[17]=1
18	0.984	0.410	−0.153	29.694	0.002	0	0.494	30	T[18]=0
19	0.074	0.975	2.254	34.507	0.254	0	0.070	28	T[19]=1
20	0.405	0.197	0.439	30.878	0.497	0	0.355	30	T[20]=0
21	0.249	0.889	1.281	32.561	0.758	5	0.212	38	T[21]=1
22	0.736	0.532	−0.768	28.465	0.461	0	0.905	34	T[22]=0
23	0.131	0.484	−2.008	25.986	0.458	0	0.035	28	T[23]=0
24	0.253	0.701	−0.499	29.002	0.115	0	0.597	30	T[24]=0
25	0.886	0.043	0.474	30.948	0.876	5	0.649	30	T[25]=1
26	0.511	0.771	0.153	30.307	0.621	0	0.544	30	T[26]=0
27	0.217	0.335	−0.894	28.211	0.236	0	0.254	28	T[27]=1
28	0.133	0.031	1.971	33.942	0.614	0	0.566	30	T[28]=1
29	0.213	0.029	−1.212	27.577	0.808	5	0.949	34	T[29]=0
30	0.732	0.572	−0.711	28.579	0.552	0	0.715	32	T[30]=0
31	0.332	0.824	0.669	31.339	0.870	5	0.168	28	T[31]=1
32	0.954	0.982	0.306	30.613	0.991	10	0.615	30	T[32]=1
33	0.510	0.718	−0.232	29.513	0.295	0	0.738	32	T[33]=0
34	0.640	0.185	0.428	30.856	0.492	0	0.286	28	T[34]=1
35	0.384	0.389	−1.059	27.882	0.774	5	0.599	30	T[35]=1
36	0.127	0.336	−1.048	27.903	0.145	0	0.651	30	T[36]=0
37	0.654	0.709	−0.233	29.535	0.648	0	0.919	34	T[37]=0
38	0.661	0.998	0.909	31.818	0.721	5	0.656	30	T[38]=1
39	0.562	0.984	1.068	32.135	0.377	0	0.421	30	T[39]=1
40	0.942	0.237	0.028	3.055	0.452	0	0.015	28	T[40]=1
41	0.495	0.708	−0.311	29.378	0.626	0	0.546	30	T[41]=0
42	0.790	0.004	0.687	31.374	0.433	0	0.583	30	T[42]=1
43	0.716	0.457	−0.768	28.424	0.987	10	0.836	32	T[43]=1
44	0.939	0.565	−0.325	29.349	0.644	0	0.353	30	T[44]=0
45	0.223	0.898	1.390	32.780	0.310	0	0699	30	T[45]=1
46	0.957	0.82	0.257	30.515	0.613	0	0.072	28	T[46]=1
47	0.727	0.925	0.712	31.423	0.675	0	0.847	32	T[47]=0
48	0.286	0.610	−0.579	28.841	0.681	0	0.494	30	T[48]=0
49	0.755	0.921	0.659	31.317	0.977	10	0.355	30	T[49]=1
50	0.415	0.420	−1.168	27.664	0.914	10	0.245	28	T[50]=1

我们模拟计算所得的及时接车的概率为 62%,也就是说,有 38% 的可能不能及时赶到,为了提高这个概率,就必须提前出发,或者考虑到甲到站后也等 2min,大家可以简单地算出其概率来进行比较.

本章小结

本章主要介绍了在理论研究和实际生产中常常遇到的需要用多个随机变量才能更好地描述某一随机试验——n 维随机变量.需要注意的是,把 n 个随机变量放在一起研究时,不但要研究各个随机变量的性质,而且还要考虑它们之间的关系.各个随机变量的性质就是边缘分布,因此我们用联合分布来描述多维随机变量概率分布的整体性质.本章具体要求如下:

1. 理解多维随机变量的定义,会将对随机事件的研究转化为多维随机变量的研究.

2. 熟练掌握二维离散型随机变量的联合分布的定义和性质,会求简单的二维离散型随机变量的分布律;会求二维离散型随机变量的边缘分布;理解联合分布律和边缘分布律之间的关系.

3. 熟练掌握二维连续型随机变量的联合密度函数的定义和性质,会利用联合密度函数求二维连续型随机变量落在某平面区域中的概率;会求二维连续型随机变量的边缘密度函数;理解联合概率密度函数和边缘密度函数之间的关系.

4. 会利用联合分布和边缘分布判断随机变量的独立性.

5. 会求简单的二维随机变量的函数的分布.

习题三

1. 设二维随机变量 (X,Y) 的联合分布函数为
$$F(x,y) = \begin{cases} (1-e^{-x})(1-e^{-2y}), & x>0, y>0, \\ 0, & \text{其他}. \end{cases}$$
求二维随机变量 (X,Y) 落在矩形域 $\{-1<X\leqslant 1, 0<Y\leqslant 2\}$ 内的概率.

2. 将一硬币抛掷三次,用 X 表示在三次中出现正面的次数,Y 表示三次中出现正面次数与出现反面次数之差的绝对值.试求 X 和 Y 的联合分布律及边缘分布律.

3. 将两封信投入编号为 1,2,3 的三个邮筒中,用 X,Y 分别表示投入第 1 号,第 2 号邮筒中的信的数目.试求:

(1) (X,Y) 的联合分布律及边缘分布律;

(2) 判断 X,Y 是否相互独立?

4. 设二维随机变量 (X,Y) 的联合密度函数为

$$f(x,y) = \begin{cases} y^2 + Axy, & 0<x<2, 0<y<1, \\ 0, & 其他. \end{cases}$$

试求：(1) 常数 A 的值；

(2) $P\{X+Y \leqslant 1\}$.

5. 设 X,Y 是两个相互独立的随机变量，且 X 在 $(0,2)$ 上服从均匀分布，Y 的密度函数为

$$f_Y(y) = \begin{cases} 4e^{-4y}, & y>0, \\ 0, & 其他. \end{cases}$$

求：(1) X,Y 的联合密度函数 $f(x,y)$；

(2) $P\{X \leqslant Y\}$.

6. 设二维连续型随机变量 (X,Y) 具有联合密度函数为

$$f(x,y) = \begin{cases} 12x^2, & 0<x<y<1, \\ 0, & 其他, \end{cases}$$

(1) 求边缘密度函数 $f_X(x), f_Y(y)$；

(2) 判断 X,Y 是否相互独立？

7. 设随机变量 (X,Y) 在区域 G 上服从均匀分布，其中区域 G 是由 x 轴，y 轴及直线 $y=2x+1$ 所围成的区域. 试求 $P\left\{X<-\dfrac{1}{8}, Y<\dfrac{1}{2}\right\}$.

8. 某电子仪器由两部件构成，分别用 X 和 Y 表示这两部件的寿命（单位：h）. 已知 X 和 Y 的联合分布函数为

$$F(x,y) = \begin{cases} 1-e^{-0.5x} - e^{-0.5y} + e^{-(0.5x+0.5y)}, & x \geqslant 0, y \geqslant 0, \\ 0, & 其他. \end{cases}$$

(1) 判断 X 和 Y 是否相互独立？

(2) 求两部件寿命都超过 $100h$ 的概率.

9. 设随机变量 (X,Y) 的联合分布律为

X \ Y	1	2	3
0	0.2	0	0.2
1	0.1	0.1	0
3	0.2	0	0.2

求：(1) 条件概率 $P\{X=0|Y=1\}$ 和 $P\{Y=2|X=1\}$；

(2) $U=X-Y$ 的分布律.

10. 设二维连续型随机变量 (X,Y) 具有联合密度函数为

$$f(x,y) = \begin{cases} Ax^2y, & x^2 < y < 1, \\ 0, & \text{其他}. \end{cases}$$

(1) 确定常数 A 的值；
(2) 判断 X 和 Y 是否相互独立？
(3) 求 $f_{X|Y}(x,y)$ 及 $f_{Y|X}(y,x)$；
(4) 求 $P\{Y \leqslant X\}$.

11. 设随机变量 X 和 Y 相互独立,下表列出了二维随机变量 (X,Y) 联合分布律及关于 X 和 Y 的边缘分布律中的部分数值.试将其余数值填入表中的空白处.

X \ Y	y_1	y_2	y_3	$P\{X=x_i\}$
x_1		$\frac{1}{8}$		
x_2	$\frac{1}{8}$			
$P\{Y=y_j\}$	$\frac{1}{6}$			1

12. 设 X 和 Y 相互独立,且都服从 $[0,3]$ 上的均匀分布,求 $P\{\max\{X,Y\} \leqslant 1\}$. (2006 年考研)

13. 设随机变量 X 的分布律为 $P\{X=1\} = P\{X=2\} = \dfrac{1}{2}$,在给定 $X=i(i=1,2)$ 的条件下,随机变量 Y 服从均匀分布 $U(0,i)(i=1,2)$.求 Y 的分布函数 $F_Y(y)$. (2014 年考研)

14. 设 X 和 Y 相互独立,其密度函数分别为

$$f_X(x) = \begin{cases} 1, & 0 < x < 1, \\ 0, & \text{其他}; \end{cases} \qquad f_Y(y) = \begin{cases} e^{-y}, & y \geqslant 0, \\ 0, & \text{其他}. \end{cases}$$

求随机变量 $Z = 2X + Y$ 的密度函数.

第 4 章 随机变量的数字特征

前面介绍了随机变量的分布函数、概率密度和分布律,它们能够完整地描述随机变量的统计规律性.但在一些实际问题中,我们不需要去全面考察随机变量的变化情况,而只需要掌握随机变量的某些特征.例如,在比较两个品种的母鸡的年产蛋量时,通常只要比较这两个品种的母鸡的年产蛋量的平均值即可.平均值大就意味着这个品种的母鸡产蛋量高.再如,要比较不同班级同学的学习成绩,通常就是比较考试中的平均成绩和每个同学成绩偏离平均成绩的程度,平均成绩越高、偏离程度越小,这个班的同学的学习成绩就相对较好.从这两个例子可以看到,随机变量的这些数字特征,虽然不能完整地描述随机变量,但能够一定程度上刻画出随机变量的基本性态.这些特征无论在理论上还是实际应用中都有重要意义,它们能更直接、更简洁、更清晰和更实用地反映出随机变量的本质.本章将介绍几个随机变量的常用数字特征:数学期望、方差、协方差、相关系数与矩,并在此基础上给出大数定律和中心极限定理.

4.1 数学期望

为了给出数学期望的定义,首先引入加权平均的概念.例如,设某射击手在相同的条件下,瞄准靶子相继射击 90 次(命中的环数是一个随机变量),射中次数记录于表 4-1-1.试问:该射手每次射击平均命中多少环?

表 4-1-1 射击记录表

命中环数 k	0	1	2	3	4	5
命中次数 n_k	2	13	15	10	20	30
频率 n_k/n	2/90	13/90	15/90	10/90	20/90	30/90

解 平均射中环数 $= \dfrac{\text{射中靶的总环数}}{\text{射击次数}}$

$$= \frac{0 \times 2 + 1 \times 13 + 2 \times 15 + 3 \times 10 + 4 \times 20 + 5 \times 30}{90}$$

$$= 0 \times \frac{2}{90} + 1 \times \frac{13}{90} + 2 \times \frac{15}{90} + 3 \times \frac{10}{90} + 4 \times \frac{20}{90} + 5 \times \frac{30}{90}$$

$$= \sum_{k=0}^{5} k \cdot \frac{n_k}{n} = 3.37(环/次).$$

设射手命中的环数为随机变量 X,则平均射中环数等于其频率与其可能值乘积的累加,因频率具有随机波动性,而其对应的概率是稳定的,且当 $n \to \infty$ 时,$\frac{n_k}{n}$ 趋近于事件 $\{X=k\}$ 的概率记为 p_k. 于是,当 $n \to \infty$ 时,$\sum_{k=0}^{5} k \cdot \frac{n_k}{n}$ 就趋近于 $\sum_{k=0}^{5} k \cdot p_k$. 我们称这种平均为依概率的加权平均.这时候的平均值才是理论上的平均值.

4.1.1 随机变量的数学期望

定义 4.1.1 设离散型随机变量 X 的分布律为 $P\{X=x_k\}=p_k, k=1,2,\cdots$. 若级数 $\sum_{k=1}^{\infty} x_k p_k$ 绝对收敛,则称级数 $\sum_{k=1}^{\infty} x_k p_k$ 的和为随机变量 X 的**数学期望**,记为 $E(X)$. 即

$$E(X) = \sum_{k=1}^{\infty} x_k p_k. \tag{4-1-1}$$

设 X 为连续型随机变量,其概率密度为 $f(x)$,若积分 $\int_{-\infty}^{+\infty} x f(x) \mathrm{d}x$ 绝对收敛,则称积分 $\int_{-\infty}^{+\infty} x f(x) \mathrm{d}x$ 的值为连续型随机变量 X 的数学期望,记为 $E(X)$,即

$$E(X) = \int_{-\infty}^{+\infty} x f(x) \mathrm{d}x. \tag{4-1-2}$$

数学期望简称**期望**,又称为**均值**.

显然,数学期望是以概率为权数的加权平均值.随机变量 X 的数学期望由其概率分布唯一确定.若 X 服从某一分布,也称 $E(X)$ 为该分布的数学期望.

例 4.1.1 甲、乙两人进行打靶,所得分数分别记为 X, Y,他们的分布律见表 4-1-2,试评定他们的成绩好坏.

表 4-1-2 甲乙两人打靶成绩的分布律

X	0	1	2	Y	0	1	2
p	0.2	0.3	0.5	p	0.4	0.5	0.1

解 分别计算 X 和 Y 的数学期望,得

$$E(X) = \sum_{k=1}^{\infty} x_k p_k = 0 \times 0.2 + 1 \times 0.3 + 2 \times 0.5 = 1.3,$$

$$E(Y) = \sum_{k=1}^{\infty} y_k p_k = 0 \times 0.4 + 1 \times 0.5 + 2 \times 0.1 = 0.7.$$

这意味着,甲进行多次射击的平均成绩为 1.3 分,而乙却只有 0.7 分,故乙的成绩远不如甲的成绩好.

例 4.1.2 设袋中有 2 个白球和 3 个红球.从中无放回地抽取,直到出现两个红球为止,用 X 表示第 2 次取得红球时的取球次数,求 $E(X)$.

解 X 为离散型随机变量,且

$$P\{X=2\} = \frac{C_3^2}{C_5^2} = 0.3,$$

$$P\{X=3\} = \frac{C_2^1 C_3^1}{C_5^2} \cdot \frac{2}{3} = 0.4,$$

$$P\{X=4\} = \frac{C_2^2 C_3^1}{C_5^3} \cdot \frac{2}{2} = 0.3,$$

即 X 的分布律为

X	2	3	4
p	0.3	0.4	0.3

从而 $E(X) = 2 \times 0.3 + 3 \times 0.4 + 4 \times 0.3 = 3$,即第 2 次取得红球时平均取球次数为 3 次.

例 4.1.3 电子装置的寿命 X 服从参数为 $\theta = 1\,500$ 的指数分布,即

$$f(x) = \begin{cases} \dfrac{1}{\theta} \mathrm{e}^{-\frac{x}{\theta}}, & x > 0, \\ 0, & x \leqslant 0, \end{cases}$$

求电子装置寿命的数学期望.

解 由公式(4-1-2)有

$$E(X) = \int_{-\infty}^{+\infty} x f(x) \mathrm{d}x = \int_{0}^{+\infty} \frac{x}{\theta} \mathrm{e}^{-\frac{x}{\theta}} \mathrm{d}x = \theta,$$

而 $\theta = 1\,500$,因此 $E(X) = 1\,500$.

例 4.1.4 设随机变量 X 的概率密度函数为

$$f(x) = \begin{cases} x, & 0 < x \leqslant 1, \\ 2-x, & 1 < x \leqslant 2, \\ 0, & \text{其他}, \end{cases}$$

求 $E(X)$.

解 由公式(4-1-2)有

$$E(X) = \int_{-\infty}^{+\infty} x f(x) \mathrm{d}x = \int_{0}^{1} x^2 \mathrm{d}x + \int_{1}^{2} x(2-x) \mathrm{d}x$$

$$= \frac{1}{3}x^3 \Big|_0^1 + \left(x^2 - \frac{1}{3}x^3\right)\Big|_1^2 = 1.$$

4.1.2 随机变量函数的数学期望

前面学习了如何求随机变量 X 的数学期望,在实际应用中,经常需要求随机变量的函数的数学期望,如飞机机翼受到压力 $W=kV^2$(V 是风速,$k>0$ 是常数)的作用,需要求 W 的数学期望. 这里 W 是随机变量 V 的函数.

若已知随机变量 X 的概率分布,要求其函数 $Y=g(X)$ 的数学期望可以用以下两种方法进行求解:(1)根据 X 的概率分布先求出 Y 的概率分布,然后用数学期望的定义进行求解;(2)用下面给出的定理求解.

定理 4.1.1 设随机变量 Y 是随机变量 X 的函数,$Y=g(X)$(g 是连续函数).

(1) 当 X 为离散型随机变量,其分布律为 $P\{X=x_k\}=p_k,k=1,2,\cdots$ 时,若级数 $\sum\limits_{k=1}^{\infty}g(x_k)p_k$ 绝对收敛,则有

$$E(Y) = E[g(X)] = \sum_{k=1}^{\infty} g(x_k)p_k. \tag{4-1-3}$$

(2) 当 X 为连续型随机变量,其概率密度为 $f(x)$ 时,若积分 $\int_{-\infty}^{+\infty} g(x)f(x)\mathrm{d}x$ 绝对收敛,则有

$$E(Y) = E[g(X)] = \int_{-\infty}^{+\infty} g(x)f(x)\mathrm{d}x. \tag{4-1-4}$$

特别地,当 $Y=g(X)=X$ 时,定理 4.1.1 即为随机变量 X 的数学期望的定义.

定理 4.1.2 设 Z 是随机变量 X,Y 的函数,$Z=g(X,Y)$(g 是连续函数).

(1) 若二维随机变量的分布列为 $P\{X=x_i,Y=y_j\}=p_{ij}(i,j=1,2,\cdots)$,则

$$E(Z) = E[g(X,Y)] = \sum_i \sum_j g(x_i,y_j)p_{ij}. \tag{4-1-5}$$

(2) 若二维随机变量的联合密度为 $f(x,y)$,且积分 $\int_{-\infty}^{+\infty}\int_{-\infty}^{+\infty} g(x,y)f(x,y)\mathrm{d}x\mathrm{d}y$ 绝对收敛,则有

$$E(Z) = E[g(X,Y)] = \int_{-\infty}^{+\infty}\int_{-\infty}^{+\infty} g(x,y)f(x,y)\mathrm{d}x\mathrm{d}y. \tag{4-1-6}$$

当 $Z=g(X,Y)=X(Y)$ 时,(4-1-5)式,(4-1-6)式表示的是二维随机变量的分量 X 与 Y 的数学期望.

例 4.1.5 设随机变量 X 的分布律见表 4-1-3,且 $Y=4X-1,Z=X^2$,求 $E(Y)$,$E(Z)$.

解 方法一 先求 Y,Z 的分布律,再求 $E(Y),E(Z)$.

表 4-1-3 X 的分布律

X	−1	0	1	2
p	0.2	0.1	0.5	0.2

Y	−5	−1	3	7
p	0.2	0.1	0.5	0.2

Z	0	1	4
p	0.1	0.7	0.2

由数学期望的定义,有

$$E(Y) = (-5) \times 0.2 + (-1) \times 0.1 + 3 \times 0.5 + 7 \times 0.2 = 1.8,$$
$$E(Z) = 0 \times 0.1 + 1 \times 0.7 + 4 \times 0.2 = 1.5.$$

方法二 直接根据定理 4.1.1,有

$$\begin{aligned}E(Y) &= E(4X-1)\\ &= [4 \times (-1) - 1] \times 0.2 + (4 \times 0 - 1) \times 0.1 + (4 \times 1 - 1) \times 0.5 \\ &\quad + (4 \times 2 - 1) \times 0.2 = 1.8,\end{aligned}$$

$$\begin{aligned}E(Z) &= E(X^2) \\ &= (-1)^2 \times 0.2 + 0^2 \times 0.1 + 1^2 \times 0.5 + 2^2 \times 0.2 = 1.5.\end{aligned}$$

例 4.1.6 设二维随机变量 (X,Y) 的联合分布如表 4-1-4 所示,求 $E(X^2Y)$.

表 4-1-4

X \ Y	0	1
0	$\frac{1}{8}$	$\frac{1}{2}$
1	$\frac{1}{4}$	$\frac{1}{8}$

解 设 $Z = X^2Y$,则

$$E(Z) = \sum_i \sum_j g(x_i, y_j) p_{ij}$$

$$= g(0,0) \cdot \frac{1}{8} + g(0,1) \cdot \frac{1}{2} + g(1,0) \cdot \frac{1}{4} + g(1,1) \cdot \frac{1}{8}$$

$$= 0 \times \frac{1}{8} + 0 \times \frac{1}{2} + 0 \times \frac{1}{4} + 1 \times \frac{1}{8} = \frac{1}{8}.$$

例 4.1.7 设 (X,Y) 的概率密度为 $f(x,y) = \begin{cases} 12y^2, & 0 \leqslant y \leqslant x \leqslant 1, \\ 0, & \text{其他}. \end{cases}$ 求 $E(X)$,

$E(Y), E(XY), E(X^2+Y^2)$.

解 由定理 4.1.2 有

$$E(X) = 12\int_0^1 dx \int_0^x xy^2 dy = \frac{4}{5}, \quad E(Y) = 12\int_0^1 dx \int_0^x y^3 dy = \frac{3}{5},$$

$$E(XY) = 12\int_0^1 dx \int_0^x xy^3 dy = \frac{1}{2},$$

$$E(X^2+Y^2) = 12\int_0^1 dx \int_0^x (x^2+y^2)y^2 dy = \frac{16}{15},$$

其中 $f(x)$ 是 X 的密度函数.

4.1.3 数学期望的性质

(1) 设 C 为常数,则有 $E(C)=C$.

(2) 设 X 是一个随机变量,C 是常数,则有 $E(CX)=CE(X)$.

(3) 设 X,Y 是两个随机变量,则有 $E(X\pm Y)=E(X)\pm E(Y)$.

证 设二维随机变量的概率密度为 $f(x,y)$,其边缘密度为 $f_X(x), f_Y(y)$. 由定理 4.1.2 有

$$E(X\pm Y) = \int_{-\infty}^{+\infty}\int_{-\infty}^{+\infty} (x\pm y)f(x,y)dxdy$$

$$= \int_{-\infty}^{+\infty}\int_{-\infty}^{+\infty} xf(x,y)dxdy \pm \int_{-\infty}^{+\infty}\int_{-\infty}^{+\infty} yf(x,y)dxdy$$

$$= \int_{-\infty}^{+\infty} x\left[\int_{-\infty}^{+\infty} f(x,y)dy\right]dx \pm \int_{-\infty}^{+\infty} y\left[\int_{-\infty}^{+\infty} f(x,y)dx\right]dy$$

$$= \int_{-\infty}^{+\infty} xf_X(x)dx \pm \int_{-\infty}^{+\infty} yf_Y(y)dy$$

$$= E(X) \pm E(Y).$$

上述结论可推广到任意有限个随机变量和的情况.

(4) 设 X,Y 两个相互独立的随机变量,则有 $E(XY)=E(X)E(Y)$.

此性质也可推广到任意有限个相互独立的随机变量积的情况.

例 4.1.8 一民航送客车载有 20 位旅客从机场开出,旅客有 10 个站可以下车. 如果到达一个车站没有旅客下车就不停车. 以 X 表示停车次数. 设每位旅客在各个站下车是等可能的,且各旅客是否下车是相互独立的. 求 $E(X)$.

解 引入随机变量 $X_i = \begin{cases} 1, & \text{在第 } i \text{ 站有人下车}, \\ 0, & \text{在第 } i \text{ 站没有人下车}. \end{cases}$ $i=1,2,\cdots,10.$ $\Rightarrow X = \sum_{i=1}^{10} X_i$,求 $E(X)$.

由题意,任何一位旅客在第 i 站不下车的概率为 $9/10$,因此 20 位旅客在第 i 站不下车的概率为 $(9/10)^{20}$. 在第 i 站有人下车的概率为 $1-(9/10)^{20}$,也就是

$$P\{X_i = 0\} = \left(\frac{9}{10}\right)^{20}, \quad P\{X_i = 1\} = 1 - \left(\frac{9}{10}\right)^{20}, \quad i = 1, 2, \cdots, 10.$$

从而 $E(X_i) = 1 - \left(\frac{9}{10}\right)^{20}$，因此

$$E(X) = E\left(\sum_{i=1}^{10} X_i\right) = \sum_{i=1}^{10} E(X_i) = 10 \times \left[1 - \left(\frac{9}{10}\right)^{20}\right] \approx 8.784.$$

在本例中，我们把一个比较复杂的随机变量 X 分解成若干个比较简单的随机变量 X_i 之和，通过 X_i 的数学期望，再由期望的性质求得 X 的数学期望。这种方法是概率论中常用的方法。

4.2 方差

前面讨论了随机变量的数学期望，对于一批灯泡，知道其平均寿命为 $E(X) = 1\,200$h。仅由这一指标我们还不能判定这批灯泡的质量好坏。因为这批灯泡有可能绝大部分灯泡的寿命都在 $1\,000 \sim 1\,300$h；也可能其中有一半灯泡质量很好，其寿命大于 $1\,500$h，而另一半的质量却很差，其寿命约只有 900h。为了评定这批灯泡质量的好坏，还需要考察灯泡寿命 X 与均值 $E(X) = 1\,200$ 的偏离程度。若偏离程度较小，表示质量比较稳定，从这个意义上说，我们认为质量较好。在比较同学的期末成绩时，既要求平均成绩高，还要要求每科成绩与平均成绩的偏离程度较小。由此可见，研究随机变量与其均值的偏离程度是十分必要的。那么，如何来度量这个偏离程度呢？可以看到 $E(|X - E(X)|)$ 能度量随机变量与其均值 $E(X)$ 的偏离程度。由于该式带有绝对值，计算不方便，所以通常用 $E(|X - E(X)|^2)$ 来度量随机变量 X 与 $E(X)$ 的偏离程度。为此，我们来讨论随机变量的另一重要数字特征——方差。

4.2.1 随机变量的方差

定义 4.2.1 设 X 是一个随机变量，若 $E(|X - E(X)|^2)$ 存在，则称 $E(|X - E(X)|^2)$ 为 X 的**方差**，记为 $D(X)$ 或 $\mathrm{Var}(X)$，即

$$\mathrm{Var}(X) = D(X) = E(|X - E(X)|^2). \tag{4-2-1}$$

称 $\sqrt{D(X)}$ 为 X 的**标准差或均方差**，记为 $\sigma(X)$。

由定义可知，方差是一个常用来体现随机变量 X 取值分散程度的量。如果 $D(X)$ 值大，表示 X 取值分散程度大，$E(X)$ 的代表性差；而如果 $D(X)$ 值小，则表示 X 的取值比较集中，以 $E(X)$ 作为随机变量的代表性好。

方差实际上就是随机变量 X 的函数 $g(X) = (X - E(X))^2$ 的数学期望。对于离散型随机变量，有

$$D(X) = \sum_{k=1}^{\infty} (x_k - E(X))^2 p_k,$$

其中 $P\{X=x_k\}=p_k, k=1,2,\cdots$ 是 X 的分布律.

对于连续型随机变量,有
$$D(X) = \int_{-\infty}^{+\infty} (x-E(X))^2 f(x)\,\mathrm{d}x.$$

其中 $f(x)$ 是 X 的密度函数.

显然,将方差看作随机变量的函数的计算公式比较繁琐.下面给出另一种方差计算公式:
$$D(X) = E(X^2) - [E(X)]^2. \tag{4-2-2}$$

证 由数学期望的性质,有
$$\begin{aligned}
D(X) &= E\{[X-E(X)]^2\} \\
&= E\{X^2 - 2XE(X) + [E(X)]^2\} \\
&= E(X^2) - 2E(X)E(X) + [E(X)]^2 \\
&= E(X^2) - [E(X)]^2.
\end{aligned}$$

例 4.2.1 设随机变量 X 的分布律如表 4-2-1 所示,求 $D(X)$.

表 4-2-1

X	2	3	4
p_i	0.3	0.4	0.3

解 因为
$$E(X) = 2 \times 0.3 + 3 \times 0.4 + 4 \times 0.3 = 3,$$
$$E(X^2) = 2^2 \times 0.3 + 3^2 \times 0.4 + 4^2 \times 0.3 = 9.6,$$

由(4-2-2)式有 $D(X) = E(X^2) - [E(X)]^2 = 9.6 - 3^2 = 0.6.$

例 4.2.2 外观相像的 N 把钥匙,只有一把能打开门锁,随机地试用这些钥匙开门,X 为打开门锁所试用的次数,在下列两种情况下求 $E(X)$ 和 $D(X)$.

(1) 把每次试用过的钥匙分开;

(2) 把每次试用过的钥匙混进去.

解 (1) 由题意有 $P\{X=k\} = \dfrac{1}{n}, 1 \leqslant k \leqslant n.$ 于是
$$E(X) = \sum_{k=1}^{n} k \cdot \frac{1}{n} = \frac{n+1}{2}, E(X^2) = \sum_{k=1}^{n} k^2 \cdot \frac{1}{n} = \frac{1}{n} \sum_{k=1}^{n} k^2 = \frac{(n+1)(2n+1)}{6}.$$

所以
$$D(X) = E(X^2) - [E(X)]^2 = \frac{n^2-1}{2}.$$

(2) 由题设,有 $P\{X=k\} = \left(\dfrac{n-1}{n}\right)^{k-1} \dfrac{1}{n}$,即为前 $k-1$ 次未打开锁而第 k 次打开锁的概率,$k=1,2,\cdots$. 从而

$$E(X) = \sum_{k=1}^{\infty} k\left(\frac{n-1}{n}\right)^{k-1} \cdot \frac{1}{n} = \frac{\frac{1}{n}}{\left(1 - \frac{n-1}{n}\right)^2} = n,$$

其中用到了求和公式 $\sum_{k=1}^{\infty} kx^{k-i} = \frac{1}{x^{i-1}(1-x)^2}, x \in (0,1).$

为求 $E(X^2)$, 令 $g(x) = \sum_{k=1}^{\infty} k^2 x^{k-1}, x \in (0,1)$, 则有

$$\int_0^x g(t)dt = \sum_{k=1}^{\infty} kx^k = \frac{x}{1-x^2}.$$

两端对 x 求导得

$$g(x) = \frac{1+x}{(1-x)^3}, \quad x \in (0,1).$$

于是

$$E(X^2) = \sum_{k=1}^{\infty} k^2 \left(\frac{n-1}{n}\right)^{k-1} \cdot \frac{1}{n} = \frac{1}{n} g\left(\frac{n-1}{n}\right) = 2n^2 - n,$$

所以

$$D(X) = E(X^2) - [E(X)]^2 = n(n-1).$$

例 4.2.3 设随机变量 X 的概率密度为 $f(x) = \begin{cases} 1+x, & -1 < x < 1, \\ 1-x, & 0 \leq x < 1, \end{cases}$ 求 $D(X)$ 与 $D(X^2)$.

解 由方差的计算公式,有

$$E(X) = \int_{-1}^0 x(1+x)dx + \int_0^1 x(1-x)dx = 0,$$

$$E(X^2) = \int_{-1}^0 x^2(1+x)dx + \int_0^1 x^2(1-x)dx = \frac{1}{6},$$

所以

$$D(X) = E(X^2) - [E(X)]^2 = \frac{1}{6}.$$

$$E(X^4) = \int_{-1}^0 x^4(1+x)dx + \int_0^1 x^4(1-x)dx = \frac{1}{15},$$

所以

$$D(X^2) = E(X^4) - [E(X^2)]^2 = \frac{1}{15} - \frac{1}{6^2} = \frac{7}{180}.$$

4.2.2 随机变量方差的性质

下面,给出方差的几个重要的性质.

(1) 设 C 为常数,则 $D(C) = 0, D(X+C) = D(X).$

(2) 设 X 是随机变量,C 为常数,则有 $D(CX)=C^2D(X)$.

(3) 设 X,Y 是两个相互独立的随机变量,则有 $D(X\pm Y)=D(X)+D(Y)$.

(4) $D(X)=0$ 的充要条件是 X 以概率 1 取常数 C,即 $P\{X=C\}=1$.

证 这里只证明性质(3).

$$\begin{aligned}D(X\pm Y)&=E\{[X\pm Y-E(X\pm Y)]^2\}\\&=E\{[(X-E(X))\pm(Y-E(Y))]^2\}\\&=E\{[X-E(X)]^2\}+E\{[Y-E(Y)]^2\}\pm 2E\{[X-E(X)][Y-E(Y)]\}.\end{aligned}$$

由于 X,Y 相互独立,$X-E(X)$ 与 $Y-E(Y)$ 也相互独立,由数学期望的性质有

$$2E\{[X-E(X)][Y-E(Y)]\}=2E[X-E(X)]E[Y-E(Y)]=0,$$

因此有 $D(X\pm Y)=D(X)+D(Y)$.

此性质可以推广到任意有限个相互独立的随机变量之和的情况.

4.2.3 常用分布的期望和方差

例 4.2.4 设随机变量 X 具有(0-1)分布,分布律为 $P\{X=0\}=1-p, P\{X=1\}=p$,求 $E(X),D(X)$.

解 因为 $E(X)=0\times(1-p)+1\times p=p, E(X^2)=0^2\times(1-p)+1^2\times p=p$,有

$$D(X)=E(X^2)-E^2(X)=p-p^2=p(1-p).$$

例 4.2.5 设 $X_1,X_2,\cdots,X_n$ 相互独立,且服从(0-1)分布,分布律为

$$P\{X_i=0\}=1-p,\quad P\{X_i=1\}=p,\quad i=1,2,\cdots,n.$$

证明 $X=X_1+X_2+\cdots+X_n$ 服从参数为 n,p 的二项分布,并求 $E(X),D(X)$.

解 由题意有,X 可能取的值为 $0,1,2,\cdots,n$. 由独立性知

$$P\{X=k\}=C_n^k p^k(1-p)^{n-k},\quad 0\leqslant k\leqslant n,$$

所以 X 服从参数为 n,p 的二项分布.

由例 4.2.4 知 $E(X_i)=p,D(X_i)=p(1-p),i=1,2,\cdots,n$. 所以

$$E(X)=E\left(\sum_{i=1}^n X_i\right)=\sum_{i=1}^n E(X_i)=np.$$

又由于 $X_1,X_2,\cdots,X_n$ 相互独立,得

$$D(X)=D\left(\sum_{i=1}^n X_i\right)=\sum_{i=1}^n D(X_i)=np(1-p),$$

即 $E(X)=np,D(X)=np(1-p)$.

例 4.2.6 设 X 服从参数为 λ 的泊松分布,其分布律为

$$P\{X=k\}=\frac{\lambda^k e^{-\lambda}}{k!},\quad k=0,1,2,\cdots;\lambda>0.$$

求 $E(X),D(X)$.

解 由定义

$$E(X) = \sum_{k=0}^{\infty} k \frac{\lambda^k e^{-\lambda}}{k!} = \lambda e^{-\lambda} \sum_{k=1}^{\infty} \frac{\lambda^{k-1}}{(k-1)!} = \lambda e^{-\lambda} \cdot e^{\lambda} = \lambda,$$

并且

$$E(X^2) = E[X(X-1) + X] = E[X(X-1)] + E(X) = \sum_{k=0}^{\infty} k(k-1) \frac{\lambda^k e^{-\lambda}}{k!} + \lambda$$

$$= \lambda^2 + \lambda,$$

所以 X 的方差为 $D(X) = E(X^2) - E^2(X) = \lambda$.

由此可见,对于服从泊松分布的随机变量,它的数学期望和方差相等,都为参数 λ. 因为泊松分布只含一个参数 λ,所以只要知道它的数学期望或方差就能完全确定它的分布了.

例 4.2.7 设 X 在区间 (a,b) 上服从均匀分布,其概率密度为

$$f(x) = \begin{cases} \dfrac{1}{b-a}, & a < x < b, \\ 0, & \text{其他}. \end{cases}$$

求 $E(X), D(X)$.

解 X 的数学期望为

$$E(X) = \int_a^b x \frac{1}{b-a} dx = \frac{a+b}{2},$$

即数学期望为区间的中点. 其方差为

$$D(X) = E(X^2) - E^2(X) = \int_a^b x^2 \frac{1}{b-a} dx - \left(\frac{a+b}{2}\right)^2 = \frac{(b-a)^2}{12}.$$

例 4.2.8 设随机变量 X 服从指数分布,其概率密度为

$$f(x) = \begin{cases} \dfrac{1}{\theta} e^{-\frac{x}{\theta}}, & x > 0, \\ 0, & x \leqslant 0, \end{cases}$$

其中 $\theta > 0$, 求 $E(X), D(X)$.

解 X 的数学期望为

$$E(X) = \int_{-\infty}^{+\infty} x f(x) dx = \int_0^{+\infty} x \frac{1}{\theta} e^{-\frac{x}{\theta}} dx$$

$$= -x e^{-\frac{x}{\theta}} \Big|_0^{+\infty} + \int_0^{+\infty} e^{-\frac{x}{\theta}} dx = \theta,$$

$$E(X^2) = \int_{-\infty}^{+\infty} x^2 f(x) dx = \int_0^{+\infty} x^2 \frac{1}{\theta} e^{-\frac{x}{\theta}} dx = -x^2 e^{-\frac{x}{\theta}} \Big|_0^{+\infty} + \int_0^{+\infty} 2x e^{-\frac{x}{\theta}} dx = 2\theta^2,$$

于是

$$D(X) = E(X^2) - E^2(X) = 2\theta^2 - \theta^2 = \theta^2,$$

即有

$$E(X) = \theta, \quad D(X) = \theta^2.$$

例 4.2.9 设 X 服从参数为 μ,σ 的正态分布,其概率密度为
$$f(x) = \frac{1}{\sqrt{2\pi}\sigma}\mathrm{e}^{-\frac{(x-\mu)^2}{2\sigma^2}}, \quad \sigma>0, x\in\mathbf{R}.$$
求 $E(X), D(X)$.

解 由定义,X 的数学期望为
$$E(X) = \int_{-\infty}^{+\infty} x \frac{1}{\sqrt{2\pi}\sigma}\mathrm{e}^{-\frac{(x-\mu)^2}{2\sigma^2}}\mathrm{d}x$$
$$\xlongequal{\frac{x-\mu}{\sigma}=t} \frac{1}{\sqrt{2\pi}}\int_{-\infty}^{+\infty}(\sigma t+\mu)\mathrm{e}^{-\frac{t^2}{2}}\mathrm{d}t$$
$$= \frac{\mu}{\sqrt{2\pi}}\int_{-\infty}^{+\infty}\mathrm{e}^{-\frac{t^2}{2}}\mathrm{d}t$$
$$= \frac{\mu}{\sqrt{2\pi}} \cdot \sqrt{2\pi} = \mu.$$

X 的方差为
$$D(X) = E\{[X-E(X)]^2\} = E\{[X-\mu]^2\}$$
$$= \int_{-\infty}^{+\infty}(x-\mu)^2\frac{1}{\sqrt{2\pi}\sigma}\mathrm{e}^{-\frac{(x-\mu)^2}{2\sigma^2}}\mathrm{d}x$$
$$\xlongequal{\frac{x-\mu}{\sigma}=t} \frac{\sigma^2}{\sqrt{2\pi}}\int_{-\infty}^{+\infty}t^2\mathrm{e}^{-\frac{t^2}{2}}\mathrm{d}t$$
$$= \frac{\sigma^2}{\sqrt{2\pi}}\left(-t\mathrm{e}^{-\frac{t^2}{2}}\Big|_{-\infty}^{+\infty} + \int_{-\infty}^{+\infty}\mathrm{e}^{-\frac{t^2}{2}}\mathrm{d}t\right)$$
$$= 0 + \frac{\sigma^2}{\sqrt{2\pi}} \cdot \sqrt{2\pi} = \sigma^2.$$

这就是说,正态随机变量的概率密度中的两个参数 μ,σ 分别是该随机变量的数学期望和方差,所以正态随机变量的分布完全可以由它的数学期望和方差来确定.

4.3 协方差、相关系数及矩

对于二维随机变量 (X,Y),我们除了讨论 X,Y 的数学期望和方差以外,还需讨论 X,Y 之间相互关系的数字特征——协方差和相关系数.

4.3.1 协方差及其性质

定义 4.3.1 量 $E\{[X-E(X)][Y-E(Y)]\}$ 称为随机变量 X,Y 的协方差. 记为 $\mathrm{Cov}(X,Y)$,即

$$\text{Cov}(X,Y) = E\{[X-E(X)][Y-E(Y)]\}. \tag{4-3-1}$$

由协方差的定义可知,协方差是随机变量 X,Y 的函数的数学期望,于是当 (X,Y) 为离散型随机变量时,其分布列为 $P\{X=x_i, Y=y_j\}=p_{ij}(i,j=1,2,\cdots)$,则

$$\text{Cov}(X,Y) = \sum_i \sum_j (x_i - E(X))(y_j - E(Y))p_{ij};$$

当 (X,Y) 为连续型随机变量时,其概率密度为 $f(x,y)$,则

$$\text{Cov}(X,Y) = \int_{-\infty}^{+\infty}\int_{-\infty}^{+\infty} (x-E(X))(y-E(Y))f(x,y)\mathrm{d}x\mathrm{d}y.$$

显然,按照上述关于随机变量 X,Y 函数的数学期望计算仍较繁琐。此外,利用数学期望的性质,易将协方差的计算化简为

$$\text{Cov}(X,Y) = E(XY) - E(X)E(Y). \tag{4-3-2}$$

证 $\text{Cov}(X,Y) = E\{[X-E(X)][Y-E(Y)]\}$
$= E(XY - E(X)Y - E(Y)X + E(X)E(Y))$
$= E(XY) - E(X)E(Y) - E(X)E(Y) + E(X)E(Y)$
$= E(XY) - E(X)E(Y).$

当取 $X=Y$ 时,有 $\text{Cov}(X,Y)=D(X)$.

由协方差的定义,可得协方差的基本性质:

(1) $\text{Cov}(X,Y)=\text{Cov}(Y,X)$.

(2) $\text{Cov}(aX,bY)=ab\text{Cov}(Y,X)$, a,b 为常数.

(3) $\text{Cov}(X_1+X_2,Y)=\text{Cov}(X_1,Y)+\text{Cov}(X_2,Y)$.

(4) 若 X,Y 相互独立,则 $\text{Cov}(X,Y)=0$.

(5) $D(X\pm Y)=D(X)+D(Y)\pm 2\text{Cov}(X,Y)$.

4.3.2 相关系数及其性质

定义 4.3.2 称 $\rho_{XY} = \dfrac{\text{Cov}(X,Y)}{\sigma(X)\sigma(Y)} = \dfrac{\text{Cov}(X,Y)}{\sqrt{D(X)}\sqrt{D(Y)}}$ 为随机变量 X,Y 的**相关系数**.

设 $X^0 = \dfrac{X-E(X)}{\sigma(X)}$, $Y^0 = \dfrac{Y-E(Y)}{\sigma(Y)}$, 分别称为 X,Y 的标准化随机变量. 由定义 4.3.2 可得

$$\text{Cov}(X^0,Y^0) = E(X^0 Y^0) = E\left[\left(\frac{X-E(X)}{\sigma(X)}\right)\left(\frac{Y-E(Y)}{\sigma(Y)}\right)\right] = \frac{\text{Cov}(X,Y)}{\sigma(X)\sigma(Y)} = \rho_{XY}.$$

当 $\rho_{XY}=0$ 时,称随机变量 X,Y **不相关**,显然 $\rho_{XY}=0 \Leftrightarrow \text{Cov}(X,Y)$.

由相关系数的定义,可得相关系数如下的性质.

(1) $|\rho_{XY}|\leqslant 1$;

(2) 当且仅当 X,Y 存在线性关系,即 $Y=a+bY(b\neq 0)$ 时, $|\rho_{XY}|=1$,且

$$\rho_{XY} = \begin{cases} 1, & b>0, \\ -1, & b<0. \end{cases}$$

(3) 若 X,Y 相互独立，则 $\rho_{XY}=0$，即 X,Y 不相关；反之不成立.

例 4.3.1 设二维随机变量在圆域 $G: x^2+y^2\leqslant R^2$ 上服从均匀分布.
(1) 证明 X,Y 不独立；
(2) 求 $\operatorname{Cov}(X,Y)$.

解 (1) 由题意得 (X,Y) 的概率密度为

$$f(x,y)=\begin{cases}1/\pi R^2,&x^2+y^2\leqslant R^2,\\0,&\text{其他}.\end{cases}$$

关于 X 的边缘概率密度为

$$f_X(x)=\int_{-\infty}^{+\infty}f(x,y)\mathrm{d}y=\begin{cases}\int_{-\sqrt{R^2-x^2}}^{\sqrt{R^2-x^2}}\mathrm{d}y\Big/\pi R^2=\dfrac{2\sqrt{R^2-x^2}}{\pi R^2},&|x|\leqslant R,\\0,&\text{其他}.\end{cases}$$

同理，关于 Y 的边缘概率密度为

$$f_Y(y)=\begin{cases}\dfrac{2\sqrt{R^2-y^2}}{\pi R^2},&|y|\leqslant R,\\0,&\text{其他}.\end{cases}$$

显然，当 $x^2+y^2\leqslant R^2$ 时，$f(x,y)\neq f_X(x)f_Y(y)$，从而 X,Y 不独立.

(2) 因为

$$E(X)=\int_{-\infty}^{+\infty}\int_{-\infty}^{+\infty}xf(x,y)\mathrm{d}x\mathrm{d}y=\frac{1}{\pi R^2}\iint_{x^2+y^2\leqslant R^2}x\mathrm{d}x\mathrm{d}y=0,$$

同理，

$$E(Y)=\int_{-\infty}^{+\infty}\int_{-\infty}^{+\infty}yf(x,y)\mathrm{d}x\mathrm{d}y=0,$$

于是有

$$E(XY)=\int_{-\infty}^{+\infty}\int_{-\infty}^{+\infty}xyf(x,y)\mathrm{d}x\mathrm{d}y=\frac{1}{\pi R^2}\iint_{x^2+y^2\leqslant R^2}xy\mathrm{d}x\mathrm{d}y=0,$$

因而

$$\operatorname{Cov}(X,Y)=E(XY)-E(X)E(Y)=0,$$

即

$$E(XY)=E(X)E(Y).$$

结论 (1) 当 X,Y 不独立时，X,Y 可以不相关；
(2) 当 X,Y 不相关时，有 $E(XY)=E(X)E(Y)$.

例 4.3.2 设 (X,Y) 服从二维正态分布，其概率密度为

$$f(x,y)=\frac{1}{2\pi\sigma_1\sigma_2\sqrt{1-\rho^2}}\exp\left\{\frac{-1}{2(1-\rho^2)}\left[\frac{(x-\mu_1)^2}{\sigma_1^2}\right.\right.$$
$$\left.\left.-2\rho\frac{(x-\mu_1)(y-\mu_2)}{\sigma_1\sigma_2}+\frac{(y-\mu_2)^2}{\sigma_2^2}\right]\right\},$$

试求 X 和 Y 的相关系数.

解 在第 2 章里我们已经知道 (X,Y) 的边缘密度为

$$f_X(x) = \frac{1}{\sqrt{2\pi}\sigma_1} e^{-\frac{(x-\mu_1)^2}{2\sigma_1^2}}, \quad -\infty < x < +\infty,$$

$$f_Y(y) = \frac{1}{\sqrt{2\pi}\sigma_2} e^{-\frac{(y-\mu_2)^2}{2\sigma_2^2}}, \quad -\infty < y < +\infty.$$

故知 $E(X)=\mu_1, E(Y)=\mu_2, D(X)=\sigma_1^2, D(Y)=\sigma_2^2$,而

$$\begin{aligned}
\mathrm{Cov}(X,Y) &= \int_{-\infty}^{+\infty}\int_{-\infty}^{+\infty}(x-\mu_1)(y-\mu_2)f(x,y)\mathrm{d}x\mathrm{d}y \\
&= \frac{1}{2\pi\sigma_1\sigma_2\sqrt{1-\rho^2}}\int_{-\infty}^{+\infty}\int_{-\infty}^{+\infty}(x-\mu_1)(y-\mu_2) \\
&\quad \cdot \exp\left\{\frac{-1}{2(1-\rho^2)}\left[\frac{(x-\mu_1)^2}{\sigma_1^2}-2\rho\frac{(x-\mu_1)(y-\mu_2)}{\sigma_1\sigma_2}+\frac{(y-\mu_2)^2}{\sigma_2^2}\right]\right\}\mathrm{d}x\mathrm{d}y.
\end{aligned}$$

令 $t = \frac{1}{\sqrt{1-\rho^2}}\left(\frac{y-\mu_2}{\sigma_2}-\rho\frac{x-\mu_1}{\sigma_1}\right), \mu = \frac{x-\mu_1}{\sigma_1}$,则有

$$\begin{aligned}
\mathrm{Cov}(X,Y) &= \frac{1}{2\pi}\int_{-\infty}^{+\infty}\int_{-\infty}^{+\infty}\sigma_1\sigma_2\sqrt{1-\rho^2}\,t\mu + \rho\sigma_1\sigma_2\mu^2\,\mathrm{e}^{-(\mu^2+t^2)/2}\mathrm{d}t\mathrm{d}\mu \\
&= \frac{\rho\sigma_1\sigma_2}{2\pi}\int_{-\infty}^{+\infty}\mu^2\mathrm{e}^{-\mu^2/2}\mathrm{d}\mu\int_{-\infty}^{+\infty}\mathrm{e}^{-t^2/2}\mathrm{d}t + \frac{\sigma_1\sigma_2\sqrt{1-\rho^2}}{2\pi}\int_{-\infty}^{+\infty}\mu\mathrm{e}^{-\mu^2/2}\mathrm{d}\mu\int_{-\infty}^{+\infty}t\mathrm{e}^{-t^2/2}\mathrm{d}t \\
&= \frac{\rho\sigma_1\sigma_2}{2\pi}\sqrt{2\pi}\sqrt{2\pi} = \rho\sigma_1\sigma_2.
\end{aligned}$$

于是 $\rho_{XY} = \dfrac{\mathrm{Cov}(X,Y)}{\sqrt{D(X)}\sqrt{D(Y)}} = \rho.$

这就是说,二维正态随机变量 (X,Y) 的概率密度函数中的参数 ρ 就是 X 和 Y 的相关系数,因而二维正态随机变量的分布完全可由 X,Y 各自的数学期望、方差以及它们的相关系数所确定.

由例 4.3.2 知,当 (X,Y) 服从二维正态分布时,X 和 Y 不相关和相互独立是等价的.

4.3.3 矩的概念

定义 4.3.3 设 X,Y 是两个随机变量,k,l 是两个正整数,则 $E(X^k)$ 称为随机变量 X 的 k 阶原点矩,记为 $\nu_k = E(X^k)$;$E[(X-E(X))^k]$ 称为随机变量 X 的 k 阶中心矩,记为 $\mu_k = E[(X-E(X))^k]$;$E(X^k Y^l)$ 称为随机变量 X 与随机变量 Y 的 $k+l$ 阶混合原点矩;$E\{[(X-E(X))^k][(Y-E(Y))^l]\}$ 称为随机变量 X 与随机变量 Y 的 $k+l$ 阶混合中心矩.

显然,$E(X)$ 是随机变量 X 的一阶原点矩,$D(X)$ 是随机变量 X 的二阶中心矩,

$\mathrm{Cov}(X,Y)$ 是随机变量 X 与 Y 的二阶混合中心矩.

若 X 为离散型随机变量,其分布列为 $P\{X=x_i\}=p_i(i=1,2,\cdots)$,则

$$\nu_k = \sum_i x_i^k p_i, \quad \mu_k = \sum_i (x_i - E(X))^k p_i.$$

当 X 为连续型随机变量,其概率密度为 $f(x)$,则

$$\nu_k = \int_{-\infty}^{+\infty} x^k f(x) \mathrm{d}x, \quad \mu_k = \int_{-\infty}^{+\infty} (x - E(X))^k f(x) \mathrm{d}x.$$

显然,随机变量 X 的一阶中心矩恒等于零,即 $\mu_1 = 0$.

随机变量 X 的中心矩可以用原点矩表示:

$$\mu_k = \sum_{i=0}^{k} C_k^i (-1)^{k-i} \nu_i \nu_1^{k-i}, \quad \nu_0 = 1.$$

对于 n 维正态随机变量,具有如下重要性质(证明略):

(1) n 维正态随机变量 $(X_1, X_2, \cdots, X_n)$ 的每一个分量 $X_i, i=1,2,\cdots,n$ 都是正态变量;反之,若 $X_1, X_2, \cdots, X_n$ 都是正态变量,且相互独立,则 $(X_1, X_2, \cdots, X_n)$ 是 n 维正态变量.

(2) n 维随机变量 $(X_1, X_2, \cdots, X_n)$ 服从 n 维正态分布的充要条件是 $X_1, X_2, \cdots, X_n$ 的任意线性组合:$l_1 X_1 + l_2 X_2 + \cdots + l_n X_n$ 服从一维正态分布(其中 $l_1, l_2, \cdots, l_n$ 不全为零).

(3) 若 $(X_1, X_2, \cdots, X_n)$ 服从 n 维正态分布,设 $Y_1, Y_2, \cdots, Y_n$ 是 $X_j(j=1,2,\cdots,n)$ 的线性函数,则 $(Y_1, Y_2, \cdots, Y_n)$ 也服从多维正态分布.这一性质称为正态变量的线性变换不变性.

(4) 设 $(X_1, X_2, \cdots, X_n)$ 服从 n 维正态分布,则"$X_1, X_2, \cdots, X_n$ 相互独立"与"$X_1, X_2, \cdots, X_n$ 两两不相关"是等价的.

4.4 大数定律与中心极限定理

概率论与数理统计是研究随机现象统计规律的学科,而随机现象的统计规律性是在相同条件下进行大量重复试验时呈现出来的.本节正是从极限的角度将大量的试验次数推广到无穷,来探讨无穷多个相互独立的随机变量和的取值及分布的规律,即大数定律和中心极限定理.下面就一些最基本的内容进行简单的介绍.

在引入大数定律之前,我们先给出一个重要的不等式——切比雪夫不等式.

4.4.1 切比雪夫不等式

若随机变量 X 的期望和方差存在,则对任意 $\varepsilon > 0$,有

$$P\{|X - E(X)| \geq \varepsilon\} \leq \frac{D(X)}{\varepsilon^2}, \tag{4-4-1}$$

这就是著名的切比雪夫(Chebyshev)不等式.

切比雪夫不等式有以下等价的形式:

$$P\{|X-E(X)|<\varepsilon\} \geqslant 1-\frac{D(X)}{\varepsilon^2}. \qquad (4-4-2)$$

证 只证明连续型随机变量的情形.设 X 的概率密度函数为 $p(x)$,则有

$$P(|X-\mu| \geqslant \varepsilon) = \int_{|x-\mu| \geqslant \varepsilon} p(x)\mathrm{d}x \leqslant \int_{|x-\mu| \geqslant \varepsilon} \frac{(x-\mu)^2}{\varepsilon^2} p(x)\mathrm{d}x$$

$$\leqslant \frac{1}{\varepsilon^2} \int_{-\infty}^{+\infty} [x-E(x)]^2 p(x)\mathrm{d}x = \frac{D(X)}{\varepsilon^2} = \frac{\sigma^2}{\varepsilon^2},$$

即 $P(|X-\mu|<\varepsilon) \geqslant 1-\frac{\sigma^2}{\varepsilon^2}$.

用切比雪夫不等式可以在 X 分布未知的情况下,估计 $P\{|X-E(X)|<\varepsilon\}$,但是给出的估计相当"粗糙",因此切比雪夫不等式主要用于定性的研究或证明.

例 4.4.1 已知正常男性成人血液中,每一毫升白细胞数平均是 7 300,均方差是 700.利用切比雪夫不等式估计每毫升白细胞数在 5 200~9 400 之间的概率.

解 设每毫升白细胞数为 X,根据题意 $\mu=7\,300, \sigma=700$,所求概率为

$$P\{5\,200 \leqslant X \leqslant 9\,400\} = P\{-2\,100 \leqslant X-7\,300 \leqslant 2\,100\}$$
$$= P\{|X-7\,300| \leqslant 2\,100\}.$$

由切比雪夫不等式,有

$$P\{|X-7\,300| \leqslant 2\,100\} \geqslant 1-\left(\frac{700}{2\,100}\right)^2 = \frac{8}{9},$$

即估计每毫升白细胞数在 5 200~9 400 之间的概率不小于 $\frac{8}{9}$.

4.4.2 大数定律

定理 4.4.1(切比雪夫定理的特殊情形) 设随机变量 $X_1, X_2, \cdots, X_n, \cdots$ 相互独立,且具有相同的数学期望和方差:$E(X_i)=\mu, D(X_i)=\sigma^2 (i=1,2,\cdots)$.令前 n 个随机变量的算术平均值为 $\overline{X} = \frac{1}{n}\sum_{i=1}^{n} X_i$,则对任意的正数 ε,有

$$\lim_{n \to \infty} P\{|\overline{X}-\mu|<\varepsilon\} = \lim_{n \to \infty} P\left\{\left|\frac{1}{n}\sum_{i=1}^{n} X_i - \mu\right| < \varepsilon\right\} = 1 \qquad (4-4-3)$$

或者

$$\lim_{n \to \infty} P\{|\overline{X}-\mu| \geqslant \varepsilon\} = \lim_{n \to \infty} P\left\{\left|\frac{1}{n}\sum_{i=1}^{n} X_i - \mu\right| \geqslant \varepsilon\right\} = 0. \qquad (4-4-4)$$

定理 4.4.1 表明,当 n 很大时,随机变量 $X_1, X_2, \cdots, X_n$ 的算术平均值 $\frac{1}{n}\sum_{i=1}^{n} X_i$ 依

概率收敛于数学期望 μ.

设随机变量序列 $Y_1, Y_2, \cdots, Y_n, \cdots, a$ 是一个常数,若对于任意的正数 ε,有
$$\lim_{n \to \infty} P\{|Y_n - a| < \varepsilon\} = 1,$$
则称序列 $Y_1, Y_2, \cdots, Y_n, \cdots$ 依概率收敛于 a,记为 $Y_n \xrightarrow{P} a$.

因此,定理 4.4.1 也可以叙述如下:设随机变量 $X_1, X_2, \cdots, X_n, \cdots$ 相互独立,且具有相同的数学期望和方差:$E(X_i) = \mu, D(X_i) = \sigma^2 (i = 1, 2, \cdots)$,则前 n 个随机变量的算术平均值 $\overline{X} = \frac{1}{n} \sum_{i=1}^{n} X_i$ 依概率收敛于 μ,即 $\frac{1}{n} \sum_{i=1}^{n} X_i \xrightarrow{P} \mu$.

定理 4.4.2(伯努利大数定律) 设 n_A 是 n 次独立重复试验中事件 A 发生的次数,p 是事件 A 在每次试验中发生的概率,则对任意的正数 ε,有
$$\lim_{n \to \infty} P\left\{\left|\frac{n_A}{n} - p\right| < \varepsilon\right\} = 1 \tag{4-4-5}$$
或者
$$\lim_{n \to \infty} P\left\{\left|\frac{n_A}{n} - p\right| \geqslant \varepsilon\right\} = 0. \tag{4-4-6}$$

定理 4.4.2 表明,事件 A 发生的频率 $\frac{n_A}{n}$ 依概率收敛于事件 A 发生的概率 p. 此定理以严格的数学形式表达了频率的稳定性,即当 n 很大时,事件发生的频率与概率偏差很大的可能性很小. 在实际应用中,当试验次数很大时,便可用事件发生的频率来代替事件发生的概率.

定理 4.4.3(辛钦大数定律) 设随机变量 $X_1, X_2, \cdots, X_n, \cdots$ 相互独立,服从同一分布,且具有相同的数学期望 $E(X_i) = \mu (i = 1, 2, \cdots)$. 令前 n 个随机变量的算术平均值为 $\overline{X} = \frac{1}{n} \sum_{i=1}^{n} X_i$,则对任意的正数 ε,有
$$\lim_{n \to \infty} P\{|\overline{X} - \mu| < \varepsilon\} = \lim_{n \to \infty} P\left\{\left|\frac{1}{n} \sum_{i=1}^{n} X_i - \mu\right| < \varepsilon\right\} = 1 \tag{4-4-7}$$
或者
$$\lim_{n \to \infty} P\{|\overline{X} - \mu| \geqslant \varepsilon\} = \lim_{n \to \infty} P\left\{\left|\frac{1}{n} \sum_{i=1}^{n} X_i - \mu\right| \geqslant \varepsilon\right\} = 0. \tag{4-4-8}$$

定理 4.4.1 中要求随机变量 $X_1, X_2, \cdots, X_n, \cdots$ 的方差存在,定理 4.4.3 表明当这些随机变量服从相同的分布时,并不需要这一要求.

4.4.3 中心极限定理

4.4.2 节我们讨论了独立随机变量和的极限问题,本节我们来讨论独立随机变量和的极限的分布问题.

中心极限定理在很一般的条件下证明了无论随机变量 $X_i(i=1,2,\cdots)$ 服从什么分布,当 $n\to\infty$ 时,n 个随机变量的和 $\sum\limits_{i=1}^{\infty}X_i$ 的极限分布是正态分布.利用这个结论,许多复杂随机变量的分布可以用正态分布近似.现介绍几个常用的中心极限定理.

定理 4.4.4(独立同分布的中心极限定理) 设随机变量 $X_1,X_2,\cdots,X_n,\cdots$ 相互独立,服从同一分布,且具有相同的数学期望和方差:$E(X_i)=\mu,D(X_i)=\sigma^2>0(i=1,2,\cdots)$,则前 n 个随机变量之和 $\sum\limits_{i=1}^{\infty}X_i$ 的标准化变量

$$Y_n=\frac{\sum\limits_{i=1}^{n}X_i-E\left(\sum\limits_{i=1}^{\infty}X_i\right)}{\sqrt{D\left(\sum\limits_{i=1}^{\infty}X_i\right)}}=\frac{\sum\limits_{i=1}^{n}X_i-n\mu}{\sqrt{n}\sigma}$$

的分布函数 $F_n(x)$ 对于任意的 x 满足

$$\lim_{n\to\infty}F_n(x)=\lim_{n\to\infty}P\left\{\frac{\sum\limits_{i=1}^{\infty}X_i-n\mu}{\sqrt{n}\sigma}\leqslant x\right\}=\int_{-\infty}^{x}\frac{1}{\sqrt{2\pi}}\mathrm{e}^{-\frac{t^2}{2}}\mathrm{d}t=\Phi(x). \quad (4\text{-}4\text{-}9)$$

定理 4.4.4 说明:均值为 μ,方差为 $\sigma^2>0$ 的独立同分布的随机变量 $X_1,X_2,\cdots,X_n$ 之和 $\sum\limits_{i=1}^{\infty}X_i$ 的标准化变量,当 n 充分大时有

$$\frac{\sum\limits_{i=1}^{\infty}X_i-n\mu}{\sqrt{n}\sigma}\overset{\text{近似}}{\sim}N(0,1). \quad (4\text{-}4\text{-}10)$$

一般情况下很难求出 n 个随机变量之和 $\sum\limits_{i=1}^{\infty}X_i$ 的分布函数,(4-4-10) 式表明,当 n 充分大时,可以通过 $\Phi(x)$ 给出其近似的分布.

将 (4-4-10) 式左端改写成 $\dfrac{\dfrac{1}{n}\sum\limits_{i=1}^{\infty}X_i-\mu}{\sigma/\sqrt{n}}=\dfrac{\overline{X}-\mu}{\sigma/\sqrt{n}}$,这样上述结果可写成:当 n 充分大时,

$$\frac{\overline{X}-\mu}{\sigma/\sqrt{n}}\overset{\text{近似}}{\sim}N(0,1) \quad \text{或} \quad \overline{X}\overset{\text{近似}}{\sim}N(\mu,\sigma^2/n). \quad (4\text{-}4\text{-}11)$$

定理 4.4.5(李雅普诺夫定理) 设随机变量 $X_1,X_2,\cdots,X_n,\cdots$ 相互独立,服从同一分布,且具有数学期望和方差:$E(X_i)=\mu,D(X_i)=\sigma^2>0(i=1,2,\cdots)$,记

$$B_n^2=\sum_{i=1}^{n}\sigma_i^2,$$

若存在正数 δ,使得当 $n\to\infty$ 时,

$$\frac{1}{B_n^{2+\delta}} \sum_{i=1}^{n} E\{|X_i - \mu_k|^{2+\delta}\} \to 0,$$

则前 n 个随机变量的和 $\sum_{i=1}^{n} X_i$ 的标准化变量

$$Z_n = \frac{\sum_{i=1}^{\infty} X_i - E\left(\sum_{i=1}^{\infty} X_i\right)}{\sqrt{D\left(\sum_{i=1}^{\infty} X_i\right)}} = \frac{\sum_{i=1}^{\infty} X_i - \sum_{i=1}^{\infty} \mu_i}{B_n}$$

的分布函数 $F_n(x)$ 对于任意的 x 满足

$$\lim_{n\to\infty} F_n(x) = \lim_{n\to\infty} P\left\{\frac{\sum_{i=1}^{\infty} X_i - \sum_{i=1}^{\infty} \mu_i}{B_n} \leqslant x\right\} = \int_{-\infty}^{x} \frac{1}{\sqrt{2\pi}} e^{-\frac{t^2}{2}} dt = \Phi(x). \quad (4\text{-}4\text{-}12)$$

下面介绍的定理是定理 4.4.4 的特殊情况.

定理 4.4.6（棣莫弗-拉普拉斯定理） 设随机变量 $\eta_n(n=1,2,\cdots)$ 服从参数为 n, $p(0<p<1)$ 的二项分布,则对任意的 x 有

$$\lim_{n\to\infty} P\left\{\frac{\eta_n - np}{\sqrt{np(1-p)}} \leqslant x\right\} = \int_{-\infty}^{x} \frac{1}{\sqrt{2\pi}} e^{-\frac{t^2}{2}} dt = \Phi(x), \quad (4\text{-}4\text{-}13)$$

即正态分布是二项分布的极限分布.

例 4.4.2 一信息接收终端同时收到 20 个噪声电压 $V_k(k=1,2,\cdots,20)$,设它们是相互独立的随机变量,且都在区间 $[0,10]$ 上服从均匀分布. 记 $V = \sum_{k=1}^{20} V_k$,求 $P\{V > 105\}$ 的近似值.

解 易知 $E(V_k)=5$, $D(V_k)=100/12$ $(k=1,2,\cdots,20)$,由定理 4.4.4 可知,随机变量

$$Z = \frac{\sum_{k=1}^{20} V_k - 20 \times 5}{\sqrt{100/12}\sqrt{20}} = \frac{V-100}{\sqrt{25/3}\sqrt{20}}$$

近似地服从 $N(0,1)$,于是

$$P\{V > 105\} = P\left\{\frac{V-100}{\sqrt{25/3}\sqrt{20}} > \frac{105-100}{\sqrt{25/3}\sqrt{20}}\right\}$$

$$= 1 - P\left\{\frac{V-100}{\sqrt{25/3}\sqrt{20}} \leqslant 0.387\right\}$$

$$\approx 1 - \Phi(0.387) = 0.348.$$

例 4.4.3 某保险公司的老年福利保险有 1 万人参加,每人年交 200 元,若老人在该年内死亡,公司付给家属 1.2 万元,设老年人死亡率为 0.015,试求保险公司在

一年的这项保险中亏本的概率.

解 设 X 表示一年中投保老人的死亡数,则 $X \sim N(10\,000, 0.015)$. 所以有 $np=150, npq=147.75$, 保险公司亏本的概率为

$$P\{12\,000X > 10\,000 \times 200\} = P\{X > 166.7\}$$
$$= P\left\{\frac{X-150}{\sqrt{147.75}} > \frac{166.7-150}{\sqrt{147.75}}\right\}$$
$$= P\left\{\frac{X-150}{\sqrt{147.75}} > 1.3739\right\}$$
$$\approx 1 - \Phi(1.3739)$$
$$= 1 - 0.9147$$
$$= 0.0853.$$

4.5 应用案例与试验

4.5.1 风险决策问题

人们在处理一个问题时,往往面临若干种自然状况,存在几种方案可供选择,这就构成了决策.自然状态是客观存在的不可控因素,供选择的行动方案叫做策略,这是可控因素,选择哪种方案由决策者确定.依据概率的决策称为风险型决策.

问题提出 某捕鱼队面临下个星期是否出海捕鱼的选择,如果出海遇到好天气,则可以得到 5 000 元的收益;如果出海后天气变坏,则将损失 2 000 元;如果不出海,则无论天气如何,都要承担 1 000 元的损失费.已知下个星期天气好的概率为 0.6,天气坏的概率为 0.4, 应该如何选择最佳方案?

分析建模 称出海方案为 B 方案,不出海方案为 C 方案,记 X_B, X_C 分别为方案的效益值,则均值 $E(X_B)$ 和 $E(X_C)$ 有

$$E(X_B) = 5\,000 \times 0.6 + (-2\,000) \times 0.4 = 2\,200(元),$$
$$E(X_C) = -1\,000(元).$$

所以出海捕鱼是最佳方案,其效益期望值为 2 200 元.

由于两种天气状态出现的概率是预测值,因此两方案的平均效益是估计值,选定方案 B 必定要承受一定风险.我们还需要考虑数据的变动对方案选择的影响,换言之,需讨论最佳方案的稳定性.

模型求解与分析

首先变动天气状态出现的概率,设出现好天气的概率为 0.8, 出现坏天气的概率为 0.2, 比较决策方案,有

$$E(X_B) = 5\,000 \times 0.8 + (-2\,000) \times 0.2 = 36\,000(元),$$

$$E(X_C) = -1\,000(元).$$

所以,出海为最佳方案.

现在,我们关心在什么条件下,两个决策方案有相同的平均效益值. 设出现好天气的概率为 a,出现坏天气的概率为 $1-a$,令

$$5\,000 \times a + (-2\,000) \times (1-a) = (-1\,000) \times a + (-1\,000) \times (1-a),$$

解得 $a = \dfrac{1}{7}$,即当出现好天气的概率大于 $1/7$ 时,出海是最佳方案,否则不出海是最佳方案. 当 $a = \dfrac{1}{7}$ 时,两方案具有相同的平均效益值.

类似地,我们还可以对出海效益的不同估计值,分析最佳方案的稳定性.

4.5.2 报童问题

问题 一位报童每天从邮局购进报纸零售,当天卖不出的报纸则退回邮局. 报纸每份售出价为 a,购买进价为 b,退回价为 c,有 $a > b > c$. 由于退回报纸份数过多会赔本,报童应如何确定购进报纸份数?

分析与建模 报童每天的报纸销售量 r 是随机变量,其分布律为 $p(r), r = 0, 1, 2, \cdots$. 假设他每天购进 n 份报纸,获得的利润为

$$L = L(r) = \begin{cases} (a-b)r - (b-c)(n-r), & r \leqslant n, \\ (a-b)n, & r > n. \end{cases}$$

平均利润为

$$G(n) = \sum_{r=0}^{n}[(a-b)r - (b-c)(n-r)]p(r) + \sum_{r=n+1}^{\infty}(a-b)np(r).$$

现求 n 使 $G(n)$ 达最大.

模型求解与结论分析 通常销售量 r 的取值和购进量 n 都相当大,为便于分析,将 r 和 n 视为连续变量,将 $p(r)$ 视为概率密度 $f(r)$,上式改写为

$$G(n) = \int_{0}^{n}[(a-b)r - (b-c)(n-r)]f(r)\mathrm{d}r + \int_{n}^{+\infty}(a-b)nf(r)\mathrm{d}r.$$

令

$$\begin{aligned}\frac{\mathrm{d}G}{\mathrm{d}n} &= (a-b)nf(n) - \int_{0}^{n}(b-c)f(r)\mathrm{d}r - (a-b)nf(n) + \int_{n}^{+\infty}(a-b)f(r)\mathrm{d}r \\ &= -(b-c)\int_{0}^{n}f(r)\mathrm{d}r + (a-b)\int_{n}^{+\infty}f(r)\mathrm{d}r = 0.\end{aligned}$$

得

$$\frac{\int_{0}^{n}f(r)\mathrm{d}r}{\int_{n}^{+\infty}f(r)\mathrm{d}r} = \frac{a-b}{b-c}. \tag{4-5-1}$$

令 $p_1 = \int_0^n f(r)\mathrm{d}r, p_2 = \int_n^{+\infty} f(r)\mathrm{d}r$，(4-5-1)式可写为

$$\frac{p_1}{p_2} = \frac{a-b}{b-c}. \tag{4-5-2}$$

这个结果可以作如下解释：若购进 n 份报纸，则 p_1 是卖不完的概率，p_2 是卖完的概率，(4-5-2)式表明，购进的份数 n 应使卖不完与卖完的概率之比，恰等于卖出一份赚的钱与退回一份赔的钱之比.

4.5.3 蒙特卡罗模拟

仿真模拟方法是新兴的科研方法，随着计算机的日益普及，计算机模拟技术日趋成熟，应用愈加广泛. 蒙特卡罗模拟又称统计试验法，是计算机模拟方法的重要组成部分.

下面，我们介绍一个用蒙特卡罗模拟法求圆周率 π 的估计值的例子，以期同学们从中体会蒙特卡罗模拟的思想方法.

如图 4.5.1 所示，考虑边长为 1 的正方形，以坐标原点为圆心，半径为 1 作圆，在正方形内画出一条 1/4 圆弧. 设二维随机变量 (X,Y) 在正方形内服从均匀分布，则 (X,Y) 落在 1/4 圆内的概率为

$$P\{X^2 + Y^2 \leqslant 1\} = \frac{\pi}{4}.$$

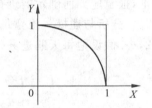

图 4.5.1 单位正方形与 1/4 圆

在计算机上产生 n 对二维随机数 (x_i, y_i)，$i = 1, 2, \cdots, n$，其中 x_i 和 y_i 是 $(0,1)$ 上均匀分布的随机数. 若这里有 k 对 (x_i, y_i) 满足

$$x_i^2 + y_i^2 \leqslant 1,$$

则这个工作相当于在计算机上进行模拟：向正方形内进行 n 次投掷，且恰有 k 个点落入 1/4 圆内，可视作 n 次独立投点试验，随机点落入 1/4 圆的频率为 $\dfrac{k}{n}$.

根据伯努利大数定律，事件发生的频率依概率收敛于事件发生的概率 p，即有

$$\lim_{n \to \infty} \left\{ \left| \frac{k}{n} - p \right| < \varepsilon \right\} = 1.$$

因此当 n 足够大时，可用 $\dfrac{k}{n}$ 作为 $\dfrac{\pi}{4}$ 的估计，从而得圆周率 π 的估计值为

$$\hat{\pi} = \frac{4k}{n}.$$

随着试验次数 n 增大，所得估计 $\hat{\pi}$ 的精度也随之提高.

蒙特卡罗模拟是一种试验近似方法，上例中用的方法称为频率法，即用 n 次独立

试验中事件 A 出现的频率 $\dfrac{k}{n}$ 作为事件 A 的概率 p 的估计. 我们希望能以较少的试验次数(即较低的费用,较短的时间等)得到较高的估计精确度,于是要考虑试验次数 n 多大时,对给定的置信度 $1-a(0<a<1)$,估计精度能达到 ε,亦即 n 取多大时有

$$P\{|\hat{p}-p|<\varepsilon\}=P\left\{\left|\dfrac{k}{n}-p\right|<\varepsilon\right\}>1-a.$$

记 n 次独立试验中 A 出现的次数为 k_n,则 $k_n \sim B(n,p)$,由棣莫弗-拉普拉斯定理知

$$P\{|\hat{p}-p|<\varepsilon\}=P\{n(p-\varepsilon)<k_n<n(p+\varepsilon)\}$$

$$=P\left\{-\dfrac{n\varepsilon}{\sqrt{np(1-p)}}<\dfrac{k_n-np}{\sqrt{np(1-p)}}<\dfrac{n\varepsilon}{\sqrt{np(1-p)}}\right\}$$

$$\approx 2\Phi\left(\dfrac{n\varepsilon}{\sqrt{np(1-p)}}\right)-1.$$

令 $2\Phi\left(\dfrac{n\varepsilon}{\sqrt{np(1-p)}}\right)-1>1-a$,即

$$\Phi\left(\dfrac{n\varepsilon}{\sqrt{np(1-p)}}\right)>1-\dfrac{a}{2},$$

查得满足上式的标准正态分布的上侧分位数 $u_{1-\frac{a}{2}}$,令 $u_{1-\frac{a}{2}}=n\varepsilon/\sqrt{np(1-p)}$,解得

$$n=\dfrac{p(1-p)}{\varepsilon^2}u_{1-\frac{a}{2}}.$$

结果表明,频率法的估计精度 ε 与试验次数 n 的平方根成反比,如若精度 ε 提高 10 倍,则试验次数 n 要增大 100 倍.

本章小结

随机变量的数字特征是由随机变量的分布确定的,能描述随机变量某一个方面的特征的常数.最重要的数字特征是数学期望和方差.数学期望 $E(X)$ 描述随机变量 X 取值的平均大小,方差 $D(X)=E\{[X-E(X)]^2\}$ 描述随机变量 X 与它自己的数学期望 $E(X)$ 的偏离程度.

1. 掌握随机变量的几个重要的数字特征的计算公式,尤其是期望、方差、协方差、相关系数的计算公式.

2. 理解随机变量几个数字特征的含义及其对于描述随机变量的作用.

3. 理解切比雪夫不等式的表达及其含义,它给出了在随机变量的分布未知、只知道 $E(X)$ 和 $D(X)$ 的情况下,对事件 $\{|X-E(X)|\leqslant\varepsilon\}$ 的概率的下限的估计.

4. 大数定律与中心极限定理的背景及其在应用.知道伯努利大数定律以严格的数学形式论证了频率的稳定性.

习题四

1. 在句子"THE GIRL PUT ON HER BEAUTIFUL RED HAT"中随机地取一字母,以 X 表示取到的字母所在单词所包含的字母数,写出 X 的分布律并求 $E(X)$.

2. 某产品的合格率为 0.9,检验员每天检验 4 次. 每次随机地取 10 件产品进行检验,如果发现其中的次品数多于 1,就去调整设备. 以 X 表示一天中调整设备的次数,试求 $E(X)$(假设诸产品是否为次品是相互独立的).

3. 设在某一规定的时间间隔里,某电子设备用于最大负荷的时间 X(单位:min)是一个随机变量,其概率密度函数为

$$f(x) = \begin{cases} \dfrac{1}{1\,500^2}x, & 0 \leqslant x < 1\,500, \\ \dfrac{-1}{1\,500^2}(x-3\,000), & 1\,500 \leqslant x \leqslant 3\,000, \\ 0, & \text{其他}, \end{cases}$$

求 $E(X)$.

4. 设随机变量 X 的分布律为

X	-2	0	2
p	0.4	0.3	0.3

求 $E(X), E(X^2), E(3X^2+5)$.

5. 设随机变量 X 的概率密度函数为

$$f(x) = \begin{cases} e^{-x}, & x > 0, \\ 0, & x \leqslant 0. \end{cases}$$

求 $Y = 2X$ 与 $Z = e^{-2X}$ 的数学期望.

6. 设 (X, Y) 的联合分布律为

Y \ X	1	2	3
-1	0.2	0.1	0.0
0	0.1	0.0	0.3
1	0.1	0.1	0.1

(1) 求 $E(X), E(Y)$;
(2) 设 $Z = (X-Y)^2$,求 $E(Z)$.

7. 设 (X,Y) 的联合概率密度为
$$f(x,y)=\begin{cases}12y^2, & 0\leqslant y\leqslant x\leqslant 1,\\ 0, & \text{其他}.\end{cases}$$
求 $E(X),E(Y),E(XY),E(X^2+Y^2)$.

8. 设随机变量 X 服从几何分布,其分布律为
$$P\{X=k\}=p(1-p)^{k-1},\quad k=1,2,\cdots,$$
其中 $0<p<1$ 是常数,求 $E(X),D(X)$.

9. 设随机变量 X 服从瑞利分布,其密度函数为
$$f(x)=\begin{cases}\dfrac{x}{\sigma^2}\mathrm{e}^{-\frac{x^2}{2\sigma^2}}, & x>0,\\ 0, & x\leqslant 0,\end{cases}$$
其中 $\sigma>0$ 是常数,求 $E(X),D(X)$.

10. 设长方形的高(单位: m) $X\sim U(0,2)$,已知长方形的周长为 20m,求长方形面积 A 的数学期望和方差.

11. 设随机变量 X_1,X_2,X_3,X_4 相互独立,且有 $E(X_i)=i,D(X_i)=5-i(i=1,2,3,4)$,设 $Y=2X_1-X_2+3X_3-\dfrac{1}{2}X_4$,求 $E(Y),D(Y)$.

12. 设随机变量 X,Y 相互独立,且 $X\sim N(640,625),Y\sim N(720,900)$,求 $Z_1=X+2Y,Z_2=Y-X$ 的分布,并求概率 $P\{X<Y\},P\{X+Y>1\,400\}$.

13. 设 X 为随机变量,c 是常数,证明 $D(X)<E\{(X-c)^2\}$,对于 $c\neq E(X)$ 成立. (由于 $D(X)=E\{[X-E(X)]^2\}$,上式表明 $E\{(X-c)^2\}$ 当 $c=E(X)$ 时取得最小值.)

14. 设随机变量 (X,Y) 的分布律为

Y \ X	-1	0	1
-1	1/8	1/8	1/8
0	1/8	0	1/8
1	1/8	1/8	1/8

验证 X 和 Y 是不相关的,但是 X 和 Y 不是相互独立的.

15. 设 A 和 B 是试验 E 的两个事件,且 $P(A)>0,P(B)>0$,并定义随机变量 X 和 Y 如下:
$$X=\begin{cases}1, & \text{若 }A\text{ 发生},\\ 0, & \text{若 }A\text{ 不发生};\end{cases}\quad Y=\begin{cases}1, & \text{若 }B\text{ 发生},\\ 0, & \text{若 }B\text{ 不发生}.\end{cases}$$
证明若 $\rho_{XY}=0$,则 X 和 Y 必定相互独立.

16. 设随机变量(X,Y)具有概率密度
$$f(x,y) = \begin{cases} 1, & |x| < y, 0 < y < 1, \\ 0, & \text{其他}. \end{cases}$$
求 $E(X), E(Y), \text{Cov}(X,Y)$.

17. 设随机变量(X,Y)具有概率密度
$$f(x,y) = \begin{cases} \frac{1}{8}(x+y), & 0 \leqslant x \leqslant 2, 0 \leqslant y \leqslant 2, \\ 0, & \text{其他}. \end{cases}$$
求 $E(X), E(Y), \text{Cov}(X,Y), \rho_{XY}, D(X+Y)$.

18. 设 $W = (aX+3Y)^2, E(X) = E(Y) = 0, D(X) = 4, D(Y) = 16, \rho_{XY} = -0.5$, 求常数 a 使 $E(W)$ 最小, 并求 $E(W)$ 的最小值.

19. 设(X,Y)服从二维正态分布, 且 $X \sim N(0,3), Y \sim N(0,4)$, 相关系数 $\rho_{XY} = -1/4$, 试写出(X,Y)的联合密度函数.

20. 一个器件包括 10 部分, 每部分的长度是一个随机变量, 它们相互独立, 且服从同一分布, 数学期望为 2mm, 方差为 0.000 25mm². 规定总长度为(20 ± 0.1)mm 时产品合格, 试求产品合格的概率.

21. 加法器进行加法时, 将每个加数舍入到最靠近它的整数. 设所有舍入误差是独立的且在$(-0.5, 0.5)$上服从均匀分布.

(1) 若将 1 500 个数相加, 问误差总和的绝对值超过 15 的概率是多少?

(2) 最多可有几个数相加使得误差总和的绝对值小于 10 的概率不小于 0.90?

22. 各零件的重量都是随机变量, 它们相互独立, 且服从相同的分布, 数学期望为 0.5kg, 均方差为 0.1kg, 问 5 000 只零件的总重量超过 2 510kg 的概率是多少?

23. 有一批建筑房屋用的木柱, 其中 80% 的长度不小于 3m. 现从这批木柱中随机地取出 100 根, 问其中至少有 30 根短于 3m 的概率是多少?

24. 随机地选取两组学生, 每组 80 人, 分别在两个试验室里测量某种化合物的 pH 值. 各人测量的结果是随机变量, 它们相互独立, 且服从同一分布, 其数学期望为 5, 方差为 0.3, 以 X 和 Y 分别表示第一组和第二组所得结果的算术平均. 求:

(1) $P\{4.9 < X < 5.1\}$;

(2) $P\{-0.1 < X - Y < 0.1\}$.

第 5 章 数理统计基础

数理统计以概率论为基础,根据试验或观察得到的数据来研究随机现象,对研究对象的客观规律性作出合理的分析和判断.其内容包括:收集、整理数据资料;对所得的数据资料进行分析、研究,从而对所研究的对象的性质、特点作出推断.前者为数据采集(包括抽样理论和试验设计等);后者即为统计推断(包括估计和检验),亦为本书后半部分的基本内容.

5.1 基本概念

5.1.1 总体与样本

定义 5.1.1 试验的全部可能的观察值称为**总体**.每一个可能的观察值称为**个体**.

定义 5.1.2 按机会均等的原则选取一些个体进行观测或测试的过程称为**随机抽样**.

例 5.1.1 在研究 2 000 名学生的年龄时,这些学生的年龄的全体就构成一个总体,每个学生的年龄就是个体.

定义 5.1.3 总体中所包含的个体的个数称为总体的**容量**.容量为有限的称为**有限总体**.容量为无限的称为**无限总体**.

例 5.1.2 某工厂 12 月份生产的灯泡寿命所组成的总体中,个体的总数就是 12 月份生产的灯泡数,这是一个有限总体;而该工厂生产的所有灯泡寿命所组成的总体是一个无限总体,它包括以往生产和今后生产的灯泡寿命.

例 5.1.3 在考察某大学一年级男生的身高这一试验中,若一年级男生共 4 000 人,每个男生的身高是一个可能观察值,所形成的总体中共含 4 000 个可能观察值,是一个有限总体.总体中的每一个个体是随机试验的一个观察值,因此它是某一随机变量 X 的值.这样,一个总体对应一个随机变量 X.我们对总体的研究就是对一个随机变量 X 的研究,X 的分布函数和数字特征就称为总体的分布函数和数字特征.今后本书将不区分总体与相应的随机变量,统称为总体 X.

要了解总体的性质,需要对其中的个体进行观测统计.观测统计的方法有两类:一类是全面观测,即对每一个个体进行观测,这样可以达到了解总体的目标,但是,在实际中,全面观测统计在很多情况下是行不通的.另一类观测统计方法是抽样统计,即从总体中抽取 n 个个体进行观测,然后根据 n 个个体的性质来推断总体的性质,这是实际中常用的方法.被抽到的 n 个个体的集合称为总体的一个样本,n 叫做该样本的容量.

从总体抽取一个个体,就是对总体 X 进行一次观察并记录其结果.我们在相同条件下对总体 X 进行 N 次重复的、独立的观察,将 N 次观察结果按试验的次序记录为 $X_1, X_2, \cdots, X_N$,它们是对随机变量 X 观察的结果,且各次观察是在相同条件下独立进行的,所以认为 $X_1, X_2, \cdots, X_N$ 是相互独立的,且都是与 X 具有相同分布的随机变量.称 $X_1, X_2, \cdots, X_N$ 为来自总体 X 的一个简单随机样本,N 为这个样本的容量.当 N 次观察一完成,就得到一组实数 $x_1, x_2, \cdots, x_N$,它们依次为随机变量的观察值,称为样本值.

如何保证抽样的结果能全面真实地反映总体的性质呢?从总体中抽取样本时,为了使抽取的结果具有充分的代表性,首先,要求抽取方法要统一,即应使总体中每一个个体被抽到的机会相等;其次,要求每次抽取是相互独立的,即每次抽样结果不影响其他各次抽样的结果,也不受其他各次抽样结果的影响.这种抽样方法称为简单随机抽样,由简单随机抽样得到的样本称为简单随机样本.本书中的抽样及样本均为简单随机抽样和简单随机样本.

对于有限总体来说,采用放回抽样就能得到简单随机样本,但放回抽样使用起来不方便,当个体总数 M 比得到的样本容量 N 大得多时,在实际中可将不放回抽样近似地当作放回抽样来处理;对于无限总体,因抽取一个个体不影响它的分布,所以总是用不放回抽样.

定义 5.1.4 设总体 X 是具有分布函数 F 的随机变量,若 $X_1, X_2, \cdots, X_n$ 是具有同一分布函数 F 的相互独立的随机变量,则称为从分布函数 F(或总体 F 或 X)得到的**容量为 n 的简单随机样本**,简称**样本**,它们的观察值 $X_1, X_2, \cdots, X_n$ 为**样本值**,又称为 n 个**独立观察值**.

统计是从手中已有的资料——样本观察值,去推断总体的情况——总体分布.样本是联系两者的桥梁.总体分布决定了样本取值的概率规律,也就是样本取到样本观察值的规律,因而可以用样本观察值去推断总体.

5.1.2 统计量

样本是进行统计推断的依据,但在实际应用中却不能直接使用,而是根据不同的问题构造样本的适当函数,利用这些样本函数进行统计推断.

定义 5.1.5 设 $X_1, X_2, \cdots, X_N$ 是来自总体 X 的一个样本，$g(X_1, X_2, \cdots, X_N)$ 是 $X_1, X_2, \cdots, X_N$ 的函数，若 g 中不含未知参数，则称 $g(X_1, X_2, \cdots, X_N)$ 是一个**统计量**。

由定义，统计量 $g(X_1, X_2, \cdots, X_N)$ 为一随机变量。若 $x_1, x_2, \cdots, x_N$ 为 $X_1, X_2, \cdots, X_N$ 的样本值，则称 $g(x_1, x_2, \cdots, x_N)$ 是 $g(X_1, X_2, \cdots, X_N)$ 的观察值。

例 5.1.4 设 X_1, X_2, X_3, X_4 是来自正态总体 $N(\mu, \sigma^2)$ 的一个样本，其中 μ 未知，σ 已知，则 $T_1 = X_3 - X_1$，$T_2 = X_1 + X_2 e^{X_4}$，$T_3 = \dfrac{1}{4} \sum_{i=1}^{4} X_i$，$T_4 = \dfrac{X_3 - X_1}{\sigma}$ 是统计量，而 $T_6 = X_1 + X_2 - \mu$ 不是统计量。

下面，我们给出几个常用统计量。

(1) 样本平均值 $\quad \overline{X} = \dfrac{1}{n} \sum_{i=1}^{n} X_i$，

其观察值 $\quad \overline{x} = \dfrac{1}{n} \sum_{i=1}^{n} x_i$。

(2) 样本方差 $\quad S^2 = \dfrac{1}{n-1} \sum_{i=1}^{n} (X_i - \overline{X})^2 = \dfrac{1}{n-1} \left(\sum_{i=1}^{n} X_i^2 - n \overline{X}^2 \right)$，

其观察值 $\quad s^2 = \dfrac{1}{n-1} \sum_{i=1}^{n} (x_i - \overline{x})^2 = \dfrac{1}{n-1} \left(\sum_{i=1}^{n} x_i^2 - n \overline{x}^2 \right)$。

(3) 样本标准差 $\quad S = \sqrt{S^2} = \sqrt{\dfrac{1}{n-1} \sum_{i=1}^{n} (X_i - \overline{X})^2}$，

其观察值 $s = \sqrt{s^2} = \sqrt{\dfrac{1}{n-1} \sum_{i=1}^{n} (x_i - \overline{x})^2}$。

(4) 样本 k 阶（原点）矩 $\quad A_k = \dfrac{1}{n} \sum_{i=1}^{n} X_i^k, k = 1, 2, \cdots$，

其观察值 $\quad a_k = \dfrac{1}{n} \sum_{i=1}^{n} x_i^k, k = 1, 2, \cdots$。

(5) 样本 k 阶中心矩 $\quad B_k = \dfrac{1}{n} \sum_{i=1}^{n} (X_i - \overline{X})^k, k = 1, 2, \cdots$，

其观察值 $\quad b_k = \dfrac{1}{n} \sum_{i=1}^{n} (x_i - \overline{x})^k, k = 1, 2, \cdots$。

由大数定律，有以下结论：

定理 5.1.1 若总体 X 的 k 阶矩 $E(X^k)$（记为 μ_k）存在，则当 $n \to \infty$ 时，$A_k \xrightarrow{p} \mu_k$，$k = 1, 2, \cdots$。且 $g(A_1, A_2, \cdots, A_k) \xrightarrow{p} g(\mu_1, \mu_2, \cdots, \mu_k)$，$g$ 为连续函数。

5.2 统计量的分布

统计量 $g(X_1, X_2, \cdots, X_n)$ 是 n 维随机变量 $(X_1, X_2, \cdots, X_n)$ 的函数,与二维随机变量的函数一样,也有其概率分布,统计量的分布称为抽样分布.当总体分布已知时,抽样分布是确定的,然而要求出统计量的精确分布,通常是困难的.由中心极限定理可知,许多随机现象都服从或近似服从正态分布,下面给出几个常用的来自正态总体的统计量的分布.

5.2.1 χ^2 分布

定义 5.2.1 设 $X_1, X_2, \cdots, X_n$ 是来自总体 $N(0,1)$ 的样本,则称统计量 $\chi^2 = X_1^2 + X_2^2 + \cdots + X_n^2$ 服从自由度(指右端包含的独立变量的个数)为 n 的 χ^2 分布,记为 $\chi^2 = \chi^2(n)$.

$\chi^2(n)$ 分布的概率密度为

$$f(y) = \begin{cases} \dfrac{y^{\frac{n}{2}-1} e^{-\frac{y}{2}}}{2^{n/2} \Gamma(n/2)}, & y > 0, \\ 0, & y \leqslant 0. \end{cases} \quad (5\text{-}2\text{-}1)$$

其概率密度函数的图形见图 5.2.1.

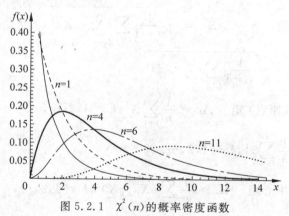

图 5.2.1 $\chi^2(n)$ 的概率密度函数

$\chi^2(n)$ 分布有如下基本性质:

(1) 设 $\chi_1^2 = \chi^2(n_1), \chi_2^2 = \chi^2(n_2)$ 并且 χ_1^2, χ_2^2 独立,则有

$$\chi_1^2 + \chi_2^2 = \chi^2(n_1 + n_2). \quad (5\text{-}2\text{-}2)$$

(2) $\quad E(\chi^2) = n, \quad D(\chi^2) = 2n. \quad (5\text{-}2\text{-}3)$

$\chi^2(n)$ 分布的分位点:给定 $0 < \alpha < 1$,称满足条件 $P\{\chi^2 > \chi_\alpha^2(n)\} = \displaystyle\int_{\chi_\alpha^2(n)}^{+\infty} f(y) \mathrm{d}y = \alpha$

的点 $\chi_\alpha^2(n)$ 为 $\chi^2(n)$ 分布的上 α 分位点(见图 5.2.2)

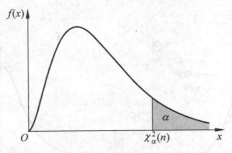

图 5.2.2 $\chi^2(n)$ 分布的上 α 分位点

结论 (R. Fisher):当 $n(n>45)$ 充分大时,有 $\chi^2(n) \approx \dfrac{1}{2}(z_\alpha + \sqrt{2n-1})^2$,其中 z_α 是标准正态分布的上 α 分位点.

例 5.2.1 设 $Y \sim \chi^2(n)$,查表完成 $\chi_\alpha^2(n)$ 的值.

解 $\chi_{0.025}^2(8) = 17.534, \chi_{0.975}^2(10) = 3.247, \chi_{0.1}^2(25) = 34.382.$(见图 5.2.3)

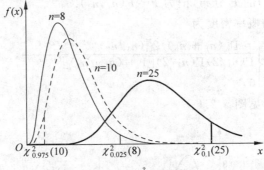

图 5.2.3 $\chi_\alpha^2(n)$ 的值

5.2.2 t 分布

定义 5.2.2 设 $X \sim N(0,1), Y \sim \chi^2(n), X, Y$ 独立,则称随机变量 $t = \dfrac{X}{\sqrt{Y/n}}$ 服从自由度为 n 的 **t 分布**,记为 $t \sim t(n)$.

$t(n)$ 分布的概率密度函数为

$$h(t) = \dfrac{\Gamma[(n+1)/2]}{\sqrt{\pi n}\,\Gamma(n/2)}\left(1 + \dfrac{t^2}{n}\right)^{-(n+1)/2}, \quad -\infty < t < \infty. \tag{5-2-4}$$

$h(t)$ 的图形关于 $t=0$ 对称.当 n 充分大时,有 $\lim\limits_{n \to \infty} h(t) = \dfrac{1}{\sqrt{2\pi}} e^{-t^2/2}$.

给定 $0<\alpha<1$,称满足条件 $P\{t>t_\alpha(n)\}=\int_{t_\alpha(n)}^{+\infty}h(t)\mathrm{d}t=\alpha$ 的点 $t_\alpha(n)$ 为 $t(n)$ 分布的上 α 分位点(见图 5.2.5).

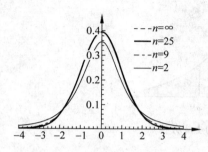

图 5.2.4 t 分布的概率密度函数

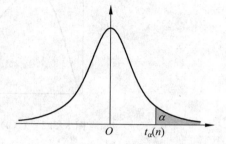

图 5.2.5 $t(n)$ 分布的上 α 分位点

5.2.3 F 分 布

定义 5.2.3 设 $U\sim\chi^2(n_1),V\sim\chi^2(n_2)$,且 U,V 独立,则称随机变量 $F=\dfrac{U/n_1}{V/n_2}$ 服从自由度为 (n_1,n_2) 的 F 分布,记为 $F\sim F(n_1,n_2)$.

$F(n_1,n_2)$ 分布的概率密度为

$$\varphi(y)=\begin{cases}\dfrac{\Gamma[(n_1+n_2)/2](n_1/n_2)^{n_1/2}y^{(n_1/2)-1}}{\Gamma(n_1/2)\Gamma(n_2/2)[1+(n_1y/n_2)]^{(n_1+n_2)/2}}, & y>0,\\ 0, & y\leqslant 0.\end{cases} \quad (5\text{-}2\text{-}5)$$

其概率密度函数图形见图 5.2.6.

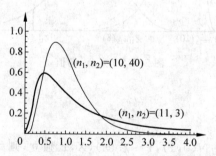

图 5.2.6 $F(n_1,n_2)$ 分布的上 α 分位点

由定义知,若 $F\sim F(n_1,n_2)$,则 $\dfrac{1}{F}\sim F(n_1,n_2)$.

给定 $0<\alpha<1$,称满足条件 $P\{F>F_\alpha(n_1,n_2)\}=\int_{F_\alpha(n_1,n_2)}^{+\infty}\varphi(y)\mathrm{d}y=\alpha$ 的点 $F_\alpha(n_1,n_2)$ 为 $F(n_1,n_2)$ 分布的上 α 分位点.查表可求 $F_\alpha(n_1,n_2)$ 值.

$$F_{0.025}(7,8) = 4.53, \quad F_{0.05}(14,30) = 2.31.$$

$F(n_1,n_2)$ 分布的上 α 分位点的性质：$F_{1-\alpha}(n_1,n_2) = \dfrac{1}{F_\alpha(n_2,n_1)}$. 例如 $F_{0.95}(12,9) = \dfrac{1}{F_{0.05}(9,12)} = \dfrac{1}{2.8} = 0.357$（见图 5.2.7）.

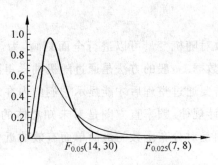

图 5.2.7 $F_\alpha(n_1,n_2)$ 值

5.3 正态总体的样本均值与样本方差的分布

设总体 X（无论服从什么分布，只要均值与方差存在）的均值为 μ，方差为 σ^2. $X_1, X_2, \cdots, X_N$ 是来自 X 的一个样本，$\overline{X}, S^2$ 是样本均值和样本方差，则有

$$E(\overline{X}) = \mu, \quad D(\overline{X}) = \sigma^2/n, \quad E(S^2) = E\left[\frac{1}{n-1}\left(\sum_{i=1}^{n} X_i^2 - n\overline{X}^2\right)\right] = \sigma^2. \tag{5-3-1}$$

定理 5.3.1 设 $X_1, X_2, \cdots, X_N$ 来自正态总体 $N(\mu,\sigma^2)$ 的样本，$\overline{X}$ 是样本均值，则有
$$\overline{X} \sim N(\mu, \sigma^2/n). \tag{5-3-2}$$

定理 5.3.2 设 $X_1, X_2, \cdots, X_N$ 来自正态总体 $N(\mu,\sigma^2)$ 的样本，$\overline{X}, S^2$ 是样本均值和样本方差，则有

(1) $\dfrac{(n-1)S^2}{\sigma^2} \sim \chi^2(n-1);$ \hfill (5-3-3)

(2) $\overline{X}$ 与 S^2 独立.

定理 5.3.3 设 $X_1, X_2, \cdots, X_N$ 来自正态总体 $N(\mu,\sigma^2)$ 的样本，$\overline{X}, S^2$ 是样本均值和样本方差，则有

$$\frac{\overline{X}-\mu}{S/\sqrt{n}} \sim t(n-1). \tag{5-3-4}$$

定理 5.3.4 设 $X_1, X_2, \cdots, X_{n_1}$ 与 $Y_1, Y_2, \cdots, Y_{n_2}$ 来自正态总体 $N(\mu_1,\sigma_1^2)$ 和 $N(\mu_2,\sigma_2^2)$ 的样本，且这两个样本相互独立. $\overline{X}, \overline{Y}, S_1^2, S_2^2$ 分别是这两个样本的样本均

值和样本方差,则有

$$\frac{S_1^2 - S_2^2}{\sigma_1^2 - \sigma_2^2} \sim F(n_1 - 1, n_2 - 1). \tag{5-3-5}$$

5.4 直方图

我们知道,分布函数对随机变量可以进行全面刻画,为了研究总体分布的性质,首要的工作是收集原始数据.一般的方法是通过随机抽样得到统计数据,而得到的数据往往是杂乱无章的,需要通过整理后才能显示它们的内在规律.运用表格或图形能较直观地反映数据的统计规律.频率直方图是对未知总体的分布密度最简单而有效的近似求法,累积直方图是对分布函数的最简单而有效的近似求法.本节主要通过例子介绍直方图.

例 5.4.1 某食品厂为加强质量管理,对某天生产的袋装食品抽查了 100 个,数据如下(单位:g),试画出直方图.

151	158	142	148	164	152	160	156	165	168
160	150	157	158	154	160	159	155	159	168
153	151	154	154	156	150	154	152	151	150
155	155	157	156	151	156	150	156	152	157
158	164	147	149	153	150	141	153	151	159
158	145	158	162	153	154	151	153	157	156
160	142	152	152	153	159	156	159	148	152
159	152	147	144	154	156	157	150	152	150
147	162	155	151	159	158	145	158	162	143
154	151	153	157	156	153	156	157	158	160

解 这些数据杂乱无章,先将它们进行整理.

(1) 找出数据中心最小值,$m = 141$,最大值,$M = 168$.极差(最大数与最小数之差)$M - m = 27$,现取区间 $[141, 168]$;

(2) 数据分组.根据样本容量 n 的大小,决定分组的数量 k.一般采取等距分组,组距等于区间长度除以组数;将区间 $[141, 168]$ 等分为 6 个小区间,小区间的长度称为组距,记为 $\Delta = (168 - 141)/6 = 4.5$.

(3) 作出频数、频率分布表,列表如下(见表 5-4-1).

表 5-4-1　频数/频率分布表

组序	区间范围	频数	频率	累计频率
1	141～145.5	7	0.07	0.07
2	145.5～149	13	0.13	0.20
3	149～153.5	31	0.31	0.51
4	153.5～158	36	0.36	0.87
5	158～162.5	8	0.08	0.95
6	162.5～168	5	0.05	1.00

（4）作出频率直方图

以样本值为横坐标，频率/组距为纵坐标的坐标系中，以分组区间为底，以频率/组距，即 $Y_j = W_j/(x_{j+1} - x_j)$ 为高作一系列矩形，即得到相应的频率直方图（见图 5.4.1）.

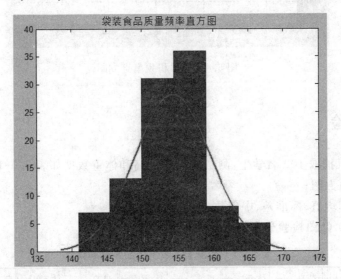

图 5.4.1　频率直方图

每个矩形的面积恰好等于样本值落在该矩形对应的分组区间内的频率 W_j，即

$$S_j = \frac{W_j}{x_{j+1} - x_j}(x_{j+1} - x_j) = W_j.$$

因此，所有矩形面积之和等于频率总和，即等于 1. 又因为概率近似地可以由频率代替，所以频率直方图是用小矩形面积的大小反映样本数据（随机变量的取值）落在某个区间内可能性的大小. 可见，它可以近似描述随机变量的概率的分布.

类似地，我们可以作出累积频率直方图（见图 5.4.2）. 如果我们分别通过各矩形顶点画一条光滑曲线，则可得到连续型随机变量的概率密度曲线和分布函数曲线的近似曲线.

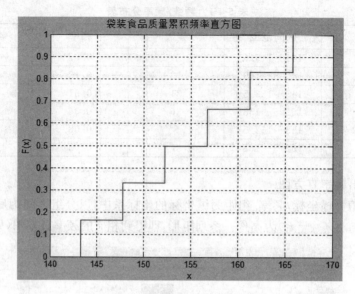

图 5.4.2 累积频率直方图

5.5 试验

学校随机抽取 100 名学生,测量他们的身高和体重数据如表 5-5-1 所示.

(1) 作直方图;
(2) 计算均值、标准差、中位数、极差、偏度、峰度;
(3) 用 Q-Q 图检验分布的正态性.

表 5-5-1 某校 100 名学生的身高和体重

身高/cm	体重/kg	身高/cm	体重/kg	身高/cm	体重/kg	身高/cm	体重/kg	身高/cm	体重/kg
172	75	169	55	169	64	171	65	167	47
171	62	168	67	165	52	169	62	168	65
166	62	168	65	164	59	170	58	165	64
160	55	175	67	173	74	172	64	168	57
155	57	176	64	172	69	169	58	176	57
173	58	168	50	169	52	167	72	170	57
166	55	161	50	166	55	168	55	162	55
170	63	171	61	172	60	170	65	178	63
167	53	169	63	177	65	169	53	171	63

续表

身高/cm	体重/kg	身高/cm	体重/kg	身高/cm	体重/kg	身高/cm	体重/kg	身高/cm	体重/kg
173	60	177	66	176	60	171	63	173	67
178	60	178	64	178	66	178	67	187	70
173	73	173	67	173	61	173	75	167	63
163	47	170	57	169	63	166	57	169	67
170	60	173	59	170	57	170	62	175	62
165	66	170	61	165	58	168	66	185	71
172	57	172	58	160	57	171	57	170	57
163	50	177	59	163	56	163	49	173	60
171	59	176	69	173	58	175	59	171	69
177	64	175	66	173	62	172	64	175	66
182	63	183	70	180	69	186	69	162	60

下面运用 MATLAB 对表中的学生身高进行上述试验.

第一步：数据输入,先将数据写入一个数据文件中,命名为 sg,格式如上表所示,有 20 行,10 列. 数据列之间用 TAB 键分隔,在 MATLAB 中用 dlmread 命令读入数据,具体为

```
M = dlmread('sg','\t');
```

这里 '\t' 代表分隔符 TAB 键,M 返回的 20×10 的矩阵. 为了得到我们需要的 100 个身高为一列的矩阵,作如下改变：

```
Student = [M(:,[1]);M(:,[3]);M(:,[5]);M(:,[7]);M(:,[9])];
```

于是 Student 为一个 100×1 矩阵.

第二步：作频数表与直方图. 用 hist 命令实现,其用法为

```
[N,X] = hist(data,k);
```

生成数组(行列均可)data 的频数表. 它将区间 $[\min(data), \max(data)]$ 等分为 k 份 (缺省为 10). N 返回 k 个小区间的频数,X 返回 k 个小区间的中点.

hist(data,k) 命令生成数组(行列均可)data 的直方图,结果如下(见表 5-5-2,图 5.5.1).

表 5-5-2 100 名学生身高频数表

身高 N	1	3	7	12	34	19	13	6	2	3
身高 X	156.6	159.8	163	66.2	169.4	172.6	175.8	179	182.2	185.4

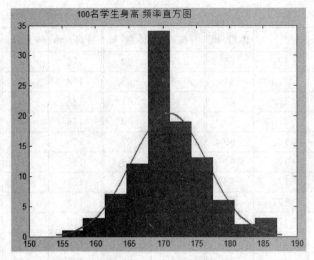

图 5.5.1 100 名学生身高频率直方图

第三步：计算参数：均值、中位数、标准差、极差、偏度、峰度的命令分别为

Mean(X);median(X);std(X);range(X);skewness(X);kurtosis(X);

第四步：作 Q-Q 图进行正态性检验

Q-Q 图检验命令为 normplot(X)，结果如下（见表 5-5-3，图 5.5.2）。

表 5-5-3 100 名学生身高的统计量

身高/cm	均值	中位数	标准差	极差	偏度	峰度
	170.93	171	5.621 5	32	0.266 5	3.729 7

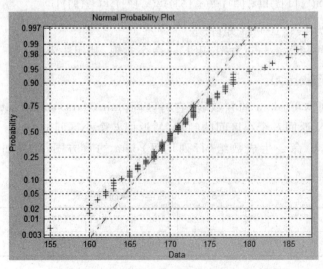

图 5.5.2 100 名学生身高的 Q-Q 图检验

从 Q-Q 图可以看出,两端的点距直线稍远,与表 5-5-3 中计算的峰度大于 3 是一致的,即数据有沉重的尾巴.而偏度大于 0,表示数据位于均值的右边比左边的多.

本章小结

在数理统计中往往研究有关对象的某一项或几项数量指标.对该数量指标进行试验或观察,将试验的全部可能的观察值称为总体,而每个观察值称为个体.对于总体服从何种分布,或者总体的基本统计量是什么,都需要通过对总体的重复观察,并根据观察的结果来推断总计.如何有效地组织样本观察值去推断总体,统计量是统计推断的基本工具.常见的重要的统计量及其分布是本章的重要内容.也是学习后面各章的必要基础.基本要求如下:

1. 了解数理统计的基本思想,能熟知总体、个体、抽样、观察值、样本等基本概念,重点掌握统计量的定义及常见的统计量.

2. 掌握理解统计量的分布及其基本性质,分位点的概念与图形.

习题五

1. 为了检查一批干电池的寿命,随机测定了 16 个干电池,其寿命(单位:h)如下:
201,208,212,197,205,209,194,207,199,206,208,192,189,215,200,214.
求样本均值、样本方差.

2. 在总体 $X \sim N(50,5^2)$ 中随机抽取一容量为 100 的样本,求样本均值与总体均值的差绝对值大于 2.5 的概率.

3. 查表计算:

(1) $\chi^2_{0.025}(10), \chi^2_{0.975}(20)$;

(2) $t_{0.05}(15), t_{0.25}(30)$;

(3) $F_{0.05}(15,21), F_{0.95}(11,20)$.

4. 问题与数据见试验,请画出 100 名学生的体重的直方图,并计算其均值、中位数、标准差、极差.

第 6 章 参 数 估 计

人们常常需要根据手中的数据,分析或推断数据反映的本质规律,即根据样本数据如何选择统计量去推断总体的分布或数字特征等.这里涉及的统计推断是数理统计研究的核心问题.所谓统计推断,是指根据样本对总体的分布或分布的数字特征等作出合理的推断.统计推断的主要内容可以分为两大类:参数估计问题和假设检验问题.本章讨论总体参数的点估计和区间估计.

6.1 点估计

6.1.1 点估计问题的提出

在实际问题中,经常遇到总体(或随机变量)X的分布函数的形式已知,但它的一个或多个参数为未知,借助于总体X的一个样本来估计总体未知参数的值,或X的分布函数形式未知,利用样本值估计X的某些数字特征的问题,这类问题称为**参数的点估计问题**.本节主要介绍点估计量的求法.

例 6.1.1 已知某电话局在单位时间内收到用户呼唤次数这个总体X服从参数为λ的泊松分布,即X的分布律$P\{X=k\}=\dfrac{\lambda^k}{k!}\mathrm{e}^{-\lambda}(k=0,1,2,\cdots)$的形式已知,但参数$\lambda$未知,今获得一个样本值$(x_1,x_2,\cdots,x_n)$,要求估计的值$EX=\lambda$,即估计在单位时间内平均收到的呼唤次数,进而可以确定在单位时间内收到k次呼唤的概率.

定义 6.1.1 设总体X的分布函数$F(x,\theta_1,\cdots,\theta_m)$形式已知,$(X_1,X_2,\cdots,X_n)$是抽自该总体的样本.构造出统计量$\hat{\theta}_i(X_1,X_2,\cdots,X_n)$来估计相应的未知参数$\theta_i$,则称$\hat{\theta}_i(X_1,X_2,\cdots,X_n)$是$\theta_i$的**估计量**,当$(x_1,x_2,\cdots,x_n)$的观察值$(X_1,X_2,\cdots,X_n)$已知时,$\hat{\theta}_i(X_1,X_2,\cdots,X_n)$称为$\theta_i$的**估计值**,它是$\hat{\theta}_i(X_1,X_2,\cdots,X_n)$的观察值.在不混淆的情况下,二者统称为**估计**,简记为$\hat{\theta}$.

由于对不同的样本值,所得到的估计值一般是不同的,因此点估计问题是要寻找一个求得未知参数的估计值的方法,而不是具体去寻找一个估计值.目前点估计的方法很多,本节介绍常用的矩估计法和极大似然估计法.

6.1.2 矩估计法

矩估计法由英国统计学家皮尔逊(K. Pearson)在 1894 年提出.由大数定律知道,**样本矩依概率收敛于总体矩**.即只要样本容量 n 选得充分大,用样本矩作为总体矩的估计就可以达到任意精确的程度.由此,**矩估计法的基本思想**是用样本的 k 阶原点矩去估计总体 X 的 k 阶原点矩,用样本的 k 阶中心矩去估计总体 X 的 k 阶中心矩.

定义 6.1.2 设 X 为连续型随机变量,其概率密度为 $f(x,\theta_1,\cdots,\theta_m)$(或 X 为离散型随机变量,其分布律为 $P\{X=k\}=p(x,\theta_1,\cdots,\theta_m)$),其中 $\theta_1,\cdots,\theta_m$ 为待估参数,$(X_1,X_2,\cdots,X_n)$ 为来自 X 的样本.假设总体 X 的前 m 阶矩

$$\mu_k = E(X^k) = \int_{-\infty}^{+\infty} x^k f(x,\theta_1,\theta_2,\cdots,\theta_m)\mathrm{d}x, \quad k=1,2,\cdots,m \text{(连续型)}$$

或

$$\mu_k = E(X^k) = \sum_{x \in R_X} x^k p(x,\theta_1,\theta_2,\cdots,\theta_m), \quad k=1,2,\cdots,m \text{(离散型)}$$

(R_X 是 x 的可能取值范围)存在.现用样本矩作为总体矩的估计,令

$$\mu_k = A_k = \frac{1}{n}\sum_{i=1}^n x_i^k = \int_{-\infty}^{+\infty} x^k f(x,\theta_1,\theta_2,\cdots,\theta_m)\mathrm{d}x, \quad k=1,2,\cdots,m$$

或

$$\mu_k = A_k = \frac{1}{n}\sum_{i=1}^n x_i^k = \sum_{x \in R_X} x^k p(x,\theta_1,\theta_2,\cdots,\theta_m)$$

解方程组得 $\hat{\theta}_k = \hat{\theta}_k(X_1,X_2,\cdots,X_n)$,并以 $\hat{\theta}_k$ 作为参数 θ_k 的**估计量**,则称 $\hat{\theta}_k$ 为未知参数 θ_k 的**矩估计量**.这种求估计量的方法称为**矩估计法**.矩估计量的观察值称为矩估计值.

结论 若 $\hat{\theta}_k$ 为 θ_k 的矩估计量,$g(\theta_k)$ 为 θ_k 的连续函数,则称 $g(\hat{\theta}_k)$ 为 $g(\theta_k)$ 的矩估计量.

例 6.1.2(题见例 6.1.1)

解 因为 $(X_1,X_2,\cdots,X_n)$ 为来自 X 的一个样本,所以

$$EX = \lambda \Rightarrow \lambda = \frac{1}{n}\sum_{i=1}^n X_i = \bar{X}.$$

例 6.1.3 无论总体为何种分布,只要二阶矩存在,则可以求总体方差的矩估计量.

解 设 $(X_1,X_2,\cdots,X_n)$ 为来自总体 X 的一样本,则有

$$A_1 = \frac{1}{n}\sum_{i=1}^n X_i, \quad A_2 = \frac{1}{n}\sum_{i=1}^n X_i^2,$$

$$\sigma^2 = A_2 - A_1^2 = \frac{1}{n}\sum_{i=1}^{n} X_i^2 - \overline{X}^2 = \frac{1}{n}\sum_{i=1}^{n}(X_i - \overline{X})^2.$$

例 6.1.4 设总体 X 服从两点分布，$X_1, X_2, \cdots, X_n$ 为总体的一个样本，且
$$P\{X = k\} = p^k(1-p)^{1-k}, \quad k = 0, 1.$$

求：(1) 参数 p 的矩估计；

(2) 总体均值 μ，总体方差 σ^2 的矩估计.

解 (1) 因为 $A_1 = \frac{1}{n}\sum_{i=1}^{n} X_i = E(X) = p$，所以

$$A_1 = \frac{1}{n}\sum_{i=1}^{n} X_i = \overline{X} = p,$$

即 $p = \overline{X} = \frac{1}{n}\sum_{i=1}^{n} X_i.$

(2) 因为 $D(X) = p(1-p)$，所以
$$\begin{cases} A_1 = E(X) = p = \mu, \\ A_2 = \sigma^2 + \mu^2 = p(1-p) + p^2, \end{cases}$$

解上述方程组得
$$\begin{cases} A_1 = p = u = \overline{X} = \frac{1}{n}\sum_{i=1}^{n} X_i, \\ A_2 = p = \sigma^2 + \mu^2, \end{cases}$$

即
$$\begin{cases} \mu = \overline{X} = \frac{1}{n}\sum_{i=1}^{n} X_i, \\ \sigma^2 = p - p^2 = \overline{X} - \overline{X}^2 = \overline{X}(1 - \overline{X}). \end{cases}$$

6.1.3 极（最）大似然估计法

极大似然估计方法由英统计学家费希尔于 1921 年提出.

定义 6.1.3 设总体 X 是离散型随机变量，其分布律为 $P\{X = x\} = p(x, \theta)(\theta \in \Theta)$ 的形式为已知，θ 为待估参数，Θ 是 θ 的可能取值范围. 设 $(X_1, X_2, \cdots, X_n)$ 是来自总体 X 的样本，则 $(X_1, X_2, \cdots, X_n)$ 的联合分布律为 $\prod_{i=1}^{n} p(x_i; \theta)$. 又设 $x_1, x_2, \cdots, x_n$ 是相应于样本 $X_1, X_2, \cdots, X_n$ 的一个样本值. 显然，样本 $X_1, X_2, \cdots, X_n$ 取到观察值 $x_1, x_2, \cdots, x_n$（即事件 $\{X_1 = x_1, X_2 = x_2, \cdots, X_n = x_n\}$ 发生）的概率为 $L(\theta) = L(x_1, x_2, \cdots, x_n; \theta) = \prod_{i=1}^{n} p(x_i; \theta)(\theta \in \Theta)$. 这一概率随 θ 的取值而变化，它是 θ 的函数，$L(\theta)$ 称为样本的似然函数.

固定样本观察值 $x_1, x_2, \cdots, x_n$,在 θ 取值的可能范围 Θ 内挑选使概率 $L(x_1, x_2, \cdots, x_n; \theta)$ 达到最大的参数 $\hat{\theta}$,作为参数 θ 的估计值.即取 $\hat{\theta}$ 使 $L(x_1, x_2, \cdots, x_n; \hat{\theta}) = \max_{\theta \in \Theta} L(x_1, x_2, \cdots, x_n; \theta)$.这样得到的 $\hat{\theta}$ 与样本值 $x_1, x_2, \cdots, x_n$ 有关,常记为 $\hat{\theta}(x_1, x_2, \cdots, x_n)$,称为参数 θ 的**极大似然估计值**,相应的统计量 $\hat{\theta}(X_1, X_2, \cdots, X_n)$ 称为参数 θ 的**极大似然估计量**.这种求未知参数的估计方法称为**极大似然估计法**.

设总体 X 是连续型随机变量,其概率密度为 $f(x, \theta)$,待估参数 $\theta \in \Theta$ 的形式为已知,Θ 是 θ 的可能取值范围.设 $(X_1, X_2, \cdots, X_n)$ 是来自总体 X 的样本,则 $(X_1, X_2, \cdots, X_n)$ 的联合分布律为 $\prod_{i=1}^{n} f(x_i; \theta)$.又设 $x_1, x_2, \cdots, x_n$ 是相应于样本 $X_1, X_2, \cdots, X_n$ 的一个样本值.显然,样本点 $(X_1, X_2, \cdots, X_n)$ 落在点 $(x_1, x_2, \cdots, x_n)$ 的领域内的概率为

$$p\{x_1 - \mathrm{d}x_1 < X_1 < x_1, x_2 - \mathrm{d}x_2 < X_2 < x_2, \cdots, x_n - \mathrm{d}x_n < X_n < x_n\}$$
$$= P\{x_1 - \mathrm{d}x_1 < X_1 < x_1\} \cdot P\{x_2 - \mathrm{d}x_2 < X_2 < x_2\} \cdots P\{x_n - \mathrm{d}x_n < X_n < x_n\}$$
$$\approx \prod_{i=1}^{n} f(x_i; \theta) \mathrm{d}x_i = \left(\prod_{i=1}^{n} f(x_i; \theta)\right) \mathrm{d}x_1 \mathrm{d}x_2 \cdots \mathrm{d}x_n = L(\theta) \mathrm{d}x_1 \mathrm{d}x_2 \cdots \mathrm{d}x_n.$$

这里小区间长度 $\mathrm{d}x_1 \mathrm{d}x_2 \cdots \mathrm{d}x_n$ 对 θ 来说都是固定的量.既然在一次试验中得到了样本值 $(x_1, x_2, \cdots, x_n)$,那么我们认为样本落在样本值 $(x_1, x_2, \cdots, x_n)$ 的领域里这一事件是较易发生,具有较大的概率,所以就应选取使这一概率达到最大的参数值作为未知参数的估计,只需考虑似然函数 $L(\theta) = L(x_1, x_2, \cdots, x_n; \theta) = \prod_{i=1}^{n} f(x_i; \theta)$,使其达到最大的参数值 $\hat{\theta}$ 作为 θ 的估计值.

若 $L(x_1, x_2, \cdots, x_n; \hat{\theta}) = \max_{\theta \in \Theta} L(x_1, x_2, \cdots, x_n; \theta)$,则称 $\hat{\theta}(x_1, x_2, \cdots, x_n)$ 为参数 θ 的**极大似然估计值**,$\hat{\theta}(X_1, X_2, \cdots, X_n)$ 称为参数 θ 的**极大似然估计量**.

下面,我们给出极大似然估计的求解方法.

因为 $\ln L(\theta) = \sum_{i=1}^{n} \ln f(x_i; \theta)$ 且 $\ln L(\theta)$ 与 $L(\theta)$ 有相同的极(最)值点.由高等数学知识,θ 为极大似然估计的必要条件为

$$\frac{\mathrm{d} \ln L(\boldsymbol{\theta})}{\mathrm{d} \boldsymbol{\theta}} = 0, \quad i = 1, 2, \cdots, m \tag{6-1-1}$$

其中 $\boldsymbol{\theta} = (\theta_1, \cdots, \theta_m)$.上式称为**对数似然方程**(组).

例 6.1.5 设有一批产品,其废品率为 $p(0 < p < 1)$,今从中随机取出 100 个,其中有 10 个废品,试估计 p 的值.

解 若用"0"表示正品,"1"表示废品,则总体 X 的分布律为

$$P\{X = 1\} = p, \quad P\{X = 0\} = 1 - p \Leftrightarrow P\{X = x\} = p^x (1 - p)^{1-x} \quad (x = 0, 1).$$

取得的样本值记为 $(x_1, x_2, \cdots, x_{100})$,其中 10 个是"1",90 个是"0",则出现此样本的

概率为

$$P\{X_1 = x_1, X_2 = x_2, \cdots, X_{100} = x_{100}\} = \prod_{i=1}^{100} P\{X_i = x_i\} = \prod_{i=1}^{100} p^{x_i}(1-p)^{1-x_i}$$
$$= p^{\sum_{i=1}^{100} x_i}(1-p)^{100-\sum_{i=1}^{100} x_i} = p^{10}(1-p)^{90}.$$

这个概率就是似然函数 $L(p) = p^{10}(1-p)^{90}$.

$$L'(p) = 10p^9(1-p)^{90} - 90p^{10}(1-p)^{89}$$
$$= p^9(1-p)^{89}[10(1-p) - 90p] = 0,$$

所以 $p = \dfrac{10}{100} = 0.1$.

求极大似然估计量的一般步骤如下:

(1) 写出似然函数 $L(\theta)$ (连续型的似然函数即样本的联合分布密度函数);

(2) 写出似然方程(组): $\dfrac{\mathrm{d}\ln L(\theta)}{\mathrm{d}\theta} = 0, i = 1, 2, \cdots, m$;

(3) 求解似然方程(组)得到极大似然估计值 $\hat{\theta}(x_1, x_2, \cdots, x_n)$;

(4) 得到极大似然估计量 $\hat{\theta}(X_1, X_2, \cdots, X_n)$.

结论 设 θ 的函数 $\mu = \mu(\theta), \theta \in \Theta$ 具有单值反函数 $\theta = \theta(\mu), \mu \in \mathbf{R}, \hat{\theta}$ 为 θ 的极大似然估计,则 $\mu = \mu(\hat{\theta})$ 为 $\mu(\theta)$ 的极大似然估计.

例 6.1.6 设总体 X 的概率分布为

X	1	2	3
p_i	θ^2	$2\theta(1-\theta)$	$(1-\theta)^2$

现在观察容量为 3 的样本得 $x_1 = 1, x_2 = 2, x_3 = 1$. 求 θ 的极大似然估计值.

解 似然函数为

$L(\theta) = P_\theta\{x_1 = 1, x_2 = 2, x_3 = 1\} = P_\theta\{x_1 = 1\}P_\theta\{x_2 = 2\}P_\theta\{x_3 = 1\}$
$= \theta^2 \cdot 2\theta(1-\theta) \cdot \theta^2 = 2\theta^5(1-\theta)$

$\Rightarrow \ln L(\theta) = \ln 2 + 5\ln\theta + \ln(1-\theta) \Rightarrow \dfrac{\mathrm{d}\ln L(\theta)}{\mathrm{d}\theta} = \dfrac{5}{\theta} - \dfrac{1}{1-\theta} = 0 \Rightarrow \theta = \dfrac{5}{6}.$

例 6.1.7 设总体 X 服从指数分布 $E(\lambda), (x_1, x_2, \cdots, x_n)$ 是来自总体 X 的一个样本,试求未知参数 λ 的极大似然估计.

解 当 $x_i > 0 (i = 1, 2, \cdots, n)$ 时,似然函数为

$$L(\lambda) = \lambda^n e^{-\lambda \sum_{i=1}^{n} x_i}$$

取对数,得

$$\ln L(\lambda) = n\ln\lambda - \lambda \sum_{i=1}^{n} x_i,$$

将对数求导数并令其为零,得

$$\frac{\mathrm{d}\ln L(\lambda)}{\mathrm{d}\lambda} = \frac{n}{\lambda} - \sum_{i=1}^{n} x_i = 0,$$

解得 $\lambda = \dfrac{n}{\sum_{i=1}^{n} x_i} = \dfrac{1}{\bar{x}}$.

例 6.1.8 设总体 $X \sim f(x) = \begin{cases} \dfrac{x}{\theta^2} \mathrm{e}^{-\frac{x^2}{2\theta^2}}, & x > 0, \\ 0, & \text{其他}, \end{cases}$ $(x_1, x_2, \cdots, x_n)$ 是来自总体 X 的一个样本,试求未知参数 θ 的矩估计与极大似然估计.

解 (1) 矩估计. 因为

$$A_1 = E(X) = \int_0^{+\infty} \frac{x}{\theta^2} \mathrm{e}^{-\frac{x^2}{2\theta^2}} \mathrm{d}x = -\int_0^{+\infty} x \mathrm{d}\mathrm{e}^{-\frac{x^2}{2\theta^2}} = \int_0^{+\infty} \theta \mathrm{e}^{-\frac{t^2}{2}} \mathrm{d}t = \frac{\theta}{2} \int_{-\infty}^{+\infty} \mathrm{e}^{-\frac{t^2}{2}} \mathrm{d}t = \frac{\sqrt{2\pi}\theta}{2},$$

得方程

$$A_1 = E(X) = \frac{\sqrt{2\pi}\theta}{2},$$

即 $\bar{x} = \dfrac{\sqrt{2\pi}\theta}{2}$. 于是参数的矩估计为 $\hat{\theta} = \sqrt{\dfrac{\pi}{2}} \bar{x}$.

(2) 极大似然估计. 当 $x_i > 0 (i = 1, 2, \cdots, n)$ 时,似然函数为

$$L(\theta) = \frac{1}{\theta^{2n}} \prod_{i=1}^{n} x_i \mathrm{e}^{\frac{1}{2\theta^2} \sum_{i=1}^{n} x_i^2},$$

取对数,得

$$\ln L(\theta) = -2 \ln \theta + \sum_{i=1}^{n} \ln x_i - \frac{1}{2\theta^2} \sum_{i=1}^{n} x_i^2,$$

对数求导数并令其为零,得

$$\frac{\mathrm{d}\ln L(\theta)}{\mathrm{d}\theta} = -\frac{2n}{\theta} + \frac{1}{\theta^3} \sum_{i=1}^{n} x_i^2 = 0,$$

解得参数的极大似然估计为 $\hat{\theta} = \sqrt{\dfrac{\sum_{i=1}^{n} x_i^2}{2n}}$.

显然,该参数的矩估计与极大似然估计不同.

6.1.4 估计量的评选标准

由例 6.1.8 可知:对于总体分布中的同一个未知参数 θ,若采用不同的估计方法,可能得到不同的估计量 $\hat{\theta}$. 那么,究竟采用哪个为好呢? 这就产生了怎样衡量与比较估计量的好坏的问题. 下面介绍几个常用的标准.

一、无偏(估计)性

希望估计值在未知参数真值左右徘徊,而它的数学期望等于未知参数的真值.

定义 6.1.4 设 $\hat{\theta}(X_1, X_2, \cdots, X_n)$ 是参数 θ 的估计量,若存在 $E(\hat{\theta})$,且 $\forall \theta \in \Theta$,有 $E(\hat{\theta}) = \hat{\theta}$,则称 $\hat{\theta}$ 是 θ 的**无偏估计量**. 称 $E(\hat{\theta}) - \hat{\theta}$ 为以 $\hat{\theta}$ 作为 θ 的估计的**系统误差**. 无偏估计就是无系统误差.

例 6.1.9 设总体 X 的数学期望 μ,方差 σ^2 均未知,$X_1, X_2, \cdots, X_n$ 为取自总体 X 的样本,试证明样本均值 $\overline{X}$ 为总体均值的无偏估计量,样本方差 S^2 为总体方差 σ^2 的无偏估计量,而样本二阶中心距 $B_2 = \dfrac{1}{n}\sum\limits_{i=1}^{n}(X_i - \overline{X})^2$ 不是 σ^2 的无偏估计量.

证 因为 $\overline{X} = \dfrac{1}{n}\sum\limits_{i=1}^{n} X_i$,且 $E(X_i) = E(X) = \mu$,所以

$$E(\overline{X}) = \frac{1}{n}\sum_{i=1}^{n} E(X_i) = E(X) = \mu.$$

故样本均值 $\overline{X}$ 为总体均值的无偏估计量. 又

$$S^2 = \frac{1}{n-1}\sum_{i=1}^{n}(X_i - \overline{X})^2,$$

所以

$$\begin{aligned}
E(S^2) &= E\left[\frac{1}{n-1}\sum_{i=1}^{n}(X_i - \overline{X})^2\right] = \frac{1}{n-1} E\left\{\sum_{i=1}^{n}[(X_i - \mu) - (\overline{X} - \mu)]^2\right\} \\
&= \frac{1}{n-1} E\left\{\sum_{i=1}^{n}[(X_i - \mu)^2 - 2(X_i - \mu)(\overline{X} - \mu) + (\overline{X} - \mu)^2]\right\} \\
&= \frac{1}{n-1} E\left[\sum_{i=1}^{n}(X_i - \mu)^2 - 2(\overline{X} - \mu)\sum_{i=1}^{n}(X_i - \mu) + n(\overline{X} - \mu)^2\right] \\
&= \frac{1}{n-1} E\left[\sum_{i=1}^{n}(X_i - \mu)^2 - 2(\overline{X} - \mu)\sum_{i=1}^{n}(X_i - n\mu) + n(\overline{X} - \mu)^2\right] \\
&= \frac{1}{n-1} E\left[\sum_{i=1}^{n}(X_i - \mu)^2 - 2(\overline{X} - \mu)(n\overline{X} - n\mu) + n(\overline{X} - \mu)^2\right] \\
&= \frac{1}{n-1} E\left[\sum_{i=1}^{n}(X_i - \mu)^2 - n(\overline{X} - \mu)^2\right] \\
&= \frac{1}{n-1}\left[\sum_{i=1}^{n} E(X_i - \mu)^2 - nE(\overline{X} - \mu)^2\right] \\
&= \frac{1}{n-1}[n\sigma^2 - nD(\overline{X})]
\end{aligned}$$

$$= \frac{1}{n-1}\left[n\sigma^2 - n\frac{\sigma^2}{n}\right] = \sigma^2.$$

因此样本方差 S^2 为总体方差 σ^2 的无偏估计量. 而

$$E(B_2) = E\left[\frac{1}{n}\sum_{i=1}^{n}(X_i - \overline{X})^2\right] = \frac{1}{n}E\left[\frac{n-1}{n} \cdot \frac{1}{n-1}\sum_{i=1}^{n}(X_i - \overline{X})^2\right]$$

$$= E\left[\frac{n-1}{n}S^2\right] = \frac{n-1}{n}\sigma^2,$$

所以样本二阶中心距 $B_2 = \frac{1}{n}\sum_{i=1}^{n}(X_i - \overline{X})^2$ 不是 σ^2 的无偏估计量.

例 6.1.10 设 $X_1, X_2, \cdots, X_n$ 为取自总体 X 的样本,总体的概率密度为

$$X \sim f(x) = \begin{cases} \frac{1}{\theta}e^{-\frac{x}{\theta}}, & x > 0, \\ 0, & \text{其他.} \end{cases}$$

证明样本均值为参数 θ 的无偏估计. 若令 $\lambda = \frac{1}{\theta}$,则总体的概率密度为

$$X \sim f(x) = \begin{cases} \lambda e^{-\lambda x}, & x > 0, \\ 0, & \text{其他.} \end{cases}$$

此时 $\lambda = \frac{1}{\overline{X}}$ 不是参数 λ 的无偏估计.

证 显然, $E(X) = \theta$,取参数 θ 的估计 $\hat{\theta} = \overline{X} = \frac{1}{n}\sum_{i=1}^{n}X_i$(它是矩估计也是极大似然估计),有

$$E(\hat{\theta}) = E(\overline{X}) = \frac{1}{n}\sum_{i=1}^{n}E(X_i) = \hat{\theta}.$$

所以样本均值 $\overline{X}$ 为参数 θ 的无偏估计.

由例 6.1.7,有 $\lambda = \frac{1}{\overline{X}}$. 显然 $E(\lambda) = E\left(\frac{1}{\overline{X}}\right) \neq \lambda$,即 $\frac{1}{\overline{X}}$ 不是参数 λ 的无偏估计.

例 6.1.11 设 X_1, X_2, X_3 为取自正态总体 $X \sim N(\mu, \sigma^2)$ 容量为 3 的样本,证明下列三个估计量都是总体均值的无偏估计:

$$\mu_1 = \frac{1}{3}(X_1 + X_2 + X_3), \quad \mu_2 = \frac{1}{3}X_1 + \frac{1}{2}X_2 + \frac{1}{6}X_3, \quad \mu_3 = \frac{2}{5}X_1 + \frac{1}{2}X_2 + \frac{1}{10}X_3.$$

证 因为 $E(\mu_1) = \frac{1}{3}E(X_1 + X_2 + X_3) = \frac{1}{3}[E(X_1) + E(X_2) + E(X_3)] = \frac{1}{3} \times 3\mu = \mu$,

$$E(\mu_2) = E\left(\frac{1}{3}X_1 + \frac{1}{2}X_2 + \frac{1}{6}X_3\right) = \frac{1}{3}E(X_1) + \frac{1}{2}E(X_2) + \frac{1}{6}E(X_3) = \mu,$$

$$E(\mu_3) = E\left(\frac{2}{5}X_1 + \frac{1}{2}X_2 + \frac{1}{10}X_3\right) = \frac{2}{5}E(X_1) + \frac{1}{2}E(X_2) + \frac{1}{10}E(X_3) = \mu,$$

所以 μ_1, μ_2, μ_3 均为总体均值 μ 的无偏估计.

从上面的例子可看出,一个参数的估计量可以由许多,有些是无偏估计,有的不是无偏估计,对于不是无偏的估计量,如 $\hat{\theta} = \hat{\theta}(x_1, x_2, \cdots, x_n)$,我们发现,$E(\hat{\theta})$ 通常与 n 有关,若 $n \to \infty$ 时 $E(\hat{\theta})$ 的极限为 $\hat{\theta}$,则称 $\hat{\theta}$ 为 θ 的**渐近无偏估计**. 同时,例 6.1.11 的结论表明:**一个未知参数可以有不同的无偏估计量**.

二、有效性

在样本容量相同的情况下,比较 θ 的两个无偏估计量 θ_1 和 θ_2,若 θ_1 的观察值较 θ_2 更密集在真值 θ 的附近,我们就认为 θ_1 较 θ_2 理想. 由于方差是随机变量取值与其数学期望的偏离程度的度量,所以无偏估计方差小者较好.

定义 6.1.5 设 $\theta_1(X_1, X_2, \cdots, X_n)$ 与 $\theta_2(X_1, X_2, \cdots, X_n)$ 都是 θ 的无偏估计量,若有 $D(\theta_1) < D(\theta_2)$,则称 θ_1 较 θ_2 **有效**.

例 6.1.12(续例 6.1.11) μ_1, μ_2, μ_3 均为总体均值 μ 的无偏估计,请判断它们谁更有效.

解 因为 $D(\mu_1) = \frac{1}{9} D(X_1 + X_2 + X_3) = \frac{1}{9}[D(X_1) + D(X_2) + D(X_3)] = \frac{1}{9} \times 3\sigma^2 = \frac{1}{3}\sigma^2$,

$D(\mu_2) = D\left(\frac{1}{3}X_1 + \frac{1}{2}X_2 + \frac{1}{6}X_3\right) = \frac{1}{9}D(X_1) + \frac{1}{4}D(X_2) + \frac{1}{100}D(X_3) = \frac{1}{3}\sigma^2$,

$D(\mu_3) = D\left(\frac{2}{5}X_1 + \frac{1}{2}X_2 + \frac{1}{10}X_3\right) = \frac{4}{25}D(X_1) + \frac{1}{4}D(X_2) + \frac{1}{100}D(X_3) = \frac{42}{100}\sigma^2$,

所以这三个估计中 μ_1 更有效.

例 6.1.13 设总体 $X \sim R(0, \theta), X_1, X_2, \cdots, X_n$ 是抽自该总体的一个样本.

(1) 证明 $\theta_1 = 2\overline{X}, \theta_2 = \frac{n+1}{n} X(n)$ 是 θ 的无偏估计;

(2) 问 θ_1 和 θ_2 哪一个有效 $(n \geq 2)$?

解 (1) 由 $R(0, \theta)$ 的密度函数为

$$f_\theta(x) \begin{cases} \frac{1}{\theta}, & 1 < x < \theta, \\ 0, & \text{其他} \end{cases} \Rightarrow f_{X(n)}(x) = \begin{cases} \frac{nx^{n-1}}{\theta^n}, & 0 < x < \theta, \\ 0, & \text{其他}, \end{cases}$$

所以

$$E(2\overline{X}) = E\left(\frac{2}{n} \sum_{i=1}^n X_i\right) = \frac{2}{n} \sum_{i=1}^n E(X_i) = \frac{2}{n} \cdot n \cdot \frac{\theta}{2} = \theta,$$

$$E\left(\frac{n+1}{n} X(n)\right) = \frac{n+1}{n} \int_0^\theta x \cdot \frac{nx^{n-1}}{\theta^n} dx = \frac{n+1}{n} \cdot \frac{n}{n+1} \theta = \theta.$$

因此 θ_1, θ_2 均是 θ 的无偏估计.

(2) 因为 $D(\theta_1) = D(2\overline{X}) = \dfrac{4}{n} \cdot \dfrac{\theta^2}{12} = \dfrac{\theta^2}{3n}$, 而

$$E(X^2(n)) = \int_0^\theta x^2 \dfrac{nx^{n-1}}{\theta^n} dx = \dfrac{n}{n+2}\theta^2,$$

所以

$$D(\theta_2) = \dfrac{(n+1)^2}{n^2}[EX^2(n) - (EX(n))^2] = \dfrac{\theta^2}{n(n+2)}.$$

因此, 当 $n \geqslant 2$ 时, $D(\theta_2) < D(\theta_1)$, 即 θ_2 比 θ_1 有效.

三、一致(相合)性

由于无偏性和有效性都是在样本容量固定的前提下提出的. 实际上, 我们不仅希望一个估计量是无偏的、有效的, 还希望当样本容量无限增大时, 估计量的值能稳定在待估参数的真值, 这就是所谓一致(相合)性的要求.

定义 6.1.6 设 $\theta(X_1, X_2, \cdots, X_n)$ 为参数 θ 的估计量, 若对 $\forall \theta \in \Theta$, 当 $n \to \infty$ 时, $\theta(X_1, X_2, \cdots, X_n)$ 依概率收敛于 θ, 则称 θ 为 θ 的**一致(相合)估计量**.

结论 1. 样本 $k(k \geqslant 1)$ 阶矩是总体 X 的 k 阶矩的一致(相合)估计量.

2. 若 $\theta = g(\mu_1, \mu_2, \cdots, \mu_k)$, g 为连续函数, 则 θ 的矩估计量 $\theta = g(\mu_1, \mu_2, \cdots, \mu_k) = g(A_1, A_2, \cdots, A_k)$ 是 θ 的一致(相合)估计量.

3. 由极大似然估计法得到的估计量, 在一定条件下也具有一致(相合)性.

6.2 区间估计

在参数的点估计中, 估计值虽然能给我们一个明确的数量概念, 由于它只是参数 θ 一个近似值, 与真值总有一个偏差, 而点估计本身既没有反映近似值的精确度, 又不知道它的偏差范围. 通常我们用区间来估计出参数 θ 的范围, 同时给出此区间包含参数 θ 真值的可信程度. 这种方式称为区间估计. 区间称为置信区间.

6.2.1 区间估计的相关概念

定义 6.2.1 设总体 X 的分布函数 $F(x; \theta)$, θ 为未知参数, $X_1, X_2, \cdots, X_n$ 是来自总体 X 的样本, 如果存在统计量 $\underline{\theta}(X_1, X_2, \cdots, X_n)$ 和 $\overline{\theta}(X_1, X_2, \cdots, X_n)$, 满足

$$P\{\underline{\theta}(X_1, X_2, \cdots, X_n) < \theta < \overline{\theta}(X_1, X_2, \cdots, X_n)\} = 1 - \alpha, \quad 0 < \alpha < 1,$$

(6-2-1)

则称区间 $(\underline{\theta}, \overline{\theta})$ 为参数 θ 的置信度为 $1 - \alpha$ 的**置信区间**, $\underline{\theta}$ 称为**置信下限**, $\overline{\theta}$ 称为**置信上限**, $1 - \alpha$ 称为**置信度**.

定义 6.2.2 所谓 θ 的**区间估计**就是在给定 α 值的前提下,取寻找两个统计量 $\underline{\theta}$ 和 $\bar{\theta}$,使其满足(6-2-1)式,从而知道 θ 落在 $(\underline{\theta},\bar{\theta})$ 中的概率为 $1-\alpha$,因此也称 $(\underline{\theta},\bar{\theta})$ 为 θ 的**区间估计**.

(6-2-1)式的**含义**是指在每次抽样下,对样本值 $(x_1, x_2, \cdots, x_n)$ 就得到一个区间 $(\underline{\theta}(x_1, x_2, \cdots, x_n), \bar{\theta}(x_1, x_2, \cdots, x_n))$,重复多次抽样就得到许多不同的区间,在所有这些区间中,大约有 $1-\alpha$ 的区间含有未知参数 θ,不包含 θ 的区间约占有 α,由于通常给的较小 α,这就意味着(6-2-1)式的概率较大(如图 6.2.1 所示).

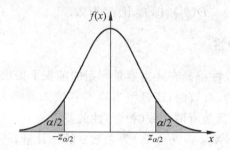

图 6.2.1 标准正态分布的置信度为 $1-\alpha$ 的置信区间

当 X 是连续型随机变量时,对于给定的 α,我们总是按要求 $P\{\underline{\theta}<\theta<\bar{\theta}\}=1-\alpha$ 求出置信区间;当 X 是离散型随机变量时,对于给定的 α,我们常常找不到区间 $(\underline{\theta},\bar{\theta})$,使得 $P\{\underline{\theta}<\theta<\bar{\theta}\}$ 恰为 $1-\alpha$,此时,我们去找区间 $(\underline{\theta},\bar{\theta})$,使得 $P\{\underline{\theta}<\theta<\bar{\theta}\}$ 至少为 $1-\alpha$,且尽可能地接近 $1-\alpha$.

例 6.2.1 设总体 $X \sim N(\mu, \sigma^2)$,σ^2 为已知,μ 为未知,设 $(X_1, X_2, \cdots, X_n)$ 为来自总体 X 的样本,求 μ 的置信度为 $1-\alpha$ 的置信区间.

解 因为 $\bar{X}$ 为 μ 的无偏估计,且 $\dfrac{\bar{X}-\mu}{\sigma/\sqrt{n}} \sim N(0,1)$(见图 6.2.1),又 $\dfrac{\bar{X}-\mu}{\sigma/\sqrt{n}} \sim N(0,1)$ 不依赖于任何参数,所以由标准正态分布的上 α 分位点的定义,有

$$P\left\{\left|\dfrac{\bar{X}-\mu}{\sigma/\sqrt{n}}\right|<z_{\alpha/2}\right\}=1-\alpha \Rightarrow P\left\{\bar{X}-\dfrac{\sigma}{\sqrt{n}}z_{\alpha/2}<\mu<\bar{X}+\dfrac{\sigma}{\sqrt{n}}z_{\alpha/2}\right\}=1-\alpha.$$

因此 μ 一个置信度为 $1-\alpha$ 的置信区间为

$$\left(\bar{X}-\dfrac{\sigma}{\sqrt{n}}z_{\alpha/2}, \bar{X}+\dfrac{\sigma}{\sqrt{n}}z_{\alpha/2}\right). \tag{6-2-2}$$

注 置信度为 $1-\alpha$ 的置信区间并不唯一. 以例 6.2.1 来说,若给定 $\alpha=0.05$,则有

$$P\left\{-z_{0.04}<\dfrac{\bar{X}-\mu}{\sigma/\sqrt{n}}<z_{0.01}\right\}=0.95 \Rightarrow P\left\{\bar{X}-\dfrac{\sigma}{\sqrt{n}}z_{0.04}<\mu<\bar{X}+\dfrac{\sigma}{\sqrt{n}}z_{0.01}\right\}=0.95,$$

故 $\left(\bar{X}-\dfrac{\sigma}{\sqrt{n}}z_{0.04}, \bar{X}+\dfrac{\sigma}{\sqrt{n}}z_{0.01}\right)$ 也是 μ 的一个置信度为 0.95 的置信区间.

易知,(6-2-1)式所给的区间长度为 $2 \cdot \frac{\sigma}{\sqrt{n}} z_{0.025} = 3.92 \frac{\sigma}{\sqrt{n}}$;比区间长度 $\frac{\sigma}{\sqrt{n}}(z_{0.04} + z_{0.01}) = 4.08 \frac{\sigma}{\sqrt{n}}$ 短,置信区间短表示估计的精度高,我们通常选择它,由 $L = \frac{\sigma}{\sqrt{n}} z_{\alpha/2} \Rightarrow n = \left(\frac{2\sigma}{L} z_{\alpha/2}\right)^2$,即 L 与 $\sqrt{n}$ 成反比.

寻求未知参数 θ 的置信区间的一般步骤如下:

(1) 设法找到一个样本 $(X_1, X_2, \cdots, X_n)$ 和待估参数 θ 的函数 $Z = Z(X_1, X_2, \cdots, X_n; \theta)$,除 θ 外,Z 不含其他未知参数,Z 的分布已知且与 θ 无关;

(2) 对于给定的置信度 $1-\alpha$,定出两个常数 a, b,使
$$P\{a < (X_1, X_2, \cdots, X_n; \theta) < b\} = 1 - \alpha;$$

(3) 将不等式 $a < (X_1, X_2, \cdots, X_n; \theta) < b$ 化为等价的形式
$$\underline{\theta}(X_1, X_2, \cdots, X_n) < \theta < \bar{\theta}(X_1, X_2, \cdots, X_n),$$

从而有
$$P\{\underline{\theta}(X_1, X_2, \cdots, X_n) < \theta < \bar{\theta}(X_1, X_2, \cdots, X_n)\} = 1 - \alpha,$$

则 $(\underline{\theta}, \bar{\theta})$ 就是所求的置信度为 $1-\alpha$ 的置信区间.

6.2.2 单个正态总体数学期望的置信区间

给定置信度为 $1-\alpha$,设 $(X_1, X_2, \cdots, X_n)$ 为总体 $N(\mu, \sigma^2)$ 的样本,$\bar{X}, S^2$ 分别为样本均值和样本方差.

1. σ^2 为已知,μ 的区间估计

由例 6.2.1 的结论,μ 的置信度为 $1-\alpha$ 的置信区间为
$$\left(\bar{X} - \frac{\sigma}{\sqrt{n}} z_{\alpha/2}, \bar{X} + \frac{\sigma}{\sqrt{n}} z_{\alpha/2}\right). \tag{6-2-3}$$

例 6.2.2 若电池寿命服从 $X \sim N(\mu, 8)$,试估计平均寿命的置信区间($\alpha = 5\%$).

解 因为方差已知,$\alpha = 5\%$,所以 $z_{\alpha/2} = z_{0.025} = 1.96$,而 $n = 10, \sigma = 2\sqrt{2}$,又
$$\bar{x} = \frac{1}{10} \sum_{i=1}^{10} x_i = 1\,147,$$

于是总体均值 $E(X)$ 置信度为 $1-\alpha = 95\%$ 的置信区间为
$$\left(\bar{X} - \frac{\sigma}{\sqrt{n}} z_{\alpha/2}, \bar{X} + \frac{\sigma}{\sqrt{n}} z_{\alpha/2}\right) = \left(1\,147 - \frac{2\sqrt{2}}{\sqrt{10}} \times 1.96, 1\,147 - \frac{2\sqrt{2}}{\sqrt{10}} \times 1.96\right),$$

即 $(1\,145.25, 1\,148.75)$.

可见,选取同样大的样本,由于该方法利用了分布的信息,因此比用切比雪夫不等式估计要精确.

说明 当样本容量相当大时($n \geqslant 50$),根据中心极限定理,在满足条件的情况下,不是正态分布的一般总体$X(E(X)=\mu, D(X)=\sigma^2)$,$\overline{X}$渐近地服从正态分布.故大样本情况下,对于一般总体方差已知而均值$E(X)$的区间估计仍可以用(6-2-2)式进行.对于大样本情况下,一般总体的方差未知时,可以用其样本方差S^2代替σ^2,仍可以用(6-2-2)式对总体均值$E(X)$进行区间估计.

2. σ^2为未知,小样本情况下μ的区间估计

因为S^2为σ^2的无偏估计,可将σ成$S=\sqrt{S^2}$,由定理5.3.3,$\dfrac{\overline{X}-\mu}{S/\sqrt{n}} \sim t(n-1)$.又$t(n-1)$不依赖于任何未知参数,所以

$$P\left\{-t_{\alpha/2}(n-1) < \dfrac{\overline{X}-\mu}{\sigma/\sqrt{n}} < t_{\alpha/2}(n-1)\right\} = 1-\alpha,$$

即

$$P\left\{\overline{X} - \dfrac{S}{\sqrt{n}} t_{\alpha/2}(n-1) < \mu < \overline{X} + \dfrac{S}{\sqrt{n}} t_{\alpha/2}(n-1)\right\} = 1-\alpha. \quad (6\text{-}2\text{-}4)$$

所以μ的置信度为$1-\alpha$的置信区间为

$$\left(\overline{X} \pm \dfrac{S}{\sqrt{n}} t_{\alpha/2}(n-1)\right). \quad (6\text{-}2\text{-}5)$$

例 6.2.3 对某型号的飞机飞行速度进行15次试验,测得最大飞行速度(单位:m/s)如下:422.2,417.2,425.6,420.3,425.8,423.1,417.6,428.3,434.0,412.3,431.5,413.5,441.3,423.0.根据长期经验,最大飞行速度可以认为是服从正态分布的.试就上述试验数据,对最大飞行速度的期望进行区间估计.($\alpha=0.05$)

解 以X表示最大飞行速度,已知$X \sim N(\mu, \sigma^2)$,σ^2未知,因此,本题是一个方差σ^2未知,求正态总体均值的置信区间问题.经过计算得$\bar{x}=425.047$,$s^2=1006.34/14$,$\dfrac{\alpha}{2}=0.025$,$n-1=14$查自由度为14的t分布表,得$t_{0.025}(14)=2.145$.于是

$$\bar{x} - \dfrac{s}{\sqrt{n}} t_{\alpha/2}(n-1) = 425.047 - 2.145\sqrt{1006.34/(15 \times 14)} = 420.35,$$

$$\bar{x} + \dfrac{s}{\sqrt{n}} t_{\alpha/2}(n-1) = 425.047 + 2.145\sqrt{1006.34/(15 \times 14)} = 429.74.$$

所以最大飞行速度的期望值是μ的置信度为0.95的置信区间(420.35,429.74).

6.2.3 单个正态总体方差的置信区间

给定置信度为$1-\alpha$,设$(X_1, X_2, \cdots, X_n)$为总体$N(\mu, \sigma^2)$的样本,$\overline{X}$,S^2分别为样本均值和样本方差.下面求小样本情况下,正态总体方差σ^2的区间估计.

因为S^2为σ^2的无偏估计,由定理5.3.2知$\chi^2 = \dfrac{(n-1)S^2}{\sigma^2} \sim \chi^2(n-1)$,分布

$\chi^2(n-1)$ 不依赖于任何未知参数,于是有

$$P\left\{\chi^2_{1-\alpha/2}(n-1) < \frac{(n-1)S^2}{\sigma^2} < \chi^2_{\alpha/2}(n-1)\right\} = 1-\alpha,$$

即

$$P\left\{\frac{(n-1)S^2}{\chi^2_{\alpha/2}(n-1)} < \sigma^2 < \frac{(n-1)S^2}{\chi^2_{1-\alpha/2}(n-1)}\right\} = 1-\alpha.$$

因此 σ^2 的一个置信度为 $1-\alpha$ 的置信区间为

$$\left(\frac{(n-1)S^2}{\chi^2_{\alpha/2}(n-1)}, \frac{(n-1)S^2}{\chi^2_{1-\alpha/2}(n-1)}\right), \tag{6-2-6}$$

σ 的一个置信度为 $1-\alpha$ 置信区间为

$$\left(\frac{\sqrt{(n-1)}S}{\sqrt{\chi^2_{\alpha/2}(n-1)}}, \frac{\sqrt{(n-1)}S}{\sqrt{\chi^2_{1-\alpha/2}(n-1)}}\right). \tag{6-2-7}$$

例 6.2.4 假定某地区婴儿的体重服从正态分布,随机抽取 12 名婴儿,测得其重量(单位:kg)为:

3.1, 2.52, 3.0, 3.0, 3.6, 3.16, 3.56, 3.32, 2.88, 2.6, 3.4, 2.54.

根据上述数据,在置信度为 95% 情况下对婴儿体重方差进行区间估计.

解 设婴儿体重为 X kg,由于 $X \sim N(\mu, \sigma^2)$,且总体均值 $E(X) = \mu$ 未知.

由题意,$\alpha = 0.05, n = 12$,计算得 $(n-1)S^2 \approx 1.549\,467$,查表得

$$\chi^2_{\alpha/2}(n-1) = \chi^2_{0.025}(11) = 21.9, \quad \chi^2_{1-\alpha/2}(n-1) = \chi^2_{0.975}(11) = 3.82,$$

于是,总体方差 σ^2 的一个置信度为 95% 的置信区间为

$$\left(\frac{(n-1)S^2}{\chi^2_{\alpha/2}(n-1)}, \frac{(n-1)S^2}{\chi^2_{1-\alpha/2}(n-1)}\right) = \left(\frac{1.549\,467}{21.9}, \frac{1.549\,467}{3.82}\right) = (0.070\,752, 0.405\,62).$$

*6.2.4 两个正态总体的均值之差的置信区间

1. σ_1^2, σ_2^2 均已知

由 $\overline{X}, \overline{Y}$ 分别为 $\mu_1 - \mu_2$ 的无偏估计,故 $\overline{X} - \overline{Y}$ 是 $\mu_1 - \mu_2$ 的无偏估计.由样本的独立性及 $\overline{X} \sim N\left(\mu_1, \frac{\sigma_1^2}{n_1}\right), \overline{Y} \sim N\left(\mu_2, \frac{\sigma_2^2}{n_2}\right)$,得

$$\overline{X} - \overline{Y} \sim N\left(\mu_1 - \mu_2, \frac{\sigma_1^2}{n_1} + \frac{\sigma_2^2}{n_2}\right) \Rightarrow \frac{(\overline{X} - \overline{Y}) - (\mu_1 - \mu_2)}{\sqrt{\frac{\sigma_1^2}{n_1} + \frac{\sigma_2^2}{n_2}}} \sim N(0,1),$$

所以 $\mu_1 - \mu_2$ 的一个置信度为 $1-\alpha$ 的置信区间为

$$\left(\overline{X} - \overline{Y} \pm z_{\alpha/2} \sqrt{\frac{\sigma_1^2}{n_1} + \frac{\sigma_2^2}{n_2}}\right). \tag{6-2-8}$$

2. σ_1^2, σ_2^2 均未知

此时,只要 n_1, n_2 都很大(实际上一般取大于 50 即可),则可用

$$\left(\overline{X}-\overline{Y} \pm z_{\alpha/2}\sqrt{\frac{s_1^2}{n_1}+\frac{s_2^2}{n_2}}\right) \tag{6-2-9}$$

作为 $\mu_1-\mu_2$ 的一个置信度为 $1-\alpha$ 的置信区间.

3. $\sigma_1^2=\sigma_2^2=\sigma^2, \sigma^2$ 为未知

由定理 5.3.3,有

$$\frac{(\overline{X}-\overline{Y})-(\mu_1-\mu_2)}{S_w\sqrt{\frac{1}{n_1}+\frac{1}{n_2}}} \sim t(n_1+n_2-2),$$

从而可得 $\mu_1-\mu_2$ 的一个置信度为 $1-\alpha$ 的置信区间为

$$\left(\overline{X}-\overline{Y} \pm t_{\alpha/2}(n_1+n_2-2)S_w\sqrt{\frac{1}{n_1}+\frac{1}{n_2}}\right), \tag{6-2-10}$$

其中 $S_w^2=\dfrac{(n_1-1)S_1^2+(n_2-1)S_2^2}{n_1+n_2-2}, S_w=\sqrt{S_w^2}$.

例 6.2.5 随机从甲乙两批产品中分别抽取 4 个与 5 个产品,测得它们的质量分别为(单位:kg):

甲批　0.143,0.142,0.143,0.137;

乙批　0.140,0.142,0.136,0.138,0.140.

设测定数据分别来自总体 $N(\mu_1,\sigma^2), N(\mu_2,\sigma^2)$,两样本独立,且参数 μ_1, μ_2, σ^2 均未知. 求 $\mu_1-\mu_2$ 的置信度为 95% 的置信区间.

解 由题意,此为方差相等但未知,求均值差的置信区间问题. 经计算得

$$\overline{x}=0.1425, s_1=0.00287;\quad \overline{y}=0.1392, s_2=0.00228,$$

且

$$n_1=4,\quad n_2=5,\quad s_w=\sqrt{\frac{3s_1^2+4s_2^2}{7}}=0.00253,\quad \alpha=0.05,$$

查表得 $t_{0.025}(7)=2.3646$. 所以由公式(6-2-10)得 $\mu_1-\mu_2$ 的置信度为 95% 的置信区间为

$$\left(\overline{X}-\overline{Y} \pm t_{\alpha/2}(n_1+n_2-2)S_w\sqrt{\frac{1}{n_1}+\frac{1}{n_2}}\right),$$

即

$$\left(\overline{x}-\overline{y} \pm t_{0.025}(7)S_w\sqrt{\frac{1}{4}+\frac{1}{5}}\right)=(-0.002, 0.006).$$

例 6.2.6 已知某产品寿命服从正态分布. 在某星期生产的该种产品中随机抽取 10 只,测得其寿命(单位:h)为

$$1\,051, 1\,023, 925, 845, 958, 1\,084, 1\,166, 1\,048, 789, 1\,021.$$
试用极大似然估计法估计该星期的产品能使用 1 000h 以上的概率.

解 以 X 表示某星期生产的产品寿命,则 $X \sim N(\mu, \sigma^2)$. 先求 μ, σ 的极大似然估计值,有

$$\mu = \bar{x} = \frac{1}{10}(1\,051 + 1\,023 + \cdots + 1\,021) = 991,$$

$$\sigma^2 = \frac{1}{n}\left(\sum_{i=1}^{n} x_i^2 - n\overline{x^2}\right) = \frac{1}{10}(1\,051^2 + \cdots + 1\,021^2 - 10 \times 991^2) = 11\,516.2,$$

$$\sigma = 107.31,$$

$$X \sim N(991, 107.31^2).$$

于是该星期生产的产品能使用 1 000h 以上的概率为

$$P\{1\,000 < X\} = P\left(\frac{1\,000 - 991}{107.31} < \frac{X - 991}{107.31}\right)$$

$$= 1 - \Phi(0.08) = 1 - 0.531\,9 = 0.468\,1.$$

*6.2.5 两个正态总体方差比的置信区间

这里只讨论均值 μ_1, μ_2 为未知的情况. 由于

$$\frac{(n_1-1)S_1^2}{\sigma_1^2} \sim \chi^2(n_1-1); \quad \frac{(n_2-1)S_2^2}{\sigma_2^2} \sim \chi^2(n_2-1),$$

且由假设知 $\frac{(n_1-1)S_1^2}{\sigma_1^2}$ 与 $\frac{(n_2-1)S_2^2}{\sigma_2^2}$ 相互独立. 由 F 分布的定义有

$$\frac{S_1^2/\sigma_1^2}{S_2^2/\sigma_2^2} = \frac{(n_1-1)S_1^2/\sigma_1^2(n_1-1)}{(n_2-1)S_2^2/\sigma_2^2(n_2-1)} \sim F(n_1-1, n_2-1),$$

并且分布 $F(n_1-1, n_2-1)$ 不依赖于任何参数,于是有

$$P\left\{F_{1-\alpha/2}(n_1-1, n_2-1) < \frac{S_1^2/\sigma_1^2}{S_2^2/\sigma_2^2} < F_{\alpha/2}(n_1-1, n_2-1)\right\} = 1 - \alpha,$$

即

$$P\left\{\frac{S_1^2}{S_2^2} \frac{1}{F_{\alpha/2}(n_1-1, n_2-1)} < \frac{\sigma_1^2}{\sigma_2^2} < \frac{S_1^2}{S_2^2} \frac{1}{F_{1-\alpha/2}(n_1-1, n_2-1)}\right\} = 1 - \alpha.$$

于是得到 $\frac{\sigma_1^2}{\sigma_2^2}$ 的一个置信度为 $1-\alpha$ 的置信区间为

$$\left(\frac{S_1^2}{S_2^2} \frac{1}{F_{\alpha/2}(n_1-1, n_2-1)}, \frac{S_1^2}{S_2^2} \frac{1}{F_{1-\alpha/2}(n_1-1, n_2-1)}\right). \quad (6\text{-}2\text{-}11)$$

方差比的置信区间的含义为:若 $\frac{\sigma_1^2}{\sigma_2^2}$ 的置信上限小于 1,说明总体 $N(\mu_1, \sigma_1^2)$ 的波动性较小,若 $\frac{\sigma_1^2}{\sigma_2^2}$ 的置信下限大于 1,则总体 $N(\mu_2, \sigma_2^2)$ 的波动性较大. 若置信区间包含

1,在实际中,我们就认为 σ_1^2, σ_2^2 两者没有明显差别.

例 6.2.7 由工厂中两台糖果包装机器同时加工,今从机器甲包装的糖果中抽取 18 袋,测得样本标准差 $s_1^2=0.34$;从机器乙包装的糖果中抽取 13 袋,测得样本标准差 $s_2^2=0.29$. 两样本独立,且假定两台机器包装的糖果质量均服从正态分布. 求两总体方差比 σ_1^2/σ_2^2 的置信度为 90% 的置信区间.

解 根据题设,有

$$n_1=18,\quad s_1^2=0.34,\quad n_2=13,\quad s_2^2=0.29,\quad \alpha=0.10,$$

查表得

$$F_{0.05}(17,12)=2.59,\quad F_{0.95}(17,12)=\frac{1}{F_{0.05}(17,12)}=\frac{1}{2.38},$$

所以由公式(6-2-11)得 σ_1^2/σ_2^2 的置信度为 90% 的置信区间为

$$\left(\frac{S_1^2}{S_2^2}\frac{1}{F_{\alpha/2}(n_1-1,n_2-1)},\frac{S_1^2}{S_2^2}\frac{1}{F_{1-\alpha/2}(n_1-1,n_2-1)}\right),$$

即 $\left(\frac{0.34}{0.29}\times\frac{1}{2.59},\frac{0.34}{0.29}\times 2.38\right)=(0.45,2.79)$.

6.3 案例分析

某研究所测得某地 120 名正常成人尿铅含量(单位:$mg \cdot L^{-1}$)如下:

尿铅含量	0~	4~	8~	12~	16~	20~	24~	28~	32~	36~	合计
例数	14	22	29	18	15	10	6	3	2	1	120

试据此资料估计正常成人平均尿铅含量的置信区间及正常成人尿铅含量的参考值范围.

单样本 Kolmogorov-Smirnov 检验

		尿铅含量
N		120
正态参数[a,b]	均值	10.87
	标准差	8.003
最极端差别	绝对值	0.182
	正	0.182
	负	−0.087
Kolmogorov-Smirnov Z		1.989
渐近显著性(双侧)		0.001

a. 检验分布为正态分布
b. 根据数据计算得到

根据 SPSS 的 K-S 检验分析,渐近显著性(双侧)值为 $0.001<0.05$,说明样本不服从正态分态.可以采用百分位数法求正常成人平均尿铅含量的置信区间,比如要求置信度为 95%.

解 经计算,得
$$\bar{x} = 10.08, \quad \sigma = 8.003.$$

对置信度 $1-\alpha=0.95$,可查得 $\alpha/2=0.025$ 分位点 $u_{0.025}=1.96$,于是算得置信半径
$$d = u_{\alpha/2}\frac{\sigma}{\sqrt{n}} = 1.96 \times \frac{8.003}{\sqrt{120}} = 1.43.$$

故正常成人平均尿铅含量的 95% 置信区间为
$$(10.08-1.43, 10.08+1.43),$$
即 $(8.65, 11.51)$.

本章小结

数理统计学的基本任务就是以样本为依据推断总体的统计规律.我们把刻画总体的某些特征的常数称为参数.在实际生活中,总体的参数是未知的,从样本出发,根据样本提供的信息,对总体的参数做出估计,这样的问题称为参数估计问题.常见的基本的参数估计方法有两种:点估计和区间估计.两种参数估计方法也是本章的重要内容.基本要求如下:

1. 了解参数估计的基本思想,能熟知点估计、矩估计、极大似然估计、无偏性、有效性、一致性、区间估计等基本概念.
2. 理解矩估计和极大似然估计的思想,掌握矩估计和极大似然估计求解方法.
3. 了解估计量的评价标准,重点掌握无偏性、有效性及其判定.
4. 理解区间估计的基本思想,掌握正态总体均值和方差区间估计的求解方法和具体步骤.

习题六

1. 从一批干电池中随机抽取了 16 个进行寿命测试,得到其数据如下(单位:kh):
202,218,212,207,215,202,199,217,219,226,218,212,208,205,220,217.
试对这批干电池的平均寿命进行矩估计.

2. 设 $(x_1, x_2, \cdots, x_n)$ 为总体 X 的一个样本,其概率密度为
$$X \sim f(x) = \begin{cases} \alpha x^{-(\alpha+1)}, & x > 1, \\ 0, & \text{其他} \end{cases} \quad (\alpha < 1).$$

求未知参数 α 的矩估计.

3. 设总体 X 服从几何分布,其分布列为
$$P\{X=k\}=(1-p)^{k-1}p,\quad k=1,2,\cdots(0<p<1).$$
(1) 求参数 p 的矩估计;
(2) 求参数 p 的极大似然估计.

4. 设总体 $X \sim f(x) = \begin{cases} \beta x^{\beta-1}, & 0<x<1, \\ 0, & \text{其他} \end{cases}$ $(\beta>0)$. 求:

(1) 参数 β 的矩估计;
(2) 参数 β 的极大似然估计.

5. 设总体 X 服从均匀分布 $U[0,b]$,取得容量为 6 的样本值:
$$1.5 \quad 0.8 \quad 1.9 \quad 2.4 \quad 0.5 \quad 1.3$$
求参数 b 的极大似然估计值.

6. 在进行驾驶训练的 6 次试验数据中,测得下列速度值(单位:km/h):
$$27 \quad 38 \quad 30 \quad 37 \quad 35 \quad 31$$
求驾驶训练速度的均值与方差的无偏估计.

7. 设 x_1, x_2, x_3 为总体 X 的一个样本,证明
$$\mu_1 = \frac{1}{6}x_1 + \frac{1}{2}x_2 + \frac{1}{3}x_3, \quad \mu_2 = \frac{1}{5}x_1 + \frac{2}{5}x_2 + \frac{2}{5}x_3$$
是总体均值 μ 的无偏估计,并判断哪一个估计更有效.

8. 一个工厂生产袋装食品,从某天的产品中随机抽取 6 袋,测得重量如下(单位:g):
$$146 \quad 151 \quad 149 \quad 152 \quad 151 \quad 150$$
(1) 如果知道该天产品重量的方差为 0.5g;
(2) 如果知道该天产品重量服从正态分布,其他条件与(1)同,
求产品平均重量的置信区间($\alpha=0.05$).

9. 某工厂生产滚珠,从某天的产品中随机抽取 9 个,测得直径(单位:mm)如下:
$$14.6 \quad 14.7 \quad 15.1 \quad 14.9 \quad 14.8 \quad 15.0 \quad 15.1 \quad 15.2 \quad 14.8$$
设滚珠直径服从正态分布,若
(1) 如果知道滚珠直径的标准差为 0.15mm;
(2) 如果滚珠直径的标准差未知,
求滚珠直径平均值 μ 的置信度为 95% 的置信区间.

10. 某厂生产袋装味精,其质量服从正态分布.今从这批味精中随机抽取 11 袋进行测试,测得它们的质量为(单位:g):
$$42.5 \quad 42.7 \quad 43.0 \quad 42.3 \quad 43.8 \quad 44.5 \quad 44.0 \quad 43.4 \quad 43.7 \quad 43.9 \quad 44.1$$

求:(1) 平均质量 μ 的置信度为 95% 的置信区间;

(2) 标准差 σ 的置信度为 90% 的置信区间.

11. 某花卉生产企业为了测试磷肥对某种花卉产量的作用,现在选取 20 个条件大致相同的大棚,10 块不施磷肥,另外 10 块施磷肥.得大棚产量(枝)如下:

不施磷肥　560　560　580　590　570　600　550　550　570　570

施磷肥　　620　650　630　570　600　570　600　580　580　600

设不施磷肥与施磷肥棚产均服从正态分布,且方差相同.试对该两种方案的平均产量之差在置信度为 95% 的情况下做区间估计.

12. 有甲、乙两位工作人员对空气中某污染物的含量用同样的方法分别做 10 次和 11 次测定.测定数据的方差分别为 $s_1^2 = 0.5419, s_2^2 = 0.6065$.设甲、乙两位工作人员测定值服从正态分布,其总体方差分布为 σ_1^2, σ_2^2.求方差比 σ_1^2/σ_2^2 的置信度为 90% 的置信区间.

第7章 假设检验

在实际工作中经常遇到这样的问题. 有一批货, 规定次品率为 2%, 经过抽样检查, 如何判断这批产品是否合格? 某制药厂生产新药, 经过 100 名志愿者的临床试验后, 如何分析抽样结果, 判断新药的疗效? 在前面经常说"假设总体服从某分布", 现在要问能否根据给定的一组样本值判断这个假设是否成立? 任何判断? 解决这几类问题, 需要一套科学的方法. 这就是假设检验. 假设检验所解决的问题是: 如何根据样本值来判断对总体的某种"看法"是否合理; 对总体的分布形式或分布中某些未知参数作某种假设, 然后抽取样本, 构造合适的统计量, 对假设的合理性进行判断, 称为假设检验.

7.1 假设检验的基本概念

一、假设检验的基本原理与概念

由概率论知:试验中的随机事件都有自己的概率. 概率较小者的事件称为"小概率事件". 假设检验所根据的原理是"小概率事件在一次试验中几乎是不(可能实现的)会出现的".

例 7.1.1 某厂生产干电池, 根据长期的资料知道, 干电池的寿命服从正态分布, $\sigma = 5\text{h}$, 要求平均寿命 $\mu = 200\text{h}$, 今对一批产品抽查了 10 个样品, 测得寿命的数据如下(单位: h): 201, 208, 212, 197, 205, 209, 194, 207, 199, 206. 问这批干电池的平均寿命是否为 200h?

分析 设干电池的寿命为 $X, X \sim N(\mu, 5^2)$, 现在的问题是 $\mu \stackrel{?}{=} 200$.

假设 $\mu = 200$ 记作 $H_0: \mu = 200$, 如果这个假设成立, 那么 $X \sim N(200, 5^2)$. 考虑统计量(因为 $\overline{X}$ 为 μ 的无偏估计, 若 H_0 成立, 则 $|\overline{X} - \mu|$ 应很小, 而 $\sigma/\sqrt{n}$ 为已知固定量, 所以 $|\overline{X} - \mu|$ 与 $\left|\dfrac{\overline{X} - \mu}{\sigma/\sqrt{n}}\right|$ 具有相同的性质) $Z = \dfrac{\overline{X} - 200}{5/\sqrt{10}} \sim N(0, 1)$. 于是当 α 很小时, 取 $\alpha = 0.05, Z_{0.025} = 1.96, \overline{X} = 203.8$, 则事件 $\left\{\left|\dfrac{\overline{X} - 200}{5/\sqrt{10}}\right| > Z_{0.025}\right\}$ 是一个小概率

事件.

若 $\left|\dfrac{\overline{X}-200}{5/\sqrt{10}}\right|=2.40>1.96=Z_{0.025}$. 这就是小概率事件 $\left\{\left|\dfrac{\overline{X}-200}{5/\sqrt{10}}\right|>Z_{0.025}\right\}$ 居然发生了,由于经验告诉我们:小概率事件在一次试验中是很难发生的,因此,有理由认为原来的假设 $\mu=200$ 不成立,即这批干电池的平均寿命不是 200h. 若样本的样本均值 $\overline{X}=201.9$,这时 $\left|\dfrac{\overline{X}-200}{5/\sqrt{10}}\right|=1.2016<Z_{0.025}$,小概率事件 $\left\{\left|\dfrac{\overline{X}-200}{5/\sqrt{10}}\right|>Z_{0.025}\right\}$ 没有发生,于是没有理由否定原来的假设,因此认为原来的假设成立,即 $\mu=200$.

由以上分析:假设检验的思想方法是一种反证法.根据"小概率事件在一次试验中不会发生".如果小概率事件在一次试验中发生了,则认为原假设不成立(先假设结论成立,然后在这个结论成立的条件下进行推导和运算).假设检验采用的是一种带概率性质的反证法.

定义 7.1.1 称 $H_0:\mu=200$ 为**原假设或零假设**.把相反的结论称作**备择假设或对立假设**,记作 $H_1:\mu\neq 200$.

定义 7.1.2 称 $\alpha(0<\alpha<1)$ 为**显著性水平**,常取 $\alpha=0.05,0.10,0.01$ 等.

定义 7.1.3 拒绝原假设 H_0 的区域称为**拒绝(否定)域**,如 $\left|\dfrac{\overline{X}-200}{5/\sqrt{10}}\right|>Z_{1-\frac{\alpha}{2}}$. 拒绝域以外的区域称为**接受域**. 拒绝域的边界点称为**临界点**(如图 7.1.1 所示).

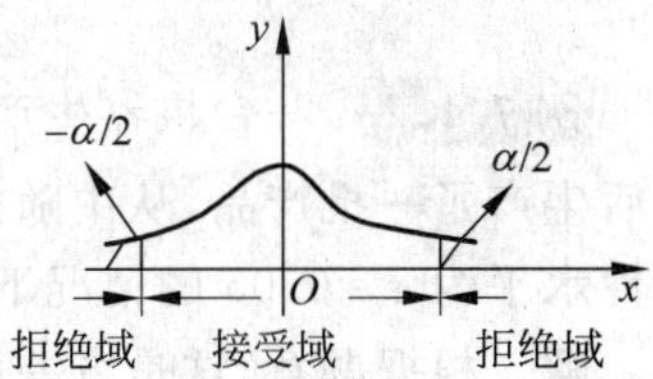

定义 7.1.4 统计量 $Z=\dfrac{\overline{X}-\mu_0}{\sigma/\sqrt{n}}$ 称为**检验统计量**.

图 7.1.1 拒绝域与临界点

如果根据样本值计算出的统计量的观察值落入拒绝域,则认为原假设 H_0 不成立,称作在显著性水平 α 下拒绝 H_0;否则,接受 H_0. 拒绝域的大小与显著性水平 α 的大小有关. 如例 7.1.1,当 $\alpha=0.05$ 时,$\left|\dfrac{\overline{X}-200}{5/\sqrt{10}}\right|=2.40>1.96$,从而拒绝 H_0;如果取 $\alpha=0.02$,$Z_{0.01}=2.58>2.40$,则应接受 H_0,可见 α 的选择是重要的.

二、假设检验的两类错误

由于假设检验的依据是"小概率事件在一次试验中很难发生".但很难发生并不等于决不发生.因而假设检验的结论有可能是错误的,其错误可以分为两大类:

(1)第一类错误:"弃真" 如果原假设成立,而观察值落入拒绝域,从而作出拒绝的结论,$P\{$拒绝 $H_0|H_0$ 为真$\}=\alpha$,即犯第一类错误的概率为 α.

(2)第二类错误:"取伪" 如果原假设不成立,而观察值未落入拒绝域,从而作出接受的结论,$P\{$接受 $H_0|H_0$ 为假$\}=\beta$,即犯第二类错误的概率为 β.

人们当然希望犯两类错误的概率同时都很小,但是当容量 n 一定时,α 减少,β 增加;β 减少,α 增加,取定 α 要想使 β 减少,则必须增加样本容量 n。在给定样本容量 n 的情况下,一般来说,我们总是控制犯第一类错误的概率. α 的取值常为 $0.1, 0.05, 0.01, 0.005$ 等,这种只对犯第一类错误的概率加以控制,称为显著性检验问题("宁可错杀一千,也不放过一个"的概率依据).

三、双侧假设检验与单侧假设检验

定义 7.1.5 在例 7.1.1 中,形式 $H_0: \mu = \mu_0$,$H_1: \mu \neq \mu_0$ 称为**双侧假设检验**(拒绝域分布在接受域的两侧). 称 $H_0: \mu \leqslant \mu_0$,$H_1: \mu > \mu_0$ 为**右侧假设检验**;$H_0: \mu \geqslant \mu_0$,$H_1: \mu < \mu_0$ 为**左侧假设检验**,二者统称为**单侧假设检验**.

设总体 $X \sim N(\mu, \sigma^2)$ 为已知,$X_1, X_2, \cdots, X_n$ 为来自 X 的样本,给定显著性水平 α,则 $H_0: \mu \leqslant \mu_0$,$H_1: \mu > \mu_0$ 的拒绝域为 $\alpha = 0.05, Z_{0.05} = 1.64, \bar{x} = 41.25$. 当 H_0 为真时,有 $P\{拒绝\ H_0 | H_0\ 为真\} = P\left\{\dfrac{\overline{X} - \mu_0}{\sigma/\sqrt{n}} \geqslant k\right\} = \alpha \Rightarrow k = z_\alpha$.

同理,$H_0: \mu \geqslant \mu_0$,$H_1: \mu < \mu_0$ 的拒绝域形式为 $\overline{Z} = \dfrac{\overline{X} - \mu_0}{\sigma/\sqrt{n}} < -Z_\alpha$.

例 7.1.2 一台机器生产的产品重量服从正态分布 $N(40, 4)$(单位:g). 机器技改后生产了一批产品,从中随机抽取 25 个,测得重量的样本均值为 $\bar{x} = 41.25$g,在显著性水平为 $\alpha = 0.05$ 的情况下,判断这批产品的平均重量是否有显著增加.

解 根据题意,这是方差已知,对正态总体均值的单侧检验.于是设

$$H_0: \mu \leqslant \mu_0 = 40, \quad H_1: \mu > \mu_0 = 40,$$

其检验统计量取及其拒绝域为 $\overline{Z} = \dfrac{\overline{X} - \mu_0}{\sigma/\sqrt{n}} > Z_\alpha$.

而 $\alpha = 0.05, Z_{0.05} = 1.64, \bar{x} = 41.25$,计算得

$$\overline{Z} = \dfrac{\overline{X} - \mu_0}{\sigma/\sqrt{n}} = \dfrac{41.25 - 40}{2/\sqrt{25}} = 3.125 \geqslant 1.645.$$

即样本均值落在拒绝域内,从而拒绝 H_0,接受 H_1. 认为这批产品的平均重量有显著增加.

由上述例题,我们归纳出假设检验的一般步骤如下:

(1) 提出原假设 H_0 及备择假设 H_1;

(2) 选择统计量(样本容量);

(3) 求出在假设 H_0 成立的条件下,该统计量服从的概率分布;

(4) 选择显著性水平 α,确定拒绝域;

(5) 根据样本值计算统计量的观察值,看观察值是否落入拒绝域内,作出拒绝或接受 H_0 的结论.

7.2 正态总体均值与方差的假设检验

一、单个总体 $N(\mu, \sigma^2)$ 均值 μ 与方差 σ^2 的检验

1. σ^2 已知，关于 μ 的检验（μ 检验）

在 7.1 节中，我们已经讨论了 $Z \sim N(\mu, \sigma^2)$ 当 σ^2 已知时，关于 $H_0: \mu = \mu_0$，$H_1: \mu \neq \mu_0$ 的检验问题. 取统计量 $\bar{Z} = \dfrac{\bar{X} - \mu_0}{\sigma/\sqrt{n}}$，当 H_0 成立时 $Z \sim N(0,1)$，对于给定的 $\alpha(0 < \alpha < 1)$，$P\{|Z| > Z_{\frac{\alpha}{2}}\} = \alpha$，接受域为

$$\left| \frac{\bar{X} - \mu_0}{\sigma/\sqrt{n}} \right| > Z_{\frac{\alpha}{2}}, \tag{7-2-1}$$

称为 μ 检验法.

$H_0: \mu \leqslant \mu_0$，$H_1: \mu > \mu_0$，由例 7.1.2，拒绝域为

$$\frac{\bar{X} - \mu_0}{\sigma/\sqrt{n}} > Z_\alpha. \tag{7-2-2}$$

$H_0: \mu \geqslant \mu_0$，$H_1: \mu < \mu_0$，取统计量 $\bar{Z} = \dfrac{\bar{X} - \mu_0}{\sigma/\sqrt{n}}$，当 H_0 成立时，

$$\frac{\bar{X} - \mu}{\sigma/\sqrt{n}} \geqslant \frac{\bar{X} - \mu_0}{\sigma/\sqrt{n}} \Rightarrow \frac{\bar{X} - \mu_0}{\sigma/\sqrt{n}} < -Z_\alpha \supset \frac{\bar{X} - \mu}{\sigma/\sqrt{n}} < -Z_\alpha,$$

$$\frac{\bar{X} - \mu}{\sigma/\sqrt{n}} \sim N(0,1), P\left\{\frac{\bar{X} - \mu}{\sigma/\sqrt{n}} < -Z_\alpha\right\} = \alpha \Rightarrow P\left\{\frac{\bar{X} - \mu_0}{\sigma/\sqrt{n}} < -Z_\alpha\right\} \leqslant \alpha.$$

从而，取拒绝域为

$$\frac{\bar{X} - \mu_0}{\sigma/\sqrt{n}} < -Z_\alpha. \tag{7-2-3}$$

例 7.2.1 某厂对废水进行处理，要求某种有毒物质的浓度不超过 19(mg/L). 抽样检查得 10 个数据，其样本均值为 $\bar{X} = 17.1$ mg/L，假设有毒物质的含量服从正态分布，且 $\sigma^2 = 8.5 \,(\text{mg/L})^2$. 问处理后的废水是否合格？（$\alpha = 0.05$）

解 令 $H_0: \mu \geqslant \mu_0 = 19$，$H_1: \mu < \mu_0 = 19$，取 $Z = \dfrac{\bar{X} - \mu_0}{\sigma/\sqrt{n}}$，$\sigma = \sqrt{8.5}$，$n = 10$，在 H_0 成立的情况下，

$$Z = \frac{\bar{X} - \mu_0}{\sigma/\sqrt{n}} = \frac{17.1 - 19}{\sqrt{8.5 \times 10}} = -2.06 < -Z_\alpha = -Z_{0.05} = -1.645.$$

故拒绝 H_0，即处理后的废水合格.

2. σ^2 未知，检验 μ（t 检验）

设总体 $X \sim N(\mu, \sigma^2), \mu, \sigma^2$ 未知. 下面分别讨论.

(1) $H_0: \mu = \mu_0, H_1: \mu \neq \mu_0$ 时，取统计量 $T = \dfrac{\overline{X} - \mu_0}{S/\sqrt{n}}$，当 H_0 成立时,

$$T = \frac{\overline{X} - \mu_0}{S/\sqrt{n}} \sim t(n-1).$$

因为 S 为 σ 的无偏估计，由定理 5.3.3，对于给定的 $\alpha(0<\alpha<1), P\{|T|>t_{\frac{\alpha}{2}}(n-1)\} = \alpha$，从而其拒绝域为

$$\left|\frac{\overline{X} - \mu_0}{S/\sqrt{n}}\right| > t_{\frac{\alpha}{2}}(n-1), \tag{7-2-4}$$

称为 t 检验法.

(2) $H_0: \mu \leq \mu_0, H_1: \mu > \mu_0$，拒绝域为

$$\left|\frac{\overline{X} - \mu_0}{S/\sqrt{n}}\right| > t_{\alpha}(n-1). \tag{7-2-5}$$

(3) $H_0: \mu \geq \mu_0, H_1: \mu < \mu_0$，拒绝域为

$$\left|\frac{\overline{X} - \mu_0}{S/\sqrt{n}}\right| < -t_{\alpha}(n-1). \tag{7-2-6}$$

例 7.2.2 用一仪器间接测量温度 5 次：1 250，1 265，1 245，1 260，1 275. 而用另一种精密仪器测得该温度为 1 277（可观测真值）. 问此仪器测温度有无系统误差？（测量的温度服从正态分布，$\alpha = 0.05$）

解 取 $H_0: \mu = \mu_0 = 1\,277, H_1: \mu \neq \mu_0 = 1\,277, t = \dfrac{\overline{x} - 1\,277}{S/\sqrt{\sigma}}$，而 $t_{\frac{\alpha}{2}}(n-1) = t_{0.025}(4) = 2.776, \overline{X} = 1\,259, S^2 = \dfrac{570}{4}$，故拒绝域为

$$|t| > 2.776, \text{且 } |t| = \left|\frac{\overline{X} - \mu_0}{S/\sqrt{n}}\right| > \left|\frac{1\,259 - 1\,277}{\sqrt{5 \times 570/\sqrt{4}}}\right| = 3.37 > t_{\frac{\alpha}{2}}(n-1),$$

即 t 落在拒绝域内，可以认为该仪器有系统误差.

3. 单个正态总体方差的检验

设总体 $X \sim N(\mu, \sigma^2), \mu, \sigma^2$ 均未知，$X_1, X_2, \cdots, X_n$ 来自 X.

(1) $H_0: \sigma^2 = \sigma_0^2, H_1: \sigma^2 \neq \sigma_0^2, \sigma_0^2$ 为已知常数时，因为 S 为 σ 的无偏估计，当 H_0 成立时，统计量 $\chi^2 = \dfrac{(n-1)S^2}{\sigma_0^2} \sim \chi^2(n-1)$. 当 $\alpha(0<\alpha<1)$ 时，

$$P\{\chi^2 \geq \chi^2_{1-\frac{\alpha}{2}}(n-1)\} = \frac{\alpha}{2}, \quad P\{\chi^2 \leq \chi^2_{1-\frac{\alpha}{2}}(n-1)\} = \frac{\alpha}{2},$$

即

$$P\{拒绝\ H_0\ |\ H_0\ 为真\} = P\left\{\frac{(n-1)S^2}{\sigma_0^2} \leqslant k_1, \frac{(n-1)S^2}{\sigma_0^2} \geqslant k_2\right\} = \alpha.$$

从而其拒绝域为

$$\chi^2 \leqslant \chi^2_{\frac{\alpha}{2}}(n-1) \quad 或 \quad \chi^2 \geqslant \chi^2_{\frac{\alpha}{2}}(n-1). \tag{7-2-7}$$

称为 χ^2 检验法.

(2) $H_0: \sigma^2 \leqslant \sigma_0^2, H_1: \sigma^2 > \sigma_0^2$, 拒绝域为

$$\frac{(n-1)S^2}{\sigma_0^2} > \chi^2_{1-\alpha}(n-1). \tag{7-2-8}$$

(3) $H_0: \sigma^2 \geqslant \sigma_0^2, H_1: \sigma^2 < \sigma_0^2$, 拒绝域为

$$\frac{(n-1)S^2}{\sigma_0^2} < \chi^2_{\alpha}(n-1). \tag{7-2-9}$$

例 7.2.3 用老的铸造法铸造的零件的强度的平均值为 $52.8 \text{g}/\text{mm}^2$, 标准差为 $1.6 \text{g}/\text{mm}^2$. 为了降低成本, 改变了铸造方法, 抽取了 9 个样品, 测得其强度为 51.9, 53.0, 52.7, 54.1, 53.2, 52.3, 52.5, 51.1, 54.1. 假设强度服从正态分布. 试判断新方法是否改变了强度的均值和标准差?($\alpha = 0.05$)

解 先判断 $\sigma^2 = 1.6^2$ 是否成立, 再判断 $\mu = 52.8$ 是否成立.

(1) $H_0: \sigma^2 = 1.6^2, H_1: \sigma^2 \neq 1.6^2$, 对于给定的 ($\alpha = 0.05$), 则统计量

$$\chi^2 = \frac{(n-1)S^2}{\sigma_0^2} = \frac{8S^2}{1.6^2} = \frac{9.54}{1.6^2} = 3.72, \quad \chi^2_{0.025}(8) = 2.18, \quad \chi^2_{0.975}(8) = 17.54,$$

当 H_0 成立时, 其拒绝域为 $\chi^2 < 2.18$ 或 $\chi^2 > 17.54$.

χ^2 未落入拒绝域, 故接受 H_0, 认为 $\sigma^2 = 1.6^2$.

(2) 由前面判断 $\sigma^2 = 1.6^2$, 可认为 σ^2 已知.

假设 $H_0^1: \mu = 52.8, H_1^1: \mu \neq 52.8$, 则取统计量 $Z = \frac{\overline{X} - 52.8}{\sigma/\sqrt{n}}$, 当 H_0^1 成立时, 拒绝域为 $|Z| = \left|\frac{\overline{X} - 52.8}{\sigma/\sqrt{n}}\right| > Z_{\frac{\alpha}{2}} = 1.96$. 由样本值得

$$\overline{X} = 52.77, \quad Z = \frac{52.77 - 52.8}{\sigma/\sqrt{n}} = -0.06$$

因为 $|Z| = 0.06 < 1.96$ 未落入拒绝域内, 故接受 H_0^1, 即认为 $\mu = 52.8$.

注 如果在(1)的结论中有 $\sigma^2 = 1.6^2$, 则在(2)中用 $t = \frac{\overline{x} - \mu}{S/\sqrt{n}}$ 检验.

二、两个正态总体均值与方差的检验

设 $X_1, X_2, \cdots, X_n$ 与 $Y_1, Y_2, \cdots, Y_n$ 来自正态总体 $N(\mu_1, \sigma_1^2)$ 和 $N(\mu_2, \sigma_2^2)$ 的样本, 且这两个样本相互独立. $\overline{X}, \overline{Y}; S_1^2, S_2^2$ 分别是这两个样本的样本均值和样本方差.

1. σ_1^2, σ_2^2 已知,检验 $\mu_1 - \mu_2$

(1) $H_0: \mu_1 = \mu_2, H_1: \mu_1 \neq \mu_2$ 时,取统计量

$$Z = \frac{\bar{X} - \bar{Y}}{\sqrt{\sigma_1^2/n_1 + \sigma_2^2/n_2}},$$

当 H_0 成立时 $Z \sim N(0,1)$,所以 $P\left\{\left|\frac{\bar{X} - \bar{Y}}{\sqrt{\sigma_1^2/n_1 + \sigma_2^2/n_2}}\right| > Z_{\frac{\alpha}{2}}\right\} = \alpha$,其拒绝域为

$$\left|\frac{\bar{X} - \bar{Y}}{\sqrt{\sigma_1^2/n_1 + \sigma_2^2/n_2}}\right| > Z_{\frac{\alpha}{2}}. \tag{7-2-10}$$

(2) 同理,$H_0: \mu_1 \leq \mu_2, H_1: \mu_1 > \mu_2$ 时,其拒绝域为

$$\frac{\bar{X} - \bar{Y}}{\sqrt{\sigma_1^2/n_1 + \sigma_2^2/n_2}} > Z_\alpha. \tag{7-2-11}$$

2. 已知 $\sigma_1^2 = \sigma_2^2 = \sigma^2$,但 σ^2 未知时,检验 $\mu_1 - \mu_2$

(1) $H_0: \mu_1 = \mu_2, H_1: \mu_1 \neq \mu_2$. 取统计量

$$t = \frac{\bar{X} - \bar{Y}}{S_w \sqrt{\frac{1}{n_1} + \frac{1}{n_2}}},$$

当 H_0 成立时,$t \sim t(n_1 + n_2 - 2)$,对于给定的 $\alpha \in (0,1)$,有

$$P\{|t| > t_{\frac{\alpha}{2}}(n_1 + n_2 - 2)\} = \alpha,$$

其中 $S_w^2 = \frac{(n_1 - 1)S_1^2 + (n_2 - 1)S_2^2}{n_1 + n_2 - 2}, S_w = \sqrt{S_w^2}$,拒绝域为

$$|t| > t_{\frac{\alpha}{2}}(n_1 + n_2 - 2). \tag{7-2-12}$$

(2) $H_0: \mu_1 - \mu_2 \leq \delta, H_1: \mu_1 - \mu_2 > \delta$,取统计量

$$t = \frac{(\bar{X} - \bar{Y}) - \delta}{S_w \sqrt{\frac{1}{n_1} + \frac{1}{n_2}}},$$

当 H_0 成立时,$t \sim t(n_1 + n_2 - 2)$,对于给定的 $\alpha \in (0,1)$,有

$$P\{t > t_\alpha(n_1 + n_2 - 2)\} = \alpha,$$

拒绝域为

$$t > t_\alpha(n_1 + n_2 - 2). \tag{7-2-13}$$

例 7.2.4 学习成绩基本一样的甲、乙两个同学参加了这次的学期 5 门课程的综合考评,其成绩分别为(单位:分):

甲　88　87　92　90　91
乙　89　89　90　84　88

假设他们的成绩均服从正态分布,且有相同的方差. 在显著性水平为 $\alpha = 0.05$ 情况下,能否判断乙比甲的成绩要差?

解 我们要判断甲、乙两个同学成绩的好坏,即需要对两个同学的平均成绩进行比较.设甲成绩为 $X \sim N(\mu_1,\sigma^2)$,乙成绩为 $Y \sim N(\mu_2,\sigma^2)$,由题意,$\bar{x}=89.6$,$\bar{y}=88.0$,$\bar{x}-\bar{y}>0$,做假设 $H_0:\mu_1-\mu_2 \leqslant 0,H_1:\mu_1-\mu_2>0$.

经过计算得

$$S_1^2=4.3, \quad S_2^2=5.5, \quad S_w=\sqrt{\frac{(n_1-1)S_1^2+(n_2-1)S_2^2}{n_1+n_2-2}} \approx 2.2136,$$

查表得 $\alpha=0.05, t_{0.05}(8)=1.8595$,有

$$t=\frac{\bar{X}-\bar{Y}}{S_w\sqrt{\frac{1}{n_1}+\frac{1}{n_2}}}=1.1429<t_{0.05}(8)=1.8595.$$

所以接受原假设 H_0,即没有理由乙的成绩比甲的成绩差.

3. 两个正态总体方差的检验

设 $X \sim N(\mu_1,\sigma_1^2),Y \sim N(\mu_2,\sigma_2^2),X,Y$ 相互独立.$\bar{X},\bar{Y};S_1^2,S_2^2$ 分别是 X,Y 样本均值和样本方差,$\mu_1,\sigma_1^2,\mu_2,\sigma_2^2$ 均未知.

(1) $H_0:\sigma_1^2=\sigma_2^2,H_1:\sigma_1^2 \neq \sigma_2^2$,取统计量 $F=S_1^2/S_2^2$,当 H_0 成立时,有 $F \sim F(n_1-1,n_2-1)$,对于给定的 $\alpha(0<\alpha<1)$,有

$$P\{F<F_{1-\frac{\alpha}{2}}(n_1-1,n_2-2)\}=\frac{\alpha}{2}, \quad P\{F>F_{\frac{\alpha}{2}}(n_1-1,n_2-2)\}=\frac{\alpha}{2},$$

从而拒绝域为

$$F<F_{1-\frac{\alpha}{2}}(n_1-1,n_2-2), \quad \text{或} \quad F>F_{\frac{\alpha}{2}}(n_1-1,n_2-2). \tag{7-2-14}$$

称为 **F 检验法**.

(2) 同理,$H_0:\sigma_1^2 \leqslant \sigma_2^2,H_1:\sigma_1^2>\sigma_2^2$,其拒绝域为

$$S_1^2/S_2^2>F_\alpha(n_1-1,n_2-2). \tag{7-2-15}$$

(3) $H_0:\sigma_1^2 \geqslant \sigma_2^2,H_1:\sigma_1^2<\sigma_2^2$,其拒绝域为

$$S_1^2/S_2^2 \leqslant F_{1-\alpha}(n_1-1,n_2-2). \tag{7-2-16}$$

例 7.2.5 设甲乙两个工厂生产统一品牌的灯泡,其寿命均服从正态分布,在甲厂抽取容量为 10 的样本,测得样本方差为 $S_1^2=4.38$;在乙厂抽取容量为 12 的样本,测得样本方差为 $S_2^2=1.56$.在显著性水平为 $\alpha=0.05$ 下,判断两个工厂产品寿命的方差大小.

解 由题意,作假设 $H_0:\sigma_1^2 \leqslant \sigma_2^2,H_1:\sigma_1^2>\sigma_2^2$.

$n_1=10, \quad n_2=12, \quad s_1^2=4.38, \quad s_2^2=1.56 \Rightarrow F=s_1^2/s_2^2 \approx 2.808$.

当 $\alpha=0.05$ 时,查表得 $F_{0.05}(9,11)=2.90$,因为 $F=2.808<F_{0.05}(9,11)=2.90$.所以接受原假设 H_0,即认为二者没有多大区别.

三、基于成对数据的检验（t 检验）

在实际工作中,往往会遇到关于两个总体成对数据的均值的检验问题.在这种情

况下,两个总体不是独立的.我们通常在相同条件下作对比试验,得到一批成对的观察值,然后分析观察数据作出推断,称为**逐对比较法**.

设 X 和 Y 是两个正态总体,均值分别为 μ_1, μ_2, X 和 Y 不是相互独立的,取成对的样本:$(X_1, Y_1), (X_2, Y_2), \cdots, (X_n, Y_n)$,要检验 $H_0: \mu_1 = \mu_2$,令 $Z = X - Y$,则该检验变为正态总体 σ^2 未知情况下对 μ 的检验.

例 7.2.6 为了比较用来做鞋底的两种材料的质量,选取 15 个运动员,每人穿一双新鞋,其中一只鞋是以材料甲做鞋底,另一只鞋是以材料乙做鞋底,其厚度均为 10mm. 过了一季度再测量厚度,得到数据如下:

材料甲 6.6 8.3 5.2 7.9 7.8 6.1 6.1 9.1 7.0 8.2 9.3 8.5 7.5 8.9 9.4

材料乙 7.4 8.8 6.8 6.3 7.0 4.4 4.9 9.1 5.4 8.0 9.1 7.5 6.5 7.7 9.4

设 $d_i = $ 甲 $_i -$ 乙$_i (i=1,2,\cdots,15)$ 来自正态总体.问是否可以认为材料甲制成的鞋底比材料乙的耐穿?($\alpha = 0.05$)

解 设题中所设正态总体的均值为 μ_d. 作假设

$$H_0: \mu_d \leqslant 0, \quad H_1: \mu_d > 0.$$

由题意有 $\bar{d} = \dfrac{1}{15}\sum\limits_{i=1}^{15} d_i = 0.5533, s = \sqrt{\dfrac{1}{15-1}\sum\limits_{i=1}^{15}(\bar{d}-d_i)^2} = 1.0225,$

$$t = \frac{\bar{d} - 0}{s/\sqrt{n}} = 2.0958.$$

当 $\alpha = 0.05$ 时,查表得 $t_\alpha(n-1) = 1.763$,从而有 $t \geqslant t_\alpha(n-1) = 1.763$, t 落在拒绝域中,故接受 H_1,即认为材料甲比材料乙耐穿.

四、区间估计与假设检验的关系

设 $X_1, X_2, \cdots, X_n$ 是来自总体看 X 的样本,$(x_1, x_2, \cdots, x_n)$ 是相应的样本值,Θ 是参数 θ 的可能取值范围.设 $\underline{\theta}(X_1, X_2, \cdots, X_n), \bar{\theta}(X_1, X_2, \cdots, X_n)$,是参数 θ 的一个置信水平为 $1-\alpha$ 的置信区间,则对 $\forall \theta \in \Theta$,有

$$P_\theta\{\underline{\theta}(X_1, X_2, \cdots, X_n) < \theta < \bar{\theta}(X_1, X_2, \cdots, X_n)\} \geqslant 1-\alpha. \quad (7\text{-}2\text{-}17)$$

考虑显著性水平为 α 的双边检验

$$H_0: \theta = \theta_0, \quad H_1: \theta \neq \theta_0. \quad (7\text{-}2\text{-}18)$$

由 (7-2-17) 式有 $P_{\theta_0}\{\underline{\theta}(X_1, X_2, \cdots, X_n) < \theta_0 < \bar{\theta}(X_1, X_2, \cdots, X_n)\} \geqslant 1-\alpha$, 等价变形为

$$P_{\theta_0}\{(\theta_0 \leqslant \underline{\theta}(X_1, X_2, \cdots, X_n)) \cup (\theta_0 \geqslant \bar{\theta}(X_1, X_2, \cdots, X_n))\} \leqslant \alpha.$$

由显著性水平为 α 的假设检验的拒绝域的定义,检验 (7-2-18) 式的拒绝域为

$$(\theta_0 \leqslant \underline{\theta}(X_1, X_2, \cdots, X_n)) \cup (\theta_0 \geqslant \bar{\theta}(X_1, X_2, \cdots, X_n)),$$

接受域为 $\underline{\theta}(X_1, X_2, \cdots, X_n) < \theta_0 < \bar{\theta}(X_1, X_2, \cdots, X_n)$.

由此说来,当要检验假设(7-2-18)式时,可先求出 θ 的置信水平为 $1-\alpha$ 的置信区间 $(\underline{\theta}, \bar{\theta})$,然后考察 θ_0 是否落在区间 $(\underline{\theta}, \bar{\theta})$,若 $\theta_0 \in (\underline{\theta}, \bar{\theta})$,则接受 H_0,若 $\theta_0 \notin (\underline{\theta}, \bar{\theta})$,则拒绝 H_0.

另一方面,对于 $\forall \theta_0 \in \Theta$,考虑显著性水平为 α 的假设检验问题
$$H_0: \theta = \theta_0, \quad H_1: \theta \neq \theta_0.$$
假设它的接受域为 $\underline{\theta}(X_1, X_2, \cdots, X_n) < \theta_0 < \bar{\theta}(X_1, X_2, \cdots, X_n)$,即有
$$P_\theta\{\underline{\theta}(X_1, X_2, \cdots, X_n) < \theta_0 < \bar{\theta}(X_1, X_2, \cdots, X_n)\} \geqslant 1-\alpha.$$
由 θ_0 的任意性,即对 $\forall \theta \in \Theta$,有
$$P_\theta\{\underline{\theta}(X_1, X_2, \cdots, X_n) < \theta < \bar{\theta}(X_1, X_2, \cdots, X_n)\} \geqslant 1-\alpha.$$
因此 $\underline{\theta}(X_1, X_2, \cdots, X_n), \bar{\theta}(X_1, X_2, \cdots, X_n)$ 是参数 θ 的一个置信水平为 $1-\alpha$ 的置信区间.

由此说来,要求参数 θ 的置信水平为 $1-\alpha$ 的置信区间,我们需先求出显著性水平为 α 的假设检验问题 $H_0: \theta = \theta_0, H_1: \theta \neq \theta_0$ 的接受域
$$\underline{\theta}(X_1, X_2, \cdots, X_n) < \theta_0 < \bar{\theta}(X_1, X_2, \cdots, X_n),$$
则 $(\underline{\theta}(X_1, X_2, \cdots, X_n), \bar{\theta}(X_1, X_2, \cdots, X_n))$ 是参数 θ 的一个置信水平为 $1-\alpha$ 的置信区间.

综上所述,假设检验的接受域是区间估计的置信区间,故假设检验与区间估计的统计处理是相通的.假设检验和参数估计(区间)都是统计问题.在总体已知的,参数未知情况下总体的一些性质归结为参数的性质.假设检验与参数估计是从不同方面回答同一问题.如纺纱厂纺出的纱的强力是否达标,通过样本观察值的研究,假设检验的回答是"是或否",参数估计的回答是强力的多少(或范围).即假设检验所讨论的问题是否成立,回答是定性的,而参数估计则从"量"的方面给出回答.

7.3 非正态总体参数的假设检验

7.2 节我们详细的介绍了正态总体均值与方差的假设检验.在实际问题中,还经常会遇到非正态总体的参数的假设检验问题.这些假设检验的理论基础是中心极限定理,因此,要求讨论的样本容量充分大,即大样本假设检验.

一、概率 p 的假设检验

先介绍一个例子.

例 7.3.1 一个灯泡厂生产的灯泡在通常情况下次品率为 5%,某天从生产的一批灯泡中随机抽取 100 个,测得次品为 8 个,问在显著性水平 $\alpha = 0.05$ 的情况下,

能否认为该天生产的灯泡的次品率仍然为 5%?

分析 本题目要求对该天生产的灯泡的次品率仍然为 5% 进行假设检验. 于是作假设 $H_0: p=0.05, H_1: p \neq 0.05$, 这是对其次品发生的概率 p 的假设检验.

该问题的数学模型为:设总体 X 服从两点分布,即
$$P\{X=k\} = p^k(1-p)^{1-k}, \quad k=0,1.$$

作假设
$$H_0: p=p_0, \quad H_1: p \neq p_0, \tag{7-3-1}$$

从总体中抽取样本 $X_1, X_2, \cdots, X_n$(n 充分大). 对应的样本均值 $\bar{x}=\dfrac{1}{n}\sum_{i=1}^{n}x_i=\dfrac{m}{n}$ 为事件发生的频率. 当原假设 H_0 成立时,有
$$E(\bar{x}) = p_0, \quad D(\bar{x}) = \frac{p_0(1-p_0)}{n}.$$

由棣莫弗-拉普拉斯中心极限定理,有
$$U = \frac{\dfrac{m}{n}-p_0}{\sqrt{\dfrac{p_0(1-p_0)}{n}}} \overset{近似}{\sim} N(0,1).$$

而上述假设为双侧检验,对于显著性水平 α,拒绝域为
$$\left\{|U| = \left|\frac{\dfrac{m}{n}-p_0}{\sqrt{\dfrac{p_0(1-p_0)}{n}}}\right| > Z_{\frac{\alpha}{2}}\right\}. \tag{7-3-2}$$

同理可得,当假设为 $H_0: p \leq p_0, H_1: p > p_0$ 时,其拒绝域为 $\{U > z_\alpha\}$;当假设为 $H_0: p \geq p_0, H_1: p < p_0$ 时,其拒绝域为 $\{U < -z_\alpha\}$.

于是,我们给出概率 p 检验法的步骤为:首先,根据题意做出假设;其次,根据抽样计算事件发生的频率 $\dfrac{m}{n}$,并求出统计量 U 的值;再次,根据给定的显著性水平 α,查表得到相应的值;最后,判断检验统计量的值是否落入拒绝域,并给出结论.

在例 7.3.1 中,因为 $\dfrac{m}{n}=\dfrac{8}{100}=0.08, p_0=0.05, 1-p_0=0.95$,得
$$U = \frac{0.08-0.05}{\sqrt{\dfrac{0.05 \times 0.95}{100}}} \approx 1.376,$$

而 $\alpha=0.05$ 时,$Z_{\frac{0.05}{2}}=1.96$,于是
$$|U| \approx 1.376 < Z_{\frac{0.05}{2}} = 1.96,$$

所以接受原假设 H_0,即认为当天生产灯泡的次品率仍为 5%.

二、非正态总体均值的大样本检验

设总体 X 的分布函数为 $F(x)$,$X_1,X_2,\cdots,X_n$ 是来自总体 X 的大样本($n \geqslant 50$). 由中心极限定理,设 $E(x)=\mu$,$D(x)=\sigma^2$,$\bar{x}$ 为样本均值,当 n 充分大时,有

$$U = \frac{\bar{x}-\mu}{\sigma/\sqrt{n}} \stackrel{\text{近似}}{\sim} N(0,1).$$

于是,取 $U=\dfrac{\bar{x}-\mu}{\sigma/\sqrt{n}}$ 为检验统计量,当总体的方差未知时,可以用样本方差代替总体方差,由于 n 充分大,所以,$U=\dfrac{\bar{x}-\mu}{s/\sqrt{n}}$ 仍然近似服从标准正态分布. 对于三种不同假设的拒绝域,可以根据 7.2 节的结论给出.

显然,前一段关于概率 p 的假设检验可以看成是本部分的特殊情况.

例 7.3.2 某城市每天的交通事故发生次数服从泊松分布,根据历史资料显示,事故的平均发生次数为每天 3 次. 近几年来,该城市采用交巡警方式进行管理,随抽取 300 天的数据,每天平均发生交通事故次数为 2.7 次. 在显著性水平 $\alpha=0.05$ 的情况下,能否认为每天平均发生交通事故的次数显著减少?

解 设每天交通事故发生次数为 X,则 X 服从泊松分布,所以 $E(x)=D(x)=3$.
由题意,作假设 $H_0:\lambda \geqslant \lambda_0=3$,$H_1:p<3$. 检验统计量

$$U = \frac{\bar{x}-\lambda_0}{\sqrt{\lambda_0}}\sqrt{n} = \frac{2.7-3}{\sqrt{3}}\sqrt{300} = -3.$$

当 $\alpha=0.05$ 时,$z_{0.05}=1.645$,因为

$$U \approx -3 < -z_{0.05} = -1.645.$$

所以拒绝原假设 H_0,即可认为通过交巡警管理后,每天平均交通事故发生率已显著减少.

7.4 应用案例

一、硝化棉含水量的检验

问题 硝化棉是火药的重要原料之一. 它是由纤维素与硝酸作用生成的纤维素硝酸酯. 纤维素是由碳、氢、氧三种元素组成的高分子化合物. 在自然界,一般木材中约有纤维素 50%~80%,棉花中约含纤维素 94%~98%. 棉纤维呈细长的、扭拧的毛细管状,具有中空结构,有很大的内表面. 在小纤维、纤维束之间都有许多孔隙. 因此纤维才有吸附、渗透和膨润等性能. 这对棉纤维的精制和硝化棉的制造有很大实际意义. 棉纤维膨润后,能提高试剂向纤维内部的扩散速度,有利于提高硝化棉的均一性.

描述与分析 硝化棉是无臭、无味的固体物质,仍保持了棉纤维原有的形态和毛细血管结构,但由于受了酸的作用,不像棉纤维那样柔软,而比棉纤维稍硬和脆.干燥的硝化棉是电的不良导体,摩擦时容易产生静电.然而当含有少量水分时,产生静电的现象就不会发生.硝化棉具有吸湿性,但比纤维素要小得多,而且随着含氮量的增加,吸湿性降低.硝化棉的吸湿性是指在一定(条件温度、湿度)下,硝化棉能吸着和保持一定水分的能力.它对火药的弹道稳定性有很大影响,例如当火药的水分变化 1% 时,火炮的初速就会变化 4%,而初速变化 1%,射程就会变化 5%.所以硝化棉的吸湿性越小,火药的弹道稳定性越大.为了运输、保管和使用安全,工厂生产出来的硝化棉,都含有 28%~32% 的水分.可是,乙醚与水不能互溶,含有这样多水分的硝化棉,在醇醚溶剂中不能很好地溶解和溶胀.因此,在加工之前必须把硝化棉里的水分驱除出去.只要硝化棉含水量在 4% 以下就能在醇醚溶剂中很好地溶解和溶胀了.

在天然纤维素里含有很多杂质,如:半纤维素、果胶质、脂肪、高级烃、蛋白质、无机盐和棉桃皮等.这些杂质都必须除掉.所以棉纤维首先要经过精制之后,才能用来做硝化棉.精制的方法就是把棉纤维放在碱液中,并在 150~160℃ 下进行蒸煮,使上述各种杂质被破坏、溶解.精制的棉纤维应具有很多的质量指标,其中对水分有严格的要求.一次烘干后,要求水分含量在 10% 左右,以便于运输储存,且防止水分多腐烂.二次烘干后,控制含水量在 4% 以下,以符合硝化工艺的要求.

建模求解与检验 下面我们就用假设检验的方法来最大程度的保证:一次烘干后,要求水分含量在 10% 左右;二次烘干后,控制含水量在 4% 以下.

在第一次烘干后,我们首先要在新得到的硝化棉中提取若干份(比如 n 份),然后分别测出其含水量,这样我们得到一组观察值 $x_1, x_2, \cdots, x_n$.假定硝化棉含水量服从正态分布 $N(\mu, \sigma^2)$,于是我们需要检验假设 $H_0: \mu = \mu_0 = 10\%, H_1: \mu \neq 10\%$.

由于该正态总体的方差未知,所以,用样本方差代替总体方差,选择检验统计量为 $T = \dfrac{\bar{x} - \mu_0}{S/\sqrt{n}}$,其近似服从参数为 $n-1$ 的 t 分布.根据显著性水平(α 一般取 0.05,0.01 或 0.1 等)要求,得到相应的拒绝域

$$\{|T| \geq t_{\frac{\alpha}{2}}(n-1)\}.$$

根据前面测得的观察值,计算检验统计值 $T = \dfrac{\bar{x} - 10\%}{S/\sqrt{n}}$,并判断该值是否落入拒绝域内,如果落入拒绝域内,则拒绝原假设,否则,则接受原假设,认为第一次烘干后,水分含量在 10% 左右,符合要求.进行第二次烘干.

在第二次烘干后,我们同样要在新得到的硝化棉中提取若干份(比如 m 份),然后分别测出其含水量,这样我们得到一组观察值 $y_1, y_2, \cdots, y_n$.仍然假定硝化棉含水量服从正态分布 $N(\mu, \sigma^2)$,于是我们需要检验假设 $H_0: \mu \geq \mu_0 = 4\%, H_1: \mu < 4\%$.

与第一次检验方法类似,选择检验统计量为 $T = \dfrac{\bar{y} - \mu_0}{S/\sqrt{m}}$ 近似地服从参数为 $m-1$ 的 t 分布. 根据显著性水平要求,得到相应的拒绝域

$$\{|T| \leqslant -t_\alpha(m-1)\}.$$

根据前面测得的观察值,计算检验统计值 $T = \dfrac{\bar{y} - 4\%}{S/\sqrt{m}}$,并判断该值是否落入拒绝域内,如果落入拒绝域内,则拒绝原假设,认为第二次烘干后,水分含量在 4% 以下,符合要求;否则,则接受原假设,没有达到要求.

二、评委打分中为什么要去掉最高分和最低分?
——统计数据中异常值的检验

问题描述与分析 爱看电视节目的读者或许还记得,在电视歌手比赛中,对每一位参赛歌手的得分,都是将各评委的给分去掉一个最高分、去掉一个最低分,再取平均计算出来的. 为什么要这样做呢?是为了避免个别过高或过低的不合理评分影响歌手的成绩. 实际上,在对数据进行统计分析时,往往需要考虑是否有异常值的干扰. 异常值是指样本中的个别值,其数值明显偏离其所属样本的其余观测值. 异常值可能是总体固有的随机变异值的极端表现,这种异常值和样本中其余观测值属于同一总体. 异常值也可能是由于试验条件和试验方法的偶然偏离所产生的后果,或产生于观测、计算、记录中的失误. 这种异常值和样本中其余观测值不属于同一总体.

由于异常值的出现对经典的统计方法影响较大,比如,一个偏离严重的异常值将使常用的统计量 X 的值产生较大偏差,因此,关于异常值的检验也逐渐成为统计学中的重要问题.

模型建立与求解 一旦样本观测值中存在异常值,那么它一定是样本观测值中的最大值 $X_{(n)}$ 或最小值 $X_{(1)}$,如果同侧不止一个异常值,则依次为 $X_{(n-1)}$ 或 $X_{(2)}$,以此类推. 构造异常值的检验统计量,通常是按照能描述样本极值 $X_{(n)}$ 或 $X_{(1)}$ 与样本主体之间的差异的原则来进行的. 例如,关于正态分布总体,统计学家格拉布斯提出如下的检验统计量:

$$G_{(n)} = \dfrac{X - X_{(1)}}{S}, \quad G^{(m)} = \dfrac{X_{(m)} - X}{S}.$$

用 $G_{(n)}$ 检验极小值 $X_{(1)}$、用 $G^{(m)}$ 检验极大值 $X_{(n)}$ 是否为异常值. 提出了检验统计量,然后在不存在异常值的原假设下,推导出相应的抽样分布并计算出检验的临界值,即可进行异常值检验. 如果拒绝原假设,则判断相应的 $X_{(n)}$ 或 $X_{(i)}$ 为异常值.

此外,对于一些常见的分布如指数分布、极值分布等,都有一些统计学者提出了异常值的检验方法. 我国还颁布了几个关于异常值检验的国家标准. 对于用统计方法检验出的异常值,应尽可能寻找产生异常值的技术上的、物理上的原因,作为处理异

常值的依据.

处理异常值的方式通常有:将异常值保留在样本中,参加其后的数据分析,但对相应的结果给予必要的关注;将异常值从样本中剔除后,再做数据分析;将异常值剔除后,追加适宜的观测值计入样本;寻找产生异常值的实际原因修正异常值.一般应根据实际问题的性质,权衡得失风险,确定处理方式.

实例验证与分析 例如,射击 16 发子弹,射程由小至大排列(单位:m)分别为
1 125 1 248 1 250 1 259 1 273 1 279 1 285 1 285 1 293 1 300 1 305 1 312 1 315 1 324 1 325 1 350

检验极小值 $x_{(1)}=1\,125$ 是否为异常值.($\alpha=0.01$)

根据前述数据,计算出 $\bar{x}=1\,283, s=50.760\,9$,于是有

$$G_{(16)} = \frac{1\,283 - 1\,125}{50.760\,9} = 3.112\,6.$$

当 $\alpha=0.01, G_{(16)}$ 的临界值(有相应的数表可查)为 2.747.因为临界值 $2.747 < 3.112\,6 = G_{(16)}$,所以判断极小值 1 125 为异常值.

本章小结

假设检验是统计推断的一个重要方面.在工程实际中,假设检验问题大量存在.假设检验中,重点是掌握关于参数的假设检验,参数的假设检验需要了解其基本概念,掌握基本步骤.参数假设检验分为双侧与单侧检验,要根据实际问题判断选择属于哪种检验,合理提出原假设与备选假设.在参数假设检验中,重点掌握正态总体均值与方差的假设检验.

1. 理解假设检验的基本原理与概念,掌握两种错误的含义与判断.
2. 掌握正态总体中均值与方差的检验,并会求解.
3. 了解非正态总体参数检验的思想.

习题七

1. 已知某一自动糖果包装机在正常情况下包装的糖果重量服从正态分布 $N(100, 2.25)$ (单位:g).为检验某天该机器工作是否正常,随机抽取 9 包糖果,测得其重量为

99.3   98.7   101.2   99.7   100.5   98.3   99.5   100.5   102.0

在显著性水平 $\alpha=0.05$ 下,该天包装机工作正常?

2. 一台机床加工轴的椭圆度服从正态分布 $N(0.095, 0.02^2)$ (单位:mm).机床经过调整后,取 20 根进行测量,计算得 $\bar{x}=0.081$ mm,问调整后机床加工轴的平均椭

圆度有无显著降低？（$\alpha=0.05$）

3. 将习题 1 中的糖果重量服从正态分布 $N(100, 2.25)$（单位：g）改为糖果重量服从正态分布 $N(100, \sigma^2)$，重新判断习题 1 中的问题．

4. 对甲、乙两种洗衣液洗涤效果进行分析，假设两种洗衣液洗涤同物品达到相同洁净程度用水量均服从正态分布，现从甲、乙两种洗衣液洗涤的物品中分别抽取 8 件和 9 件，其用水量如下（单位：L）：

甲洗衣液　15.0　15.2　15.5　14.8　15.1　15.2　14.5　14.8

乙洗衣液　15.2　14.8　15.2　15.0　15.0　14.8　15.0　15.1　14.8

比较两种洗衣液用水量有无明显差异？（$\alpha=0.05$）

5. 某维尼龙厂根据历史资料，生产的维尼纶纤度服从正态分布，其标准差为 0.048．某日随机抽取 5 根纤维，测得其纤度为

$$1.32 \quad 1.55 \quad 1.40 \quad 1.44 \quad 1.36$$

在显著性水平 $\alpha=0.05$ 下，问该日所生产的维尼纶纤度的标准差是否显著变大？

6. 改进某种金属的热处理方法，要检验抗拉强度（单位：Pa）有无显著提高，在改进前后各取 12 个样品，测量并计算结果如下：

改进前　$\bar{x} = 28.67, \sum_{i=1}^{12}(x_i - \bar{x})^2 = 66.64$；

改进后　$\bar{y} = 31.75, \sum_{i=1}^{12}(y_i - \bar{y})^2 = 112.25$.

假定热处理前后金属抗拉强度均服从正态分布．取 $\alpha=0.05$，问：

(1) 处理前后总体方差是否相等；

(2) 处理后抗拉强度有无显著提高．

7. 某工厂生产灯泡，每批数量很大，出厂标准时废品率不超过 2%，现从一批灯泡中随机抽取 400 只灯泡，测其寿命，发现有 12 只不合格．问是否应该让这批灯泡出厂？（$\alpha=0.05$）

第 8 章 随机过程初步

通过概率论知识的学习,我们知道一个随机试验的结果有多种可能性,可以用一个随机变量(或随机向量)来描述. 在许多情况下,人们不仅需要对随机现象进行一次观测,而且要进行多次,甚至连续地观察它的变化过程. 这就需要研究无限多个随机变量,即一族随机变量. 换言之,事物的变化过程可分为两大类,即在每个固定的时刻 t,变化的结果分两种情况:一类是确定的,这个结果可用 t 的某个确定的函数来描述,如 $\sin t$;另一类是随机的,即某种可能性出现多个(有限或无限)结果之一,这个结果可用与 t 有关的某个随机变量描述,泊松型变量 $X_t \sim \pi(\lambda, t)(\lambda, t > 0)$. 前一类变化过程称为确定性过程(deterministic process),而后一类即随机过程(stochastic process). 随机过程理论就是研究随机现象随"时间"变化的概率规律的学科. 显然,概率论研究对象可以看成是随机过程在某个"时刻"的观察的结果.

随机过程理论产生与 20 世纪初,由于物理学、生物学、通信与控制以及管理科学等方面的需要而初步发展起来,现在已进入每个自然与社会科学的分支之中.

本章在介绍随机过程的概念及其随机过程的统计描述方法的基础上,介绍随机过程中最重要一类——马尔可夫链及其应用.

8.1 随机过程的概念

随机过程被认为是概率论的"动力学"部分,即随机过程的研究对象是随时间演变的随机现象. 用数学语言来讲,就是事物的变化过程不能用一个(或几个)时间 t 来确定的函数加以描绘. 或者说,对事物变化全过程进行一次观察得到的结果是一个时间 t 的函数,但对同一事物的变化过程独立地重复进行多次观察所得的结果是不同的,而且每次观察之前不能预知试验结果.

例 8.1.1(直线上的随机游动) 设一粒子从零点出发,每次随机地向左或向右移动一个长度单位,其概率分别为 $p(p>0), q(q=1-p>0)$. 以 X_n 表示该粒子 n 次移动后的位置. 则 $\{X_n, n=0,1,2,\cdots\}$ 是一随机过程.

例 8.1.2 以 X_t 记至 t 时刻止某电话交换台接通电话的次数,则 $\{X_t, t \geq 0\}$ 是

一个随机过程.

例 8.1.3（布朗运动） 英国植物学家布朗（R. Brown）注意到悬浮在液面的微小粒子，不间断地进行着"杂乱无章"的运动，粒子的这种运动是由于大量相互独立的分子随机碰撞形成的. 如用 $\zeta_t=(X_t,Y_t)$ 表示该粒子在时刻 t 的位置，则 $(\zeta_t,t\geqslant 0)$ 是一个随机过程，且为二维布朗运动.

一、随机过程的基本概念

设 E 是随机试验，$S=\{e\}$ 是它的样本空间. 又设 $\{X_t(e),t\in T\}$ 是一族随机变量，T 是一个实数集合，若对任意实数 $t\in T$，$X_t(e)$ 是一个随机变量. 我们称该族随机变量 $\{X_t(e),t\in T\}$ 为**随机过程**（stochastic process），简称 SP. T 是参数 t 的变化范围，称为**参数集**. 本书中，T 一般表示时间的集合.

随机过程可以看成是两个变量 e 和 t 的函数：$X_t(e),e\in S,t\in T$，$X_t(e)$ 的含义如下：

1. 对于一个特定的试验结果 $e_i\in S$，$X_t(e_i)$ 就是对应于的样本函数，简记为 $x_i(t)$，它可以理解为随机过程的一次**实现**.

2. 对于每一个固定的参数 $t_j\in T$，$X_{t_j}(e)$ 是一个定义在样本空间 S 上的随机变量. 工程上有时把 $X_{t_j}(e)$ 称作随机过程或系统在 $t=t_j$ 时的**状态**. 而 $X_{t_j}(e)=x$ 说成是 $t=t_j$ 时，过程或系统处于状态 x. 对于一切 $e\in S,t\in T,X_t(e)$ 所能取的一切值的集合，称为过程的**状态空间**.

3. 由于随机过程是定义在 S 上依赖与参数 $t\in T$ 的一族随机变量，因此随机过程可以看作是多维随机变量的延伸（拓展）.

4. 参数 t 通常解释为时间，但它可以表示其他的量，如序号、距离等. 如例 8.1.1 中，第 n 次移动后粒子的位置 X_n 就相当于 $t=n$ 时粒子的位置.

在以后的叙述中，为简便起见，省去随机过程记号中的 e，以 $\{X(t)\in T\}$，或 X_t，$t\in T$ 表示随机过程. 在上下文不致混淆的情形下，一般略去记法中的参数集 T.

例 8.1.4（产品检验） 在一条生产线上检验产品质量，每次选取一个，"次品"记为 0，"合格品"记为 1. 用 X_n 表示第 n 次检验结果，则 X_n 为一随机变量. 不断检验，得到一列随机变量 $X_1,X_2,\cdots,X_n,\cdots$，记为 $\{X_n,n=1,2,\cdots\}$，则 $\{X_n,n=1,2,\cdots\}$ 为一个随机过程.

例 8.1.5 考虑 $X(t)=a\cos(\omega t+\Theta),t\in(-\infty,+\infty)$ 式中 a 和 ω 是常数，Θ 是在 $(0,2\pi)$ 上服从均匀分布的随机变量.

显然，对于每一个固定的时刻 $t=t_1$，$X(t_1)=a\cos(\omega t_1+\Theta)$ 是一个随机变量，因而 $X(t)=a\cos(\omega t+\Theta),t\in(-\infty,+\infty)$ 一个随机过程，通常称它为**随机相位正弦波**. 在 $(0,2\pi)$ 内随机地取一数 θ_i，相应地即得这个随机过程的一个样本函数 $x_i(t)=$

$a\cos(\omega t+\theta_i), \theta_i \in (0, 2\pi)$. 图 8.1.1 给出了这个随机过程的两条样本曲线.

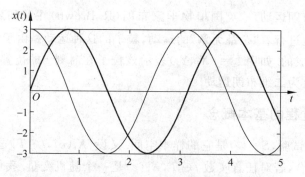

图 8.1.1 随机相位正弦波过程的两条样本曲线

二、随机过程的分类

1. 按状态分类 按照在任一时刻的状态是连续型随机变量或离散型随机变量进行分类,可分为连续型随机过程和离散型随机过程. 例 8.1.2、例 8.1.3 和例 8.1.5 是连续性随机过程,而例 8.1.1 和例 8.1.4 是离散型随机过程.

2. 按时间分类 按照时间(参数)是连续或离散进行分类. 当时间集 T 是有限或无限区间时,称 $\{X(t), t\in T\}$ 是连续参数随机过程. 如果 T 是离散集合,如 $T=\{0,1,2,\cdots\}$ 或 $\{0, \pm 1, \pm 2, \cdots\}$,则称 $\{X_t, t\in T\}$ 为**离散参数随机过程**或**随机序列**,此时记为 $\{X_n, n=0,1,2,\cdots\}$ 等.

3. 按分布特性分类 按照随机过程在不同时刻的状态之间的特殊统计依赖方式,抽象出一些不同类型的模型,如独立增量过程、马尔可夫过程等. 本章中我们将重点介绍时间和状态都离散的马尔可夫过程——马尔可夫链.

三、随机过程的统计描述

因为随机过程在任一时刻的状态是随机变量,因此可以利用随机变量(一维和多维)的统计描述方法来描述随机过程的统计特性.

1. 随机过程的分布函数族 给定随机过程 $\{X(t), t\in T\}$,对于每一个固定的 $t\in T$,随机变量 $X(t)$ 的分布函数一般与 t 有关,记为 $F(x,t)=P\{X(t)\leqslant x\}, x\in \mathbf{R}$,称它为随机过程 $\{X(t), t\in T\}$ 的一维分布函数,而 $\{F(x,t), t\in T\}$ 称为一维分布函数族.

一维分布函数族刻划了随机过程在各个时刻的统计特性,为了描述随机过程在不同时刻状态之间的统计联系,一般可对任意 $n(n=2,3,\cdots)$ 个不同的时刻 $t_1, t_2, \cdots, t_n \in T$,引入 n 维随机变量 $(X(t_1), X(t_2), \cdots, X(t_n))$,它们的分布函数记为 $F(x_1, x_2, \cdots, x_n; t_1, t_2, \cdots, t_n)=P\{X(t_1)\leqslant x_1, X(t_2)\leqslant x_2, \cdots, X(t_n)\leqslant x_n\}, x_i \in \mathbf{R}, i=1,2,\cdots,n$,

对于固定的 n，我们称 $\{F(x_1,x_2,\cdots,x_n;t_1,t_2,\cdots,t_n),t_i\in T\}$ 为随机过程 $\{X(t),t\in T\}$ 的 n 维分布函数族.

当 n 充分大时，n 维分布函数族能够近似地描述随机过程的统计特性. 显然，n 取得越大，则 n 维分布函数族描述随机过程的特性也越趋完善. 一般地，可以指出：有限维分布函数族，即 $\{F(x_1,x_2,\cdots,x_n;t_1,t_2,\cdots,t_n),n=1,2,\cdots,t_i\in T\}$，能够完全地确定随机过程的统计特性.

2. 随机过程的数字特征 随机过程的分布函数族能完善地刻划随机过程的统计特性，但是在实际中，根据观察往往只能得到随机过程的部分资料（样本），用它来确定有限维分布函数族是困难的，甚至是不可能的. 因而如引入随机变量的数字特征那样，我们引入随机过程的基本数字特征——均值函数和相关函数等.

(1) **均值函数** 给定随机过程 $\{X(t),t\in T\}$，固定 $t\in T$，$X(t)$ 是一个随机变量，它的均值一般与 t 有关，记为

$$\mu_X(t) = E[X(t)]. \tag{8-1-1}$$

称 $\mu_X(t)$ 为随机过程的均值函数.

均值函数 $\mu_X(t)$ 是随机过程 $\{X(t),t\in T\}$ 的所有样本函数在时刻 t 的函数值的平均值，通常称这种平均为集平均或统计平均. 均值函数 $\mu_X(t)$ 表示了随机过程 $X(t)$ 在各个时刻的摆动中心.

(2) **方差函数** 设随机变量 $X(t)$ 的二阶原点矩和二阶中心矩分别为

$$\psi_X^2(t) = E[X^2(t)] \tag{8-1-2}$$

和

$$\sigma_X^2(t) = D_X(t) = \text{Var}[X(t)] = E[X(t)-\mu_X(t)]^2, \tag{8-1-3}$$

分别称它们为随机过程 $\{X(t),t\in T\}$ 的**均方值函数**和**方差函数**. 方差函数的算术根 $\sigma_X(t)$ 称为随机过程的**均方差函数**，它表示随机过程 $X(t)$ 在时刻 t 对于均值 $\mu_X(t)$ 的平均偏离程度.

(3) **自相关函数** 设 $\forall t_1,t_2\in T$，我们把随机变量 $X(t_1)$ 和 $X(t_2)$ 的二阶原点混合矩记为

$$R_{XX}(t_1,t_2) = E[X(t_1)X(t_2)], \tag{8-1-4}$$

称它为随机过程 $\{X(t),t\in T\}$ 的**自相关函数**，简称**相关函数**. 记号 $R_{XX}(t_1,t_2)$ 在不致混淆的情况下简记为 $R_X(t_1,t_2)$.

(4) **自协方差函数** 称 $X(t_1)$ 和 $X(t_2)$ 的二阶中心混合矩

$$C_{XX}(t_1,t_2) = \text{Cov}[X(t_1),X(t_2)] = E\{[X(t_1)-\mu_X(t_1)][X(t_2)-\mu_X(t_2)]\} \tag{8-1-5}$$

为随机过程 $\{X(t),t\in T\}$ 的**自协方差函数**，简称**协方差函数**. $C_{XX}(t_1,t_2)$ 常简记为 $C_X(t_1,t_2)$.

由上面对随机过程的数字特征的定义，可以得到

$$\psi_X^2(t) = R_X(t,t), \tag{8-1-6}$$

$$C_X(t_1,t_2) = R_X(t_1,t_2) - \mu_X(t_1)\mu_X(t_2), \tag{8-1-7}$$

令 $t_1=t_2=t$,得到

$$\sigma_X^2(t) = C_X(t,t) = R_X(t,t) - \mu_X^2(t). \tag{8-1-8}$$

因此,在以上诸数字特征中最主要的是均值函数和自相关函数.

例 8.1.6 求随机相位正弦波的均值函数、方差函数和自相关函数.

解 由假设 Θ 的概率密度为 $f(\theta) = \begin{cases} \dfrac{1}{2\pi}, & 0<\theta<2\pi \\ 0, & 其他 \end{cases}$,于是,由定义

$$\mu_X(t) = E[a\cos(\omega t + \Theta)] = \int_0^{2\pi} a\cos(\omega t + \theta)\frac{1}{2\pi}\mathrm{d}\theta = 0,$$

而自相关函数

$$R_X(t_1,t_2) = E[a^2\cos(\omega t_1+\Theta)\cos(\omega t_2+\Theta)]$$

$$= a^2\int_0^{2\pi} a\cos(\omega t_1+\theta)\cos(\omega t_2+\theta)\frac{1}{2\pi}\mathrm{d}\theta = \frac{a^2}{2}\cos(t_2-t_1),$$

当 $t_1=t_2=t$ 时,即得方差函数为 $\sigma_X^2(t) = R_X(t,t) - \mu_X^2(t) = \dfrac{a^2}{2}$.

四、几种常见的随机过程

1. 二阶矩过程和正态过程 随机过程 $\{X(t), t \in T\}$,如果对 $\forall t \in T$,二阶矩 $E[X^2(t)]$ 都存在,那么称它为**二阶矩过程**.

二阶矩过程的相关函数总存在. 事实上,由于 $E[X^2(t_1)]$,$E[X^2(t_2)]$ 存在,根据柯西-施瓦兹不等式有

$$E\{[X(t_1)][X(t_2)]\}^2 \leqslant E[X^2(t_1)]E[X^2(t_2)], \quad t_1, t_2 \in T,$$

即知 $R_X(t_1,t_2) = E[X(t_1)X(t_2)]$ 存在.

在实际中,还常遇到一种特殊的二阶矩过程——**正态过程**:若随机过程 $\{X(t), t \in T\}$ 的每一个有限维分布都是正态分布,即对任意的整数 $n \geqslant 1$ 及任意的时刻 $t_1, t_2, \cdots, t_n \in T$,$(X(t_1), X(t_2), \cdots, X(t_n))$ 都服从正态分布. 由前面的知识可以得到,正态过程的全部统计特性完全由它的均值函数和自协方差函数(或自相关函数)决定.

2. 独立增量过程 给定二阶矩过程,我们称随机变量 $X(t) - X(s), t > s \geqslant 0$ 为随机过程 $\{X(t), t \in T\}$ 在 $(s,t]$ 区间上的增量. 如果对 $\forall n \in \mathbf{N}$ 和任意选定的 $0 \leqslant t_0 \leqslant t_1 \leqslant \cdots \leqslant t_n$,$n$ 个增量 $X(t_1) - X(t_0), X(t_2) - X(t_1), \cdots, X(t_n) - X(t_{n-1})$ 相互独立,则称随机过程 $\{X(t), t \in T\}$ 为**独立增量过程**. 直观地讲,独立增量过程 $\{X(t), t \in T\}$ 即是"在互不重叠的区间上,状态的增量是相互独立的".

若 $\forall h \in R$ 和 $t+h > s+h \geqslant 0$,$X(t+h) - X(s+h)$ 与 $X(t) - X(s)$ 具有相同的分布,则称增量具有平稳性. 这时,增量 $X(t) - X(s)$ 的分布函数实际上只依赖于时间差

$t-s(t>s\geqslant 0)$,而不依赖于 t 和 s 本身(令 $t=-s$ 便可得到). 当增量具有平稳性时,称相应的独立增量过程是**齐次的**或**时齐的**.

若在独立增量过程 $\{X(t),t\in T\}$ 中 $X(0)=0$,方差函数 $D_X(t)$ 已知,下面来计算协方差函数 $C_X(s,t)$.

记 $Y(t)=X(t)-\mu_X(t)$,首先因 $X(t)$ 具有独立增量,故 $Y(t)$ 也具有独立增量;其次由 $X(0)=0$,得到 $Y(0)=0, E[Y(t)]=0$,且方差函数 $D_Y(t)=E[Y^2(t)]=D_X(t)$. 因此当 $t>s\geqslant 0$ 时,有

$$\begin{aligned}C_X(s,t)&=E\{[X(t)-\mu_X(t)][X(s)-\mu_X(s)]\}=E[Y(s)Y(t)]\\&=E\{[Y(s)-Y(0)][Y(t)-Y(s)+Y(s)]\}\\&=E[Y(s)-Y(0)]E[Y(t)-Y(s)]+E[Y^2(s)]\\&=D_X(s).\end{aligned}$$

于是可得,对任意的 $t,s\geqslant 0$,协方差函数可用方差函数表示为

$$C_X(s,t)=D_X(\min\{s,t\}). \tag{8-1-9}$$

3. 泊松过程 考虑下列随时间推移迟早会重复出现的事件:

(1) 自电子管阴极发射的电子到达阳极.

(2) 意外事故或意外差错的发生.

(3) 要求服务的顾客到达服务站. 此处"顾客"与"服务站"的含义是相当广泛的. 如:"顾客"可以是电话呼叫,"服务站"可以是电话交换总机;"顾客"也可以是用户的程序,"服务站"则是计算机的中央处理器等.

为了便于研究,我们将对象抽象为是随时间推移,陆续出现在时间轴上的许多质点所构成的质点流.

以 $N(t),t\geqslant 0$ 表示在时间间隔 $(0,t]$ 内出现的质点数(如图 8.2.1 所示).

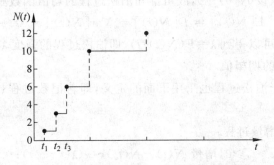

图 8.2.1 计数过程的一个典型样本函数

$\{N(t),t\geqslant 0\}$ 是一状态取非负整数、时间连续的随机过程,称为计数过程.

令增量 $N(t)-N(t_0)=N(t_0,t),t>t_0\geqslant 0$,它表示时间间隔 $(t_0,t]$ 内出现的质点数. "在 $(t_0,t]$ 内出现 k 个质点",即 $\{N(t_0,t)=k\}$ 是一事件,其概率记为

$$P_k(t_0,t)=P\{N(t_0,t)=k\},\quad k=0,1,2,\cdots. \tag{8-1-10}$$

设 $N(t)$ 满足如下条件:

(1) 在不相重叠的区间上的增量具有独立性;

(2) 对于充分小的 Δt,有

$$P_1(t, t+\Delta t) = P\{N(t, t+\Delta t) = 1\} = \lambda \Delta t + o(\Delta t), \qquad (8\text{-}1\text{-}11)$$

其中常数 $\lambda > 0$ 称为过程 $N(t)$ 的强度,而 $o(\Delta t)$ 当 $\Delta t \to 0$ 时是 Δt 的高阶无穷小;

(3) 对于充分小的 Δt,有

$$\sum_{j=2}^{\infty} P_j(t, t+\Delta t) = \sum_{j=2}^{\infty} P\{N(t, t+\Delta t) = j\} = o(\Delta t), \qquad (8\text{-}1\text{-}12)$$

亦即对于充分小的 Δt,在 $(t, t+\Delta t]$ 内出现 2 个或 2 个以上质点的概率与出现一个质点的概率相比可以忽略不计;

(4) $N(0) = 0$.

我们把满足条件(1)~(4)的计数过程 $\{N(t), t \geq 0\}$ 称为**强度为 λ 的泊松过程**,相应的质点流或即质点出现的随机时刻 $t_1, t_2, \cdots$ 称为**强度为 λ 的泊松流**.

由泊松过程的定义,我们根据 $\sum_{k=0}^{\infty} P_k(t_0, t) = 1$,可得在 $(t_0, t]$ 内出现 k 个质点的概率为

$$P_k(t_0, t) = \frac{[\lambda(t-t_0)]^k}{k!} e^{-\lambda(t-t_0)}, \quad t > t_0, k = 0, 1, 2, \cdots. \qquad (8\text{-}1\text{-}13)$$

由上式可知增量 $N(t_0, t) = N(t) - N(t_0)$ 的概率分布是参数为 $\lambda(t-t_0)$ 的泊松分布,且只与时间差 $t-t_0$ 有关,所以强度为 λ 的泊松过程是一个齐次独立增量过程.

由第 3 章的知识有 $E[N(t) - N(t_0)] = \text{Var}[N(t) - N(t_0)] = \lambda(t-t_0)$.

特别地,由于假设 $N(0) = 0$,故可推知泊松过程的均值函数和方差函数分别为

$$E[N(t)] = D[N(t)] = \text{Var}[N(t)] = \lambda t. \qquad (8\text{-}1\text{-}14)$$

从(8-1-14)式可以得到 $\lambda = E(N(t)/t)$,即泊松过程的强度 λ 等于单位时间间隔内出现的质点数目的期望值.

有些书中,对于泊松过程也采用下面的定义,即若记数过程 $\{N(t), t \geq 0\}$ 满足下列三个条件:

(1) 它是独立增量过程;

(2) 对任意的 $t > t_0 \geq 0$,增量 $N(t) - N(t_0) \sim \pi(\lambda(t-t_0))$;

(3) $N(0) = 0$.

那么称 $\{N(t), t \geq 0\}$ 是一**强度为 λ 的泊松过程**.

4. 维纳过程 维纳过程是布朗运动的数学模型. 以 $W(t)$ 表示运动中一微粒从时刻 $t = 0$ 到时刻 $t > 0$ 的位移横坐标(也可讨论纵坐标),且设 $W(0) = 0$,由爱因斯坦的理论,微粒的这种运动是受到大量随机的、相互独立的分子碰撞的结果. 于是,粒子

在时段$(s,t]$上的位移可看作是许多微小位移的代数和. 由中心极限定理, 有

(1) 位移 $W(t)-W(s)$ 为正态分布;

(2) 在不相重叠的时间间隔内, 碰撞的次数、大小和方向是相互独立的, 即位移 $W(t)$ 具有独立增量;

(3) 粒子在一段时间上位移的概率分布只依赖于这时段的长度, 与观察起始时刻无关, 即 $W(t)$ 具有平稳增量.

由此引入下列数学模型: 给定二阶矩过程 $\{W(t), t \geqslant 0\}$, 若它满足

(1) 具有独立增量;

(2) $\forall t > s \geqslant 0, W(t)-W(s) \sim N(0, \sigma^2(t-s)), \sigma > 0$;

(3) $W(0)=0$,

则称此过程为**维纳过程**.

根据定义可以得到维纳过程的均值函数和方差函数分别为

$$E[W(t)] = 0, \quad D_W(t) = \sigma^2 t,$$

其中 σ^2 称为维纳过程的参数, 它可以通过试验的观察值加以估计. 再根据 (8-1-9) 式可以得到维纳过程的自协方差函数(自相关函数)为

$$C_W(s,t) = R_W(s,t) = \sigma^2 (\min\{s,t\}), \quad s,t \geqslant 0.$$

由定义可知维纳过程是齐次的独立增量过程, 亦是正态过程的模型, 也是恒温下电子元件的热噪声模型.

8.2 平稳随机过程

平稳随机过程是一类应用相当广泛的随机过程, 本节主要讨论平稳随机过程的概念和数字特征.

一、严平稳随机过程

在实际中, 有相当所的随机过程, 不仅它现在的状态, 而且它过去的状态都对未来状态的发生有很强的影响. 所谓平稳随机过程, 它的特点是: 过程的统计特性不随时间的推移而变化.

对于随机过程 $\{X(t), t \in T\}$, 如果对于任意的 $n(=1,2,\cdots), t_1, t_2, \cdots, t_n \in T$, 和任意的实数 h, 当 $t_1+h, t_2+h, \cdots, t_n+h \in T$ 时, n 维随机变量

$$(X(t_1), X(t_2), \cdots, X(t_n))$$

和

$$(X(t_1+h), X(t_2+h), \cdots, X(t_n+h)) \quad (8-2-1)$$

具有相同的分布函数, 则称随机过程 $\{X(t), t \in T\}$ 具有**平稳性**, 并同时称此随机过程为**严平稳随机过程**(**狭义平稳随机过程**), 或简称为**平稳过程**.

平稳过程的参数集 T,一般为 $(-\infty,+\infty)$,$[0,+\infty)$,$\{0,\pm 1,\pm 2,\cdots\}$ 或 $\{0,1,2,\cdots\}$. 当定义在离散参数集上时,称平稳过程为**平稳随机序列**或**平稳时间序列**. 以下均认为参数集 $T=(-\infty,+\infty)$.

在实际问题中,确定过程的分布函数并用它来判断其平稳性,一般是很难办到的. 但是对于一个被研究的随机过程,如果前后的环境和主要条件都不随时间的推移而变化,则一般认为它是平稳的.

与平稳过程相反的是非平稳过程. 一般情况下,随机过程处于过渡阶段总是非平稳的. 如飞机的升降阶段(过度阶段)就是非平稳的. 同时飞机控制在高度为 h 的水平面上飞行,由于受到大气等因素的影响,应在 h 水平面上下随机波动,但是我们可认为它是平稳过程.

下面考察平稳过程数字特征的特点.

设平稳过程 $\{X(t),t\in T\}$ 的均值函数 $E[X(t)]$ 存在. 对 $n=1$,在(8-1-14)式中令 $h=-t_1$,由平稳性定义知,$X(t_1)$ 和 $X(0)$ 同分布,于是 $E[X(t)]=E[X(0)]$,即均值函数必为常数,记为 μ_X;同样均方值函数和方差函数也为常数,分别记为 Ψ_X^2 和 σ_X^2.

又若平稳过程 $\{X(t),t\in T\}$ 的自相关函数 $R_X(t_1,t_2)=E[X(t_1)X(t_2)]$ 存在,对 $n=2$,在(8-1-14)式中令 $h=-t_1$,由平稳性定义知,二维随机变量 $(X(t_1),X(t_2))$ 和 $(X(0),X(t_2-t_1))$ 同分布,于是有
$$R_X(t_1,t_2)=R_X(t_2-t_1)$$
或
$$R_X(t,t+\tau)=R_X(\tau), \tag{8-2-2}$$
这表明平稳过程的自相关函数仅是时间差 $t_2-t_1=\tau$ 的单变量函数(即它不随时间的推移而变化).

因此,协方差函数可以表示为
$$C_X(\tau)=E\{[X(t)-\mu_X][X(t+\tau)-\mu_X]\}=R_X(\tau)-\mu_X^2.$$

特别地,令 $\tau=0$,由上式有
$$\sigma_X^2=C_X(0)=R_X(0)-\mu_X^2.$$

二、宽平稳随机过程

如前所述,要确定一个随机过程的分布函数,并进而判断其平稳性在实际中是很难办到的. 因此,我们通常只在二阶矩过程范围内考虑下面的一类宽平稳随机过程.

给定二阶矩过程 $\{X(t),t\in T\}$,如果对于任意 $t,t+\tau\in T$,有
$$E(X(t))=\mu_X \text{ 为常数},$$
$$E(X(t)X(t+\tau))=R_X(\tau),$$
则称 $\{X(t),t\in T\}$ 为**宽平稳的随机过程(广义平稳随机过程)**,简称**宽平稳过程**.

由于宽平稳过程只涉及与一维、二维分布有关的数字特征,所以严平稳过程只要

二阶矩存在,则它必然是宽平稳过程;但是反过来,一般不成立.不过对于正态过程而言,若它是宽平稳过程,则它一定是严平稳过程.

下面讲到的平稳过程,除特别说明外,均指宽平稳过程.

例 8.2.1 设 $s(t)$ 是一个周期为 T 的函数,Θ 是在 $(0,T)$ 上服从均匀分布的随机变量,称 $X(t)=s(t+\Theta)$ 为随机相位周期过程,试讨论它的平稳性.

解 由假设,Θ 的概率密度函数为
$$f(\theta)=\begin{cases} 1/T, & \theta \in (0,T), \\ 0, & \theta \notin (0,T), \end{cases}$$
于是,$X(t)$ 的均值函数为
$$E(X(t)) = E(s(t+\theta)) = \int_0^T s\left(t+\theta\right)\frac{1}{T}\mathrm{d}\theta = \frac{1}{T}\int_t^{t+T} s(\varphi)\mathrm{d}\varphi,$$
由于 $s(\varphi)$ 是一个周期为 T 的函数,所以
$$E(X(t)) = \frac{1}{T}\int_t^{t+T} s(\varphi)\mathrm{d}\varphi = 常数;$$
而自相关函数
$$R_X(t,t+\tau) = E(X(t)X(t+\tau)) = E(s(t+\theta)s(t+\tau+\theta))$$
$$= \int_0^T s(t+\theta)s(t+\tau+\theta)\frac{1}{T}\mathrm{d}\theta = \frac{1}{T}\int_t^{t+T} s(\varphi)s(\tau+\varphi)\mathrm{d}\varphi,$$
同样利用周期性可得 $R_X(t,t+\tau)$ 仅与 τ 有关,即
$$R_X(t,t+\tau) = \frac{1}{T}\int_t^{t+T} s(\varphi)s(\tau+\varphi)\mathrm{d}\varphi \stackrel{\text{def}}{=} R_{X(\tau)},$$
所以随机相位周期过程是平稳过程.

8.3 马尔可夫链

现实世界有许多这样的现象:该系统在已经知道现在情况的条件下,系统未来某时刻的情况只与现在的情况有关,而与过去的历史情况无直接关系.如:研究一个汽车销售商店的累计销售额,如果现在某一时刻的累计销售额已经知道,则未来某一时刻的累计销售额与现在时刻以前的任何一时刻累计销售额无关.描述这类随机现象的数学模型称为马尔可夫模型.

一、马尔可夫链的基本概念

过程(系统)在时刻 t_0 所处的状态为已知的条件下,过程在时刻 $t(t>t_0)$ 所处的状态的条件分布与过程在时刻之前所处的状态无关.即在已知过程"现在"的条件下,过程的"将来"不依赖于过程的"过去",称为**马尔可夫性**或**无后效性**.

设 $\{X(t), t \in T\}$ 的状态空间为 I,若对 $\forall n \in \mathbf{N}(n \geq 3)$ 个数值 $t_1 < t_2 < \cdots < t_n \in T$, 在条件 $X(t_i) = x_i \in I, i = 1, 2, \cdots, n$ 下,$X(t_n)$ 的条件分布函数恰等于在条件 $X(t_{n-1}) = x_{n-1}$ 下 $X(t_n)$ 的条件分布函数,即

$$P\{X(t_n) \leq x_n \mid X(t_1) = x_1, X(t_2) = x_2, \cdots, X(t_{n-1}) = x_{n-1}\}$$
$$= P\{X(t_n) \leq x_n \mid X(t_{n-1}) = x_{n-1}\}$$

或

$$F_{t_n \mid t_1, t_2, \cdots, t_{n-1}}(x_n, t_n \mid x_1, x_2, \cdots, x_{n-1}; t_1, t_2, \cdots, t_{n-1}) = F_{t_n \mid t_{n-1}}(x_n, t_n \mid x_{n-1}, t_{n-1}), \tag{8-3-1}$$

则称 $\{X(t), t \in T\}$ 具有**马尔可夫性**或**马尔可夫过程**.

例 8.3.1 设 $\{X(t), t \geq 0\}$ 是独立增量过程,且 $X(0) = 0$,证 $\{X(t), t \geq 0\}$ 是一个马尔可夫过程.

证 由马尔可夫过程的定义知,只要证明在已知 $X(t_{n-1}) = x_{n-1}$ 的条件下 $X(t_n)$ 与 $X(t_j), j = 1, 2, \cdots, n-2$ 相互独立即可. 又根据独立增量过程的定义有,当 $0 < t_j < t_{n-1} < t_n, j = 1, 2, \cdots, n-2$ 时,增量 $X(t_j) - X(0)$ 与 $X(t_n) - X(t_{n-1})$ 相互独立,由于已知 $X(0) = 0$ 且 $X(t_{n-1}) = x_{n-1}$,故 $X(t_j)$ 与 $X(t_n) - x_{n-1}$ 相互独立,此时 $X(t_n)$ 与 $X(t_j), j = 1, 2, \cdots, n-2$ 相互独立,即表明 $X(t)$ 无后效性,因此 $\{X(t), t \geq 0\}$ 为一个马尔可夫过程.

由此可知,泊松过程为时间连续状态离散的马氏过程;维纳过程为时间状态都连续的马氏过程.

时间和状态都离散的马尔可夫过程为**马尔可夫链**,简称**马氏链**. 记为 $\{X_n = X(n), n = 0, 1, 2, \cdots\}$,可看作在时间集 $T_1 = \{0, 1, 2, \cdots\}$ 上对离散状态观察的结果. 记链的状态空间 $I = \{a_1, a_2, \cdots\}, a_i \in \mathbf{R}$.

由链的定义,马尔可夫性通常用条件分布律来表示,即

$$\forall n, r \in \mathbf{N}, 0 \leq t_1 \leq t_2 \leq \cdots \leq t_r < m, \quad t_i, m, n+m \in T_1,$$

有

$$P\{X_{m+n} = a_j \mid X_{t_1} = a_{i_1}, X_{t_2} = a_{i_2}, \cdots, X_{t_r} = a_{i_r}, X_m = a_i\}$$
$$= P\{X_{m+n} = a_j \mid X_m = a_i\}, \quad a_i \in I \tag{8-3-2}$$

我们称条件概率

$$P_{ij}(m, m+n) = P\{X_{m+n} = a_j \mid X_m = a_i\} \tag{8-3-3}$$

为马尔可夫链在时刻 m 处于状态 a_i 的条件下,在时刻 $m+n$ 转移到状态 a_j 的**转移概率**.

由于马尔可夫链在时刻 m 从任何一个状态 a_i 出发,到另一个时刻 $m+n$,必然转移到 $a_1, a_2, \cdots$ 状态中的某一个,所以

$$\sum_{j=1}^{\infty} P_{ij}(m, m+n) = 1, \quad i = 1, 2, \cdots. \tag{8-3-4}$$

由转移概率组成的矩阵 $\boldsymbol{P}(m,m+n)=(P_{ij}(m,m+n))$ 称为**马尔可夫链的转移概率矩阵**. 由(8-3-4)式有,此矩阵每一行元素之和为 1.

当转移概率 $P_{ij}(m,m+n)$ 只与 i,j 及时间间距 n 有关时,即 $P_{ij}(m,m+n)=P_{ij}(n)$ 时,称转移概率**具有平稳性**,同时也称此链是**齐次的**或**时齐的**. 下面只讨论齐次马尔可夫链.

在齐次马尔可夫链的条件下,由(8-3-3)式定义的转移概率

$$P_{ij}(n) = P\{X_{m+n} = a_j \mid X_m = a_i\}, \qquad (8\text{-}3\text{-}5)$$

称为马尔可夫链的 **n 步转移概率**. $\boldsymbol{P}(n)=(P_{ij}(n))$ 为 **n 步转移概率矩阵**. 当 $n=1$ 时,称 $P_{ij}=P_{ij}(1)=P\{X_{m+1}=a_j|X_m=a_i\}$ 为**一步转移概率**,由它们组成的**一步转移概率矩阵**为

$$\begin{array}{c} & X_{m+1} \text{ 的状态} \\ & \begin{array}{cccc} a_1 & a_2 & \cdots & a_j & \cdots \end{array} \\ X_m \text{ 的状态} & \begin{array}{c} a_1 \\ a_2 \\ \vdots \\ a_i \\ \vdots \end{array} \left[\begin{array}{cccc} p_{11} & p_{12} & \cdots & p_{1j} & \cdots \\ p_{21} & p_{22} & \cdots & p_{2j} & \cdots \\ \vdots & \vdots & & \vdots & \\ p_{i1} & p_{i2} & \cdots & p_{ij} & \cdots \\ \vdots & \vdots & & \vdots & \end{array}\right] = \boldsymbol{P}(1) \stackrel{\text{def}}{=} \boldsymbol{P}. \end{array}$$

在上述矩阵的左侧和上边标上状态 $a_1,a_2,\cdots$ 是为了显示 p_{ij} 是由状态 a_i 经一步转移到状态 a_j 的概率.

二、齐次马尔可夫链的有限维分布

称 $P_j(0)=P\{X_0=a_j\},a_j\in I,j=1,2,\cdots$ 为马尔可夫链的**初始分布**. 齐次马尔可夫链任一时刻 $n\in T_1$ 的一维分布为

$$P_j(n) = P\{X_n = a_j\}, \quad a_j \in I, j=1,2,\cdots, \qquad (8\text{-}3\text{-}6)$$

显然 $\sum_{i=1}^{\infty} P_j(n) = 1$.

由全概率公式,有 $P\{X_n=a_j\} = \sum_{i=1}^{\infty} P\{X_n=a_j \mid X_0=a_i\}P\{X_0=a_i\}$

或

$$P_j(n) = \sum_{i=1}^{\infty} P_i(0) P_{ij}(n), \quad j=1,2,\cdots. \qquad (8\text{-}3\text{-}7)$$

又一维分布(8-3-6)式可表为向量 $\boldsymbol{p}(n)=(p_1(n),p_2(n),\cdots,p_j(n),\cdots)$,

由矩阵乘法,(8-3-7)式写为 $\boldsymbol{p}(n)=\boldsymbol{p}(0)\boldsymbol{P}(n)$.

结论 (1) 马尔可夫链的任一时刻 $n\in T$ 时的一维分布由初始分布和 n 步转移概率矩阵所确定.

(2) 马尔可夫链的有限维分布由初始分布和转移概率所确定,即转移概率决定了马尔可夫链运动的统计规律.

三、齐次马尔可夫链的多步转移概率

1. C-K 方程

设$\{X(n),n\in T_1\}$是一齐次马尔可夫链,$\forall u,v\in T_1$,有

$$P_{ij}(u+v)=\sum_{k=1}^{\infty}P_{ik}(u)P_{kj}(v),\quad i,j=1,2,\cdots. \tag{8-3-8}$$

方程(8-3-8)就是著名的切普曼-科尔莫戈罗夫(Chapman-Kolmogrov)方程,简称 C-K 方程. (8-3-8)式表明:从任意时刻 s 所处状态 a_i($X(s)=a_i$)出发,经过时段 $u+v$ 转移到状态 a_j,即 $X(s+u+v)=a_j$;这一事件可分解为从 $X(s)=a_i$ 出发,先经过时段 u 转移到中间状态 $a_k(k=1,2,\cdots)$,再从 a_k 经过时段 v 转移到状态 a_j 这样一些事件的和事件(如图 8.3.1 所示).

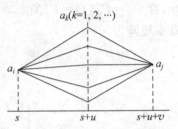

图 8.3.1　C-K 方程示意图

C-K 方程也可以写成矩阵的形式:

$$\boldsymbol{P}(u+v)=\boldsymbol{P}(u)\boldsymbol{P}(v) \tag{8-3-9}$$

2. 马尔可夫链的 n 步转移概率

在方程(8-3-9)中,令 $u=1,v=n-1$,有

$$\boldsymbol{P}(n)=\boldsymbol{P}(1)\boldsymbol{P}(n-1)=\boldsymbol{P}(1)\boldsymbol{P}(1)\boldsymbol{P}(n-2)=\cdots=\boldsymbol{P}(1)^n \tag{8-3-10}$$

结论　齐次马尔可夫链的 n 步转移概率矩阵是一步转移概率矩阵的 n 次方. 从而可知,齐次马尔可夫链的有限维分布由初始分布和一步转移概率完全确定.

例 8.3.2　设$\{X(n),n\geqslant 0\}$为有三个状态 $1,2,3$ 的齐次马尔可夫链.一步转移概率矩阵为

$$\boldsymbol{P}=\begin{pmatrix}1/2 & 1/4 & 1/4 \\ 1/4 & 1/2 & 1/4 \\ 1/3 & 1/2 & 1/6\end{pmatrix},$$

初始分布为 $\boldsymbol{P}_1(0)=1/4,\boldsymbol{P}_2(0)=1/2,\boldsymbol{P}_3(0)=1/4$,求:

(1) $P\{X_0=1,X_2=2\}$;

(2) $P\{X_2=1\}$.

解　先求二步转移概率矩阵,得

$$\boldsymbol{P}(2)=\boldsymbol{P}^2=\begin{pmatrix}1/2 & 1/4 & 1/4 \\ 1/4 & 1/2 & 1/4 \\ 1/3 & 1/2 & 1/6\end{pmatrix}^2=\begin{pmatrix}19/48 & 3/8 & 11/48 \\ 1/3 & 7/16 & 11/48 \\ 25/27 & 5/12 & 17/72\end{pmatrix}.$$

(1) $P\{X_0=1, X_2=2\} = P\{X_2=2 | X_0=1\} P\{X_0=1\} = \frac{3}{8} \times \frac{1}{4} = \frac{3}{32}$,

(2) $P\{X_2=1\} = \sum_{i=1}^{3} P(0) P_{i1}(2) = \frac{1}{4} \times \frac{19}{48} + \frac{1}{2} \times \frac{1}{3} + \frac{1}{4} \times \frac{25}{72} = \frac{203}{576}$.

对于只有两个状态的马尔可夫链,一步转移概率矩阵一般可表示为

$$\boldsymbol{P} = \begin{matrix} 0 \\ 1 \end{matrix} \begin{pmatrix} 1-a & a \\ b & 1-b \end{pmatrix}, \quad 0 < a, b < 1.$$

利用线性代数的方法,可得 n 步转移概率矩阵为

$$\boldsymbol{P}(n) = \boldsymbol{P}^n = \begin{matrix} 0 \\ 1 \end{matrix} \begin{bmatrix} P_{00}(n) & P_{01}(n) \\ P_{10}(n) & P_{11}(n) \end{bmatrix} = \frac{1}{a+b} \begin{pmatrix} b & a \\ b & a \end{pmatrix} + \frac{(1-a-b)^n}{a+b} \begin{pmatrix} a & -a \\ -b & b \end{pmatrix},$$

$n = 1, 2, \cdots$.
(8-3-11)

四、遍历性

对于一般的两个状态的马尔可夫链,由(8-3-11)式可知,当 $0 < a, b < 1$ 时, $P_{ij}(n)$ 有极限 $\lim_{n \to \infty} P_{00}(n) = \lim_{n \to \infty} P_{01}(n) = \frac{b}{a+b} \stackrel{\text{def}}{=} \pi_0$, $\lim_{n \to \infty} P_{10}(n) = \lim_{n \to \infty} P_{11}(n) = \frac{b}{a+b} \stackrel{\text{def}}{=} \pi_1$.

上述极限的意义是:对固定状态 j,不管马尔可夫链从某一时刻的什么状态($i = 0$ 或 $i = 1$)出发,通过长时间的转移,到达状态 j 的概率都趋近于 π_j,这就是所谓的**遍历性**,同时有 $\pi_0 + \pi_1 = 1$. 所以 $\pi = (\pi_0, \pi_1)$ 构成一分布律,称它为马尔可夫链的极限分布. 另外,若能用其他方法直接由一步转移概率求得极限分布 π,则当 $n \gg 1$ 时,就可以得到 n 步转移概率的近似值 $P_{ij}(n) \approx \pi_j$.

定义 8.3.1 设齐次马尔可夫链的状态空间为 I,若 $\forall a_i, a_j \in I$, 转移概率 $P_{ij}(n)$ 存在极限

$$\lim_{n \to \infty} P_{ij}(n) = \pi_j \quad (\text{与 } i \text{ 无关})$$

或

$$\boldsymbol{P}(n) = \boldsymbol{P}^n \xrightarrow{n \to \infty} \begin{bmatrix} \pi_1 & \pi_2 & \cdots & \pi_j & \cdots \\ \pi_1 & \pi_2 & \cdots & \pi_j & \cdots \\ \vdots & \vdots & & \vdots & \\ \pi_1 & \pi_2 & \cdots & \pi_j & \cdots \\ \vdots & \vdots & & \vdots & \end{bmatrix},$$

则称此链具有**遍历性**. 又若 $\sum_j \pi_j = 1$,则同时称 $\pi = (\pi_1, \pi_2, \cdots)$ 为链的**极限分布**.

根据定义,我们可以判断一个齐次马尔可夫链(不论是有限链还是无限链)是否遍历,并进一步求出其极限分布. 对于有限的齐次马尔可夫链,还可以用下面的充分条件来判定其遍历性.

定理 8.3.1 设齐次马尔可夫链 $\{X(n), n \geqslant 1\}$ 的状态空间为 $I = \{a_1, a_2, \cdots, a_N\}$，$\boldsymbol{P}$ 为它的一步转移概率矩阵，如果 $\exists n \in \mathbf{N}, \forall a_i, a_j \in I$，有

$$P_{ij}(m) > 0, \quad i, j = 1, 2, \cdots, N, \tag{8-3-12}$$

则此链具有遍历性，且有极限分布 $\boldsymbol{\pi} = (\pi_1, \pi_2, \cdots, \pi_N)$，它是方程组

$$\boldsymbol{\pi} = \boldsymbol{\pi}\boldsymbol{P} \quad \text{即} \quad \pi_j = \sum_{j=1}^{N} \pi_i P_{ij}, \quad j = 1, 2, \cdots, N \tag{8-3-13}$$

的满足条件

$$\pi_j > 0, \quad \sum_{j=1}^{N} \pi_i = 1 \tag{8-3-14}$$

的唯一解.

依照定理，要判定一个齐次马尔可夫链是否遍历，只需找一正整数 m，使得 m 步转移概率矩阵 $\boldsymbol{P}^m$ 没有零元素，而求极限分布 π 的问题就转化为求解方程组 (8-3-13). 需要注意的是，方程组 (8-3-13) 中只有 $N-1$ 个未知数是独立的，其唯一解可用归一条件 (8-3-14) 确定.

在定理的条件下，齐次马尔可夫链的极限分布又称为**平稳分布**.

例 8.3.3 设马尔可夫链的一步转移概率矩阵为

$$\boldsymbol{P} = \begin{pmatrix} 0 & 1/2 & 0 & 1/2 \\ 1/2 & 0 & 1/2 & 0 \\ 0 & 1/2 & 0 & 1/2 \\ 1/2 & 0 & 1/2 & 0 \end{pmatrix},$$

试讨论它的遍历性.

解 先计算

$$\boldsymbol{P}(2) = \boldsymbol{P}^2 = \begin{pmatrix} 0 & 1/2 & 0 & 1/2 \\ 1/2 & 0 & 1/2 & 0 \\ 0 & 1/2 & 0 & 1/2 \\ 1/2 & 0 & 1/2 & 0 \end{pmatrix},$$

进一步计算可以得到，当 n 为奇数时，$\boldsymbol{P}(n) = \boldsymbol{P}(1) = \boldsymbol{P}$；当 n 为偶数时，$\boldsymbol{P}(n) = \boldsymbol{P}(2)$. 这表明对任一固定的 $j (j = 1, 2, 3, 4)$，极限 $\lim_{n \to \infty} P_{ij}(n)$ 都不存在，故此链不是遍历的.

例 8.3.4 设马尔可夫链的一步转移概率矩阵为

$$\boldsymbol{P} = \begin{pmatrix} 1/2 & 1/2 & 0 & 0 \\ 1/4 & 1/2 & 1/4 & 0 \\ 0 & 1/4 & 1/2 & 1/4 \\ 0 & 0 & 1/4 & 3/4 \end{pmatrix},$$

试说明此链是遍历的，并求其极限分布.

解 $P^2 = P \cdot P = \begin{pmatrix} 3/8 & 1/2 & 1/8 & 0 \\ 1/4 & 7/16 & 1/4 & 1/16 \\ 1/16 & 1/4 & 3/8 & 5/16 \\ 0 & 1/16 & 5/16 & 5/8 \end{pmatrix}, P^3 = P^2 \cdot P = \begin{pmatrix} \times & \times & \times & \times \\ \times & \times & \times & \times \\ \times & \times & \times & \times \\ \times & \times & \times & \times \end{pmatrix},$

其中"×"表示非零元素;根据定理可知,此马尔可夫链是遍历的.

其极限分布 $\boldsymbol{\pi} = (\pi_1, \pi_2, \pi_3, \pi_4)$ 满足下列方程组:

$$\begin{cases} \pi_1 = \dfrac{1}{2}\pi_1 + \dfrac{1}{4}\pi_2, \\ \pi_2 = \dfrac{1}{2}\pi_1 + \dfrac{1}{2}\pi_2 + \dfrac{1}{4}\pi_3, \\ \pi_3 = \dfrac{1}{4}\pi_2 + \dfrac{1}{2}\pi_3 + \dfrac{1}{4}\pi_4, \\ \pi_4 = \dfrac{1}{4}\pi_3 + \dfrac{3}{4}\pi_4, \\ \pi_1 + \pi_2 + \pi_3 + \pi_4 = 1, \end{cases}$$

解得唯一解 $\boldsymbol{\pi} = (\pi_1, \pi_2, \pi_3, \pi_4) = \left(\dfrac{1}{7}, \dfrac{2}{7}, \dfrac{2}{7}, \dfrac{2}{7}\right).$

8.4 应用案例

一、赌徒输光问题

问题 设袋中有 a 个白球 b 个黑球. 甲、乙两个赌徒分别有 n 元、m 元,他们不知道哪一种球多. 他们约定:每一次从袋中摸 1 个球,如果摸到白球甲给乙 1 元,如果摸到黑球乙给甲 1 元,直到两个人有一人输光为止. 求甲输光的概率.

问题分析与假设 此问题是著名的具有两个吸收壁的随机游动问题,也叫赌徒输光问题.

由题知,甲赢 1 元的概率为 $p = \dfrac{b}{a+b}$,输 1 元的概率为 $q = \dfrac{b}{a+b}$.

设 f_n 为甲输光的概率,X_t 表示赌 t 次后甲的赌金,$\tau = \inf\{t : X_t = 0 \text{ 或 } X_t = m+n\}$,即 τ 表示最终摸球次数. 如果 $\tau = \inf\{t : X_t = 0 \text{ 或 } X_t = m+n\} = \varnothing$($\varnothing$ 为空集),则令 $\tau = \infty$.

设 $A =$ "第一局甲赢",则 $p(A) = \dfrac{b}{a+b}, p(\overline{A}) = \dfrac{b}{a+b}$,且第一局甲赢的条件下(因甲有 $n+1$ 元),甲最终输光的概率为 f_{n+1},第一局甲输的条件下(因甲有 $n-1$ 元),甲最终输光的概率为 f_{n-1},由全概率公式可得其模型.

模型建立 由前述分析与假设,得到其次一元二次常系数差分方程与边界条件

$$f_n = p f_{n+1} + q f_{n-1}, \tag{8-4-1}$$

$$f_0 = 1, \quad f_{m+n} = 0. \tag{8-4-2}$$

模型求解 解具有边界条件的差分方程. 特征方程为
$$(p+q)\lambda = p\lambda^2 + q.$$

(1) 当 $q \neq p$ 时,上述方程有解 $\lambda_1 = 1, \lambda_2 = \dfrac{q}{p}$,所以差分方程的通解为
$$f_n = c_1 + c_2 \left(\dfrac{q}{p}\right)^n,$$

代入边界条件得
$$f_n = 1 - \dfrac{1 - \left(\dfrac{q}{p}\right)^n}{1 - \left(\dfrac{q}{p}\right)^{n+m}}.$$

(2) 当 $q = p$ 时,上述方程有解 $\lambda_1 = \lambda_2 = 1$,所以差分方程的通解为
$$f_n = c_1 + c_2 n,$$

代入边界条件得
$$f_n = 1 - \dfrac{n}{n+m}.$$

综合(1),(2)可得
$$f_n = \begin{cases} 1 - \dfrac{1 - \left(\dfrac{q}{p}\right)^n}{1 - \left(\dfrac{q}{p}\right)^{n+m}}, & p \neq q, \\ 1 - \dfrac{n}{n+m}, & p = q. \end{cases}$$

若乙有无穷多的赌金,则甲最终输光概率为
$$p_{\text{终}} = \lim_{m \to \infty} f_n = \begin{cases} \left(\dfrac{q}{p}\right)^n, & p > q, \\ 1, & p \leq q. \end{cases}$$

结论分析与评述 由上式可知,如果赌徒只有有限的赌金,而其对手有无限的赌金,当其每局赢的概率 p 不大于每局输的概率 q,即 $q \leq p$ 时,他以正的概率 $\left(\dfrac{q}{p}\right)^n$ 输光,只是他的最初赌金 n 越大输光的概率越小. 然而一个赌徒他面临的对手是各个可能的赌场,他的赌金跟各个可能的赌场的赌金之和比起来是微不足道的,而且每一局他是占不到便宜的,即一般是 $p \leq q$ 时,因此,最终他必将输光. 这也是俗话所说的"十赌九输".

二、种群灭绝原因探讨

问题 在历史上有不少显赫的家族与民族消失了. 人们自然会问:一个群体最

终灭绝的概率有多大？它与什么有关系？

建模假设及分析 设 X_n 为某群体第 n 代的个体数，$n \geq 0$，并设不同个体的"子女"（直接后代）数是独立同分布的随机变量．以 Z_i^n 表示第 n 代的第 i 个成员的"子女"数，且设有

$$X_{n+1} = \sum_{i=1}^{X_n} Z_i^n,$$

上式表示第 $n+1$ 代成员数是第 n 所有成员的"子女"数之和．

模型建立与求解 显然，当 X_n 已知时，X_{n+1} 与 $X_{n-1}, X_{n-2}, X_{n-3}, \cdots, X_0$ 无关，所以是马尔可夫链，成为离散分支过程．

现在来讨论当 $X_0 = 1$ 时该群体灭绝的概率．为此，设

$$p_k(n) = p\{X_n = k\}, \quad k, n = 0, 1, 2, \cdots,$$

则

$$p_k(1) = p\{X_1 = k\} = p\{Z_1^0 = k\} = p_k.$$

记 X_{n+1} 的概率母函数为 $A_{n+1}(s)$，即

$$A_{n+1}(s) = E(s^{X_{n+1}}) = \sum_{k=0}^{\infty} s^k p\{X_{n+1} = k\}, \quad |s| \leq 1,$$

则

$$A_{n+1}(s) = E(s^{X_{n+1}}) = \sum_{k=0}^{\infty} E(s^{X_{n+1}} \mid X_n = k) p\{X_n = k\}$$
$$= A[A_1(s)], \quad n = 0, 1, 2, \cdots.$$

设 Z_1^n 的概率母函数为 $A(s)$，即 $A(s) = E(s^{Z_1^n}) = \sum_{k=0}^{\infty} p_k s^k, |s| \leq 1$，因为不同个体的子女数独立同分布，且 $X_1 = Z_1^0$，所以

$$A(s) = E(s^{Z_1^0}) = A_1(s).$$

由上式递推得

$$A_{n+1}(s) = A_n[A_1(s)] = A\{[A_1[A_1]]\}$$
$$= A_{n-1}[A_2(s)] = \cdots = A_{n-2}[A_3(s)]$$
$$= \cdots = A_1[A_n(s)].$$

因为第 n 代成员数为 0，则第 $n+1$ 代成员数肯定也为 0，即

$$\{X_n = 0\} \subset \{X_{n+1} = 0\},$$

所以 $0 \leq p_0(n) \leq p_0(n+1) \leq 1$，从而数列 $\{p_0(n), n \geq 0\}$ 的极限存在，记为 π_0，即

$$\pi_0 = \lim_{n \to \infty} p_0(n).$$

结论分析与评价 由定理 8.3.1，当 $X_0 = 1$ 时，上述群体最终灭绝的概率 π_0 是方程 $s = A(s)$ 的最小正根．其中 $A(s)$ 为 Z_1^0 即 X_1 得概率母函数．且该群体最终肯定灭绝的充分必要条件是一个成员的平均"子女"数不超过 1，即

$$\pi_0 = 1 \Leftrightarrow \mu \leqslant 1,$$

其中 $\mu = E[Z_1^0] = E(X_1) = E(Z_i^n)$, $n=1,2,\cdots$; $i=1,2,\cdots$.

三、一维随机游动

问题 设一随机游动的质点 Q, 在如图 8.4.1 所示直线的点集 $I=\{1,2,3,4,5\}$ 上作随机游动, 且仅在 1s、2s 等时刻发生游动. 游动的概率规则是: 如果 Q 现在位于点 $i(1<i<5)$, 则下一时刻各以 1/3 的概率向左或向右移动一格, 或以 1/3 的概率留在原处; 若 Q 现在位于 1(或 5)这点上, 则下一时刻就以概率 1 移动到 2(或 4)这点上. 1 和 5 这两点称为反射壁. 这种游动称为带有两个反射壁的随机游动(见图 8.4.1).

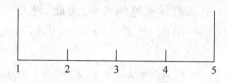

图 8.4.1 随机游动示意图

分析与求解 若以 X_n 表示时刻 n 时质点 Q 的位置, 不同的位置就是 X_n 的不同的状态, 则 $\{X_n, n=0,1,2,\cdots\}$ 是一随机过程, 状态空间就是 $I=\{1,2,3,4,5\}$, 而且当 $X_n=i, i \in I$ 为已知时, X_{n+1} 所处的状态的概率分布只与 $X_n=i$ 有关, 而与 Q 在时刻 n 以前是如何到达 i 的完全无关, 所以 $\{X_n, n=0,1,2,\cdots\}$ 是一马尔可夫链, 而且是齐次的. 它的一步转移概率和一步转移概率矩阵分别为

$$p_{ij} = P\{X_{n+1}=j \mid X_n=i\} = \begin{cases} \dfrac{1}{3}, & j=i-1, i, i+1;\ 1<i<5, \\ 1, & i=1, j=2 \text{ 或 } i=5, j=4, \\ 0, & |j-i| \geqslant 2 \end{cases}$$

和

$$\boldsymbol{P} = \begin{pmatrix} 0 & 1 & 0 & 0 & 0 \\ 1/3 & 1/3 & 1/3 & 0 & 0 \\ 0 & 1/3 & 1/3 & 1/3 & 0 \\ 0 & 0 & 1/3 & 1/3 & 1/3 \\ 0 & 0 & 0 & 1 & 0 \end{pmatrix}.$$

所以

$$\boldsymbol{P}^2 = \begin{pmatrix} 0 & 1 & 0 & 0 & 0 \\ 1/3 & 1/3 & 1/3 & 0 & 0 \\ 0 & 1/3 & 1/3 & 1/3 & 0 \\ 0 & 0 & 1/3 & 1/3 & 1/3 \\ 0 & 0 & 0 & 1 & 0 \end{pmatrix}^2 = \begin{pmatrix} 1/3 & 1/3 & 1/3 & 0 & 0 \\ 1/9 & 5/9 & 2/9 & 1/9 & 0 \\ 1/9 & 2/9 & 1/3 & 2/9 & 1/9 \\ 0 & 1/9 & 2/9 & 5/9 & 1/9 \\ 0 & 0 & 1/3 & 1/3 & 1/3 \end{pmatrix}.$$

进一步有

$$P^4 = (P^2)^2 = \begin{pmatrix} 1/3 & 1/3 & 1/3 & 0 & 0 \\ 1/9 & 5/9 & 2/9 & 1/9 & 0 \\ 1/9 & 2/9 & 1/3 & 2/9 & 1/9 \\ 0 & 1/9 & 2/9 & 5/9 & 1/9 \\ 0 & 0 & 1/3 & 1/3 & 1/3 \end{pmatrix}^2$$

$$= \begin{pmatrix} 5/27 & 10/27 & 8/27 & 1/9 & 1/27 \\ 10/81 & 33/81 & 21/81 & 14/81 & 1/27 \\ 8/81 & 21/81 & 23/81 & 21/81 & 8/81 \\ 1/27 & 14/81 & 21/81 & 33/81 & 10/81 \\ 1/27 & 1/9 & 8/27 & 10/27 & 5/27 \end{pmatrix}.$$

即 P^4 无零元素,故该链是遍历的.

其极限分布 $\pi = (\pi_1, \pi_2, \cdots, \pi_5)$ 满足方程组

$$\begin{cases} \pi_1 = \dfrac{1}{3}\pi_2, \\ \pi_5 = \dfrac{1}{3}\pi_4, \\ \pi_2 = \pi_1 + \dfrac{1}{3}\pi_2 + \dfrac{1}{3}\pi_3, \\ \pi_3 = \dfrac{1}{3}\pi_2 + \dfrac{1}{3}\pi_3 + \dfrac{1}{3}\pi_4, \\ \pi_4 = \dfrac{1}{3}\pi_3 + \dfrac{1}{3}\pi_4 + \dfrac{1}{3}\pi_5, \\ \sum_{i=1}^{5}\pi_i = 1 \end{cases} \Rightarrow \begin{cases} \pi_1 = \dfrac{1}{11}, \\ \pi_2 = \dfrac{3}{11}, \\ \pi_3 = \dfrac{3}{11}, \\ \pi_4 = \dfrac{3}{11}, \\ \pi_5 = \dfrac{1}{11}. \end{cases}$$

故所求极限分布为 $\pi = \left(\dfrac{1}{11}, \dfrac{3}{11}, \dfrac{3}{11}, \dfrac{3}{11}, \dfrac{1}{11}\right)$.

注意 如改变游动的概率规则,就可以得到不同方式的随机游动和相应的马尔可夫链. 比如,把 1 这点改为吸收壁,即如果质点 Q 一旦到达 1 这一点,则就永远留在点 1 上. 此时,相应链的转移概率矩阵只需把 P 的第一行改为 $(1,0,0,0,0)$ 即可.

四、传染模型

问题 有 N 个人及某种传染病. 假设:(1)在每个单位时间内此 N 个人中恰好有两个人相互接触,且一切成对的接触是等可能的;(2)当健康者与患病者相互接触时,被传染上疾病的概率为 α;(3)患病者康复的概率为 0,健康者如果不与患病者接触,染上疾病的概率也为 0.

分析与求解 以 X_n 表示第 n 个单位时间内的患病人数,由于 X_n 的取值只与

X_{n-1} 的取值有关,则 $\{X_n, n \geqslant 0\}$ 是一个马尔可夫链,其状态空间为 $I=\{0,1,2,\cdots,N\}$.
一步转移概率为

$$P\{X_n = j \mid X_{n-1} = i\} = \begin{cases} 1, & i = j = 0, \\ \dfrac{2j(N-j)}{N(N-1)}\alpha, & j = i+1, \\ 1 - \dfrac{2j(N-j)}{N(N-1)}\alpha, & j = i, \\ 0, & 其他, \end{cases}$$

其中 $\alpha_j = \dfrac{2j(N-j)}{N(N-1)}(j=1,2,\cdots,N-1)$.

由此得到该马尔可夫链的一步转移概率矩阵为

$$\boldsymbol{P} = \begin{bmatrix} 1 & 0 & 0 & 0 & \cdots & \cdots & 0 \\ 0 & 1-\alpha_1 & \alpha_1 & 0 & \cdots & \cdots & 0 \\ 0 & 0 & 1-\alpha_2 & \alpha_2 & \cdots & \cdots & 0 \\ \vdots & \vdots & \vdots & & & & \vdots \\ 0 & 0 & \cdots & \cdots & 0 & 1-\alpha_{N-1} & \alpha_{N-1} \\ 0 & 0 & \cdots & \cdots & 0 & 0 & 1 \end{bmatrix},$$

同以上例题的方法,可以讨论该马尔可夫链的平稳性.

本章小结

随机过程的研究对象是随时间演变的随机现象.简单地说,随机过程就是依赖于参数 t 的一族(无限多个)随机变量,记为 $\{X(t), t \in T\}$, T 为参数集.把 t 看作时间,固定 t,称随机变量 $X(t)$ 为随机过程在 t 时刻的状态.对于一切 $t \in T$,状态的所有可能取的值的全体称为随机过程的状态空间.

1. 了解随机过程的基本概念与分类,会求随机过程的数字特征.
2. 了解几类常见的随机过程,如独立增量过程中的泊松过程、维纳过程,平稳随机过程的判断与基本性质.
3. 重点掌握马尔可夫链的概念、性质与计算.

习题八

1. 给定随机过程 $\{X(t), t \in T\}$, x 是任一实数,定义另一个随机过程

$$Y(t) = \begin{cases} 1, & X(t) \leqslant x, \\ 0, & X(t) > x, \end{cases} \quad t \in T.$$

试将 $Y(t)$ 的均值函数和自相关函数用随机过程 $X(t)$ 的一维和二维分布函数来表示.

2. 设随机过程 $X(t) = e^{-At}, t>0$,其中 A 是在区间 $(0,a)$ 上服从均匀分布的随机变量,试求 $X(t)$ 的均值函数和相关函数.

3. 已知随机过程 $\{X(t), t \in T\}$ 的均值函数 $\mu_X(t)$ 和协方差函数 $C_X(t_1, t_2)$,$\varphi(t)$ 是普通的函数,试求随机过程 $Y(t) = X(t) + \varphi(t)$ 的均值函数和协方差函数.

4. 给定一个随机过程 $\{X(t), t \in T\}$ 和常数 a,试以 $X(t)$ 的自相关函数表出随机过程 $Y(t) = X(t+a) - X(t), t \in T$ 的自相关函数.

5. 设 $X(t)$ 和 $Y(t)(t>0)$ 是两个相互独立的、分别具有强度 λ 和 μ 的泊松过程,试证

$$S(t) = X(t) + Y(t)$$

是具有强度为 $\lambda + \mu$ 的泊松过程.

6. 设 $X(t)$ 和 $Y(t)$ 是相互独立的平稳过程,试证以下随机过程也是平稳过程:

(1) $Z_1(t) = X(t)Y(t)$;

(2) $Z_2(t) = X(t) + Y(t)$.

7. 设 $\{N(t), t \geqslant 0\}$ 是强度为 λ 的泊松过程,定义随机过程 $Y(t) = N(t+L) - N(t)$,其中常数 $L>0$.试求 $Y(t)$ 的均值函数和自相关函数,并问 $Y(t)$ 是否是平稳过程?

8. 设 $\{X(t), t \in \mathbf{R}\}$ 是平稳过程,$R_X(\tau)$ 是其自相关函数,a 是常数,试问随机过程 $Y(t) = X(t+a) - X(t)$ 是不是平稳过程?为什么?

9. 从数 $1, 2, \cdots, N$ 中任取一个数,记为 X_1;再从 $1, 2, \cdots, X_1$ 中任取一个数,记为 X_2;如此继续,从 $1, 2, \cdots, X_{n-1}$ 中任取一个数,记为 X_n.说明 $\{X_n, n \geqslant 1\}$ 构成一个齐次马尔可夫链,并写出它的状态空间和一步转移概率矩阵.

10. 设 $X_0 = 1, X_1, X_2, \cdots, X_n, \cdots$ 是相互独立且都以概率 $p(0<p<1)$ 取值 1,以概率 $q = 1-p$ 取值 0 的随机变量序列.令 $S_n = \sum_{k=0}^{n} X_k$,证明 $\{S_n, n \geqslant 0\}$ 构成一马尔可夫链,并写出它的状态空间和一步转移概率矩阵.

11. 设马尔可夫链 $\{X_n, n \geqslant 0\}$ 的状态空间为 $I = \{1, 2, 3\}$,初始分布为 $p_1(0) = \frac{1}{4}, p_2(0) = \frac{1}{2}, p_3(0) = \frac{1}{4}$,一步转移概率矩阵为 $\boldsymbol{P} = \begin{bmatrix} 1/4 & 3/4 & 0 \\ 1/3 & 1/3 & 1/3 \\ 0 & 1/4 & 3/4 \end{bmatrix}$.

(1) 计算 $P\{X_0 = 1, X_1 = 2, X_2 = 2\}$;

(2) 证明 $P\{X_1 = 2, X_2 = 2 | X_0 = 1\} = p_{12} \cdot p_{22}$;

(3) 计算 $P_{12}(2) = P\{X_2 = 2 | X_0 = 1\}$;

(4) 计算 $P_2(2) = P\{X_2 = 2\}$.

12. 设齐次马尔可夫链的一步转移概率矩阵为 $\boldsymbol{P}=\begin{bmatrix} 1/2 & 1/2 & 0 \\ 1/2 & 1/2 & 0 \\ 0 & 0 & 1 \end{bmatrix}$,讨论它的遍历性.

13. 设齐次马尔可夫链的一步转移概率矩阵为
$$\boldsymbol{P}=\begin{bmatrix} p & q & 0 \\ p & 0 & q \\ 0 & p & q \end{bmatrix}, \quad q=1-p, 0<p<1,$$
证明此链是遍历的,并求它的平稳分布.

14. 设任意相继的两天中,雨天转晴天的概率为 1/3,晴天转雨天的概率为 1/2,任一天晴或雨是互为逆事件的.以 0 表示晴天状态,以 1 表示雨天状态,X_n 表示第 n 天的状态(0 或 1).试写出马尔可夫链 $\{X_n, n \geq 1\}$ 的一步转移概率矩阵.又若知 5 月 1 日为晴天,问 5 月 3 日为晴天、5 月 5 日为雨天的概率各等于多少?

附录 A 概率论与数理统计中常用的 MATLAB 基本命令

本附录介绍 MATLAB 在概率统计中的若干命令和使用格式,这些命令存放于 MATLAB 安装文件夹的目录 MatlabR12\Toolbox\Stats 中.

1 随机数的产生

1.1 二项分布的随机数据的产生

  命令 参数为 N,P 的二项随机数据
  函数 **binornd**
  格式 R = binornd(N,P)   %N,P 为二项分布的两个参数,返回服从参数为 N,P 的
              二项分布的随机数,N,P 大小相同
      R = binornd(N,P,m) %m 指定随机数的个数,与 R 同维数
      R = binornd(N,P,m,n) %m,n 分别表示 R 的行数和列数

例 1
```
>> R = binornd(10,0.5)
R =
    3
>> R = binornd(10,0.5,1,6)
R =
    8    1    3    7    6    4
>> R = binornd(10,0.5,[1,10])
R =
    6    8    4    6    7    5    3    5    6    2
>> R = binornd(10,0.5,[2,3])
R =
    7    5    8
    6    5    6
>> n = 10:10:60;
>> r1 = binornd(n,1./n)
r1 =
    2    1    0    1    1    2
>> r2 = binornd(n,1./n,[1 6])
r2 =
    0    1    2    1    3    1
```

1.2 正态分布的随机数据的产生

命令 参数为 μ,σ 的正态分布的随机数据
函数 normrnd
格式 R = normrnd(MU,SIGMA)   %返回均值为 MU,标准差为 SIGMA 的正态分布的随机数据,R 可以是向量或矩阵
　　　　R = normrnd(MU,SIGMA,m)   %m 指定随机数的个数,与 R 同维数
　　　　R = normrnd(MU,SIGMA,m,n) %m,n 分别表示 R 的行数和列数

例 2
```
>> n1 = normrnd(1:6,1./(1:6))
n1 =
    2.1650    2.3134    3.0250    4.0879    4.8607    6.2827
>> n2 = normrnd(0,1,[1 5])
n2 =
    0.0591    1.7971    0.2641    0.8717   -1.4462
>> n3 = normrnd([1 2 3;4 5 6],0.1,2,3)   %mu 为均值矩阵
n3 =
    0.9299    1.9361    2.9640
    4.1246    5.0577    5.9864
>> R = normrnd(10,0.5,[2,3])   %mu 为 10,sigma 为 0.5 的 2 行 3 列个正态随机数
R =
    9.7837   10.0627    9.4268
    9.1672   10.1438   10.5955
```

1.3 常见分布的随机数产生

常见分布的随机数的使用格式与上面相同,如表 A-1 所示.

表 A-1 随机数产生函数表

函数名	调用形式	注　释
Unifrnd	unifrnd(A,B,m,n)	$[A,B]$ 上均匀分布(连续)随机数
Unidrnd	unidrnd(N,m,n)	均匀分布(离散)随机数
Exprnd	exprnd(Lambda,m,n)	参数为 Lambda 的指数分布随机数
Normrnd	normrnd(MU,SIGMA,m,n)	参数为 MU,SIGMA 的正态分布随机数
chi2rnd	chi2rnd(N,m,n)	自由度为 N 的 χ^2 分布随机数
Trnd	trnd(N,m,n)	自由度为 N 的 t 分布随机数
Frnd	frnd(N_1,N_2,m,n)	第一自由度为 N_1,第二自由度为 N_2 的 F 分布随机数
gamrnd	gamrnd(A,B,m,n)	参数为 A,B 的 γ 分布随机数
betarnd	betarnd(A,B,m,n)	参数为 A,B 的 β 分布随机数
lognrnd	lognrnd(MU,SIGMA,m,n)	参数为 MU,SIGMA 的对数正态分布随机数
nbinrnd	nbinrnd(R,P,m,n)	参数为 R,P 的负二项式分布随机数
ncfrnd	ncfrnd(N_1,N_2,delta,m,n)	参数为 N_1,N_2,delta 的非中心 F 分布随机数

续表

函数名	调用形式	注　释
nctrnd	nctrnd(N,delta,m,n)	参数为 N,delta 的非中心 t 分布随机数
ncx2rnd	ncx2rnd(N,delta,m,n)	参数为 N,delta 的非中心 χ^2 分布随机数
raylrnd	raylrnd(B,m,n)	参数为 B 的瑞利分布随机数
weibrnd	weibrnd(A,B,m,n)	参数为 A,B 的韦伯分布随机数
binornd	binornd(N,P,m,n)	参数为 N,p 的二项分布随机数
geornd	geornd(P,m,n)	参数为 p 的几何分布随机数
hygernd	hygernd(M,K,N,m,n)	参数为 M,K,N 的超几何分布随机数
Poissrnd	poissrnd(Lambda,m,n)	参数为 Lambda 的泊松分布随机数

1.4 通用函数求各分布的随机数据

命令 求指定分布的随机数

函数 random

格式 y = random('name',A1,A2,A3,m,n)　　% name 的取值见表 4-2；A1,A2,A3 为分布的参数；m,n 指定随机数的行和列

例 3 产生 12(3 行 4 列)个均值为 2,标准差为 0.3 的正态分布随机数.

```
>> y = random('norm',2,0.3,3,4)
y =
    2.3567    2.0524    1.8235    2.0342
    1.9887    1.9440    2.6550    2.3200
    2.0982    2.2177    1.9591    2.0178
```

2 随机变量的概率密度计算

2.1 通用函数计算概率密度函数值

命令 通用函数计算概率密度函数值

函数 pdf

格式 Y = pdf(name,K,A)
　　　　Y = pdf(name,K,A,B)
　　　　Y = pdf(name,K,A,B,C)

说明 返回在 $X=K$ 处,参数为 A、B、C 的概率密度值,对于不同的分布,参数个数是不同的；name 为分布函数名,其取值如表 A-2 所示.

表 A-2 常见分布函数表

name 的取值			函 数 说 明
'beta'	或	'Beta'	Beta 分布
'bino'	或	'Binomial'	二项分布
'chi2'	或	'Chisquare'	χ^2 分布
'exp'	或	'Exponential'	指数分布
'f'	或	'F'	F 分布
'gam'	或	'Gamma'	Gamma 分布
'geo'	或	'Geometric'	几何分布
'hyge'	或	'Hypergeometric'	超几何分布
'logn'	或	'Lognormal'	对数正态分布
'nbin'	或	'Negative Binomial'	负二项式分布
'ncf'	或	'Noncentral F'	非中心 F 分布
'nct'	或	'Noncentral t'	非中心 t 分布
'ncx2'	或	'Noncentral Chi-square'	非中心 χ^2 分布
'norm'	或	'Normal'	正态分布
'poiss'	或	'Poisson'	泊松分布
'rayl'	或	'Rayleigh'	瑞利分布
't'	或	'T'	t 分布
'unif'	或	'Uniform'	均匀分布
'unid'	或	'Discrete Uniform'	离散均匀分布
'weib'	或	'Weibull'	Weibull 分布

例如二项分布：设一次试验，事件 A 发生的概率为 p，那么，在 n 次独立重复试验中，事件 A 恰好发生 K 次的概率为 P_K=P\{X=K\}=pdf('bino',K,n,p)

例 1 计算正态分布 $N(0,1)$ 的随机变量 X 在点 0.6578 的密度函数值.

解 >> pdf('norm',0.6578,0,1)
　　ans =
　　　　0.3213

例 2 自由度为 8 的 χ^2 分布，在点 2.18 处的密度函数值.

解 >> pdf('chi2',2.18,8)
　　ans =
　　　　0.0363

2.2 专用函数计算概率密度函数值

命令 二项分布的概率值

函数 **binopdf**

格式 binopdf (k,n,p)   % 等同于 pdf('bino',K,n,p),p — 每次试验事件 A 发生的概率；
　　　　　　　　　　　　K—事件 A 发生 K 次；n—试验总次数

命令	泊松分布的概率值
函数	poisspdf
格式	poisspdf(k,Lambda) % 等同于 pdf('poiss',K,Lamda)
命令	正态分布的概率值
函数	normpdf(K,mu,sigma) % 计算参数为 $\mu = $ mu, $\sigma = $ sigma 的正态分布密度函数在 K 处的值.

专用函数计算概率密度函数列表如表 A-3 所示.

表 A-3 专用函数计算概率密度函数表

函数名	调用形式	注 释
Unifpdf	unifpdf(x,a,b)	$[a,b]$ 上均匀分布(连续)概率密度在 $X=x$ 处的函数值
unidpdf	Unidpdf(x,n)	均匀分布(离散)概率密度函数值
Expppdf	exppdf(x,Lambda)	参数为 Lambda 的指数分布概率密度函数值
normpdf	normpdf(x,mu,sigma)	参数为 mu,sigma 的正态分布概率密度函数值
chi2pdf	chi2pdf(x,n)	自由度为 n 的 χ^2 分布概率密度函数值
Tpdf	tpdf(x,n)	自由度为 n 的 t 分布概率密度函数值
Fpdf	fpdf(x,n_1,n_2)	第一自由度为 n_1,第二自由度为 n_2 的 F 分布概率密度函数值
gampdf	gampdf(x,a,b)	参数为 a,b 的 γ 分布概率密度函数值
betapdf	betapdf(x,a,b)	参数为 a,b 的 β 分布概率密度函数值
lognpdf	lognpdf(x,mu,sigma)	参数为 mu,sigma 的对数正态分布概率密度函数值
nbinpdf	nbinpdf(x,R,P)	参数为 R,P 的负二项式分布概率密度函数值
Ncfpdf	ncfpdf(x,n_1,n_2,delta)	参数为 n_1,n_2,delta 的非中心 F 分布概率密度函数值
Nctpdf	nctpdf(x,n,delta)	参数为 n,delta 的非中心 t 分布概率密度函数值
ncx2pdf	ncx2pdf(x,n,delta)	参数为 n,delta 的非中心 χ^2 分布概率密度函数值
raylpdf	raylpdf(x,b)	参数为 b 的瑞利分布概率密度函数值
weibpdf	weibpdf(x,a,b)	参数为 a,b 的韦伯分布概率密度函数值
binopdf	binopdf(x,n,p)	参数为 n,p 的二项分布的概率密度函数值
geopdf	geopdf(x,p)	参数为 p 的几何分布的概率密度函数值
hygepdf	hygepdf(x,M,K,N)	参数为 M,K,N 的超几何分布的概率密度函数值
poisspdf	poisspdf(x,Lambda)	参数为 Lambda 的泊松分布的概率密度函数值

例 3 绘制 χ^2 分布密度函数在自由度分别为 1、5、15 的图形.

```
>> x = 0:0.1:30;
>> y1 = chi2pdf(x,1); plot(x,y1,':')
>> hold on
>> y2 = chi2pdf(x,5);plot(x,y2,'+')
>> y3 = chi2pdf(x,15);plot(x,y3,'o')
>> axis([0,30,0,0.2])                              % 指定显示的图形区域
```

则图形为图 A.1.

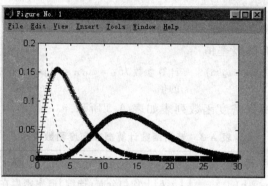

图 A.1

2.3 常见分布的密度函数作图

1. 二项分布(图 A.1)

例4　`>>x = 0:10;y = binopdf(x,10,0.5);`
　　　`>>plot(x,y,'+')`　　　　　　　　　　　　% 图 A.2

2. χ^2 分布

例5　`>>x = 0:0.2:15;y = chi2pdf(x,4);`
　　　`>>plot(x,y)`　　　　　　　　　　　　　% 图 A.3

3. 非中心 χ^2 分布

例6　`>>x = (0:0.1:10)';`
　　　`>>p1 = ncx2pdf(x,4,2);`
　　　`>>p = chi2pdf(x,4);`
　　　`>>plot(x,p,'--',x,p1,'-')`　　　　　　　% 图 A.4

4. 指数分布

例7　`>>x = 0:0.1:10;y = exppdf(x,2);`
　　　`>>plot(x,y)`　　　　　　　　　　　　　% 图 A.5

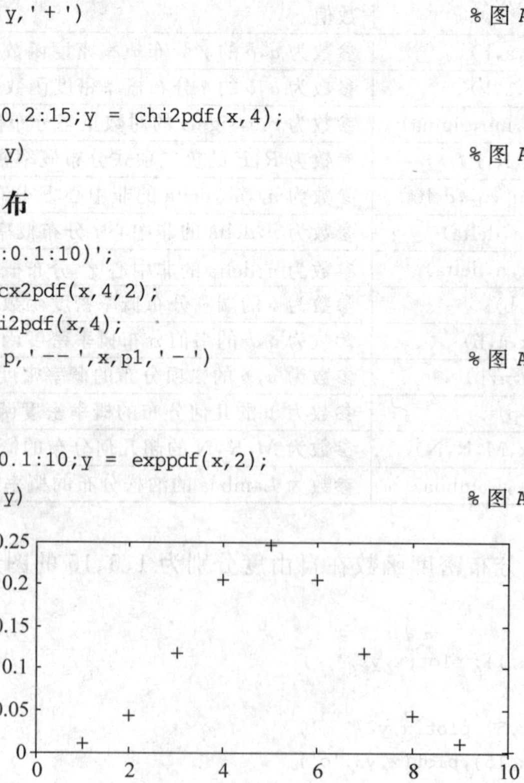

图 A.2

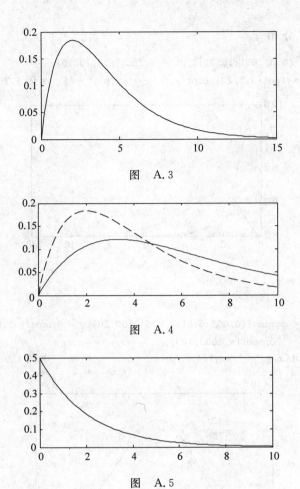

图 A.3

图 A.4

图 A.5

5. F 分布

例 8　`>> x = 0:0.01:10;y = fpdf(x,5,3);`
　　　`>> plot(x,y)`　　　　　　　　　　　　　% 图 A.6

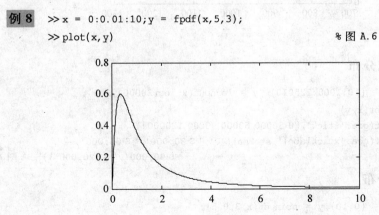

图 A.6

6. 非中心 F 分布

例 9 `>> x = (0.01:0.1:10.01)';p1 = ncfpdf(x,5,20,10);`
`>> p  = fpdf(x,5,20);plot(x,p,'--',x,p1,'-')   % 图 A.7`

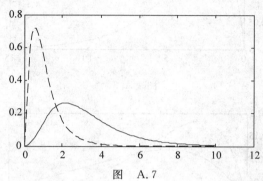

图 A.7

7. Γ 分布

例 10 `>> x = gaminv((0.005:0.01:0.995),100,10);y = gampdf(x,100,10);`
`>> y1 = normpdf(x,1000,100);`
`>> plot(x,y,'-',x,y1,'-.')                    % 图 A.8`

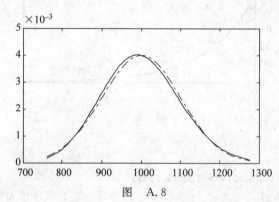

图 A.8

8. 对数正态分布

例 11 `>> x = (10:1000:125010)';y = lognpdf(x,log(20000),1.0);`
`>> plot(x,y)`
`>> set(gca,'xtick',[0 30000 60000 90000 120000])`
`>> set(gca,'xticklabel',str2mat('0','$ 30,000','$ 60,000', …`
`                              '$ 90,000','$ 120,000'))    % 图 A.9`

9. 负二项分布

例 12 `>> x = (0:10);y = nbinpdf(x,3,0.5);`
`>> plot(x,y,'+')                              % 图 A.10`

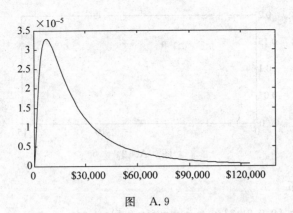

图 A.9

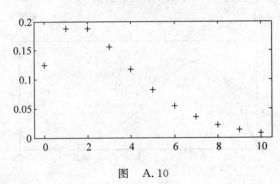

图 A.10

10. 正态分布

例 13　>> x = -3:0.2:3; y = normpdf(x,0,1);
　　　　>> plot(x,y)　　　　　　　　　　　　　　% 图 A.11

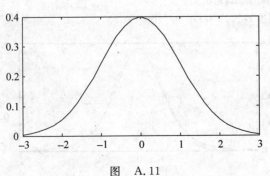

图 A.11

11. 泊松分布

例 14　>> x = 0:15; y = poisspdf(x,5);
　　　　>> plot(x,y,'+')　　　　　　　　　　　% 图 A.12

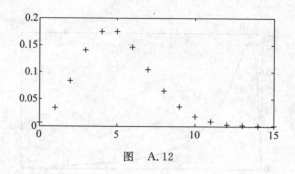

图 A.12

12. 瑞利分布

例 15　>> x = [0:0.01:2];p = raylpdf(x,0.5);
　　　　 >> plot(x,p)　　　　　　　　　　　% 图 A.13

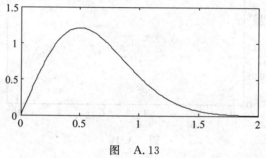

图 A.13

13. t 分布

例 16　>> x = -5:0.1:5;y = tpdf(x,5);
　　　　 >> z = normpdf(x,0,1);
　　　　 >> plot(x,y,'-',x,z,'-.')　　　　　　% 图 A.14

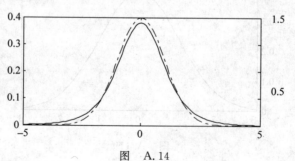

图 A.14

14. 威布尔分布

例 17　>> t = 0:0.1:3; y = weibpdf(t,2,2);
　　　　 >> plot(y)　　　　　　　　　　　　% 图 A.15

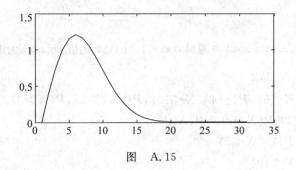

图 A.15

3 随机变量的累积概率值(分布函数值)

3.1 通用函数计算累积概率值

命令　通用函数 cdf 用来计算随机变量 $X \leqslant K$ 的概率之和(累积概率值)

函数　**cdf**

格式　cdf('name',K,A)
　　　cdf('name',K,A,B)
　　　cdf('name',K,A,B,C)

说明　返回以 name 为分布、随机变量 $X \leqslant K$ 的概率之和的累积概率值,name 的取值见表 A-1.

例 1　求标准正态分布随机变量 X 落在区间 $(-\infty,0.4)$ 内的概率(该值就是概率统计教材中的附表：标准正态数值表).

解　>> cdf('norm',0.4,0,1)
　　ans =
　　　0.6554

例 2　求自由度为 16 的 χ^2 分布随机变量落在 $[0,6.91]$ 内的概率.

解　>> cdf('chi2',6.91,16)
　　ans =
　　　0.0250

3.2 专用函数计算累积概率值(随机变量 $X \leqslant K$ 的概率之和)

命令　二项分布的累积概率值

函数　**binocdf**

格式　binocdf(k,n,p)　%n 为试验总次数,p 为每次试验事件 A 发生的概率,k 为 n 次试验中事件 A 发生的次数,该命令返回 n 次试验中事件 A 恰好发生 k 次的概率

命令　正态分布的累积概率值

函数 `normcdf`

格式 `normcdf(x,mu,sigma)` % 返回 $F(x) = \int_{-\infty}^{x} p(t)dt$ 的值，mu、sigma 为正态分布的两个参数

例 3 设 $X \sim N(3, 2^2)$

(1) 求 $P\{2<X<5\}, P\{-4<X<10\}, P\{|X|>2\}, P\{X>3\}$

(2) 确定 c，使得 $P\{X>c\} = P\{X \geqslant c\}$

解 (1) $p_1 = P\{2<X<5\}$

$p_2 = P\{-4<X<10\}$

$p_3 = P\{|X|>2\} = 1 - P\{|X| \leqslant 2\}$

$p_4 = P\{X>3\} = 1 - P\{X \leqslant 3\}$

则有

```
>> p1 = normcdf(5,3,2) - normcdf(2,3,2)
p1 =
    0.5328
>> p2 = normcdf(10,3,2) - normcdf(-4,3,2)
p2 =
    0.9995
>> p3 = 1 - normcdf(2,3,2) - normcdf(-2,3,2)
p3 =
    0.6853
>> p4 = 1 - normcdf(3,3,2)
p4 =
    0.5000
```

专用函数计算累积概率值函数列表如表 A-4 所示。

表 A-4 专用函数的累积概率值函数表

函数名	调用形式	注　释
unifcdf	unifcdf(x,a,b)	$[a,b]$ 上均匀分布（连续）累积分布函数值 $F(x) = P\{X \leqslant x\}$
unidcdf	unidcdf(x,n)	均匀分布（离散）累积分布函数值 $F(x) = P\{X \leqslant x\}$
expcdf	expcdf(x,Lambda)	参数为 Lambda 的指数分布累积分布函数值 $F(x) = P\{X \leqslant x\}$
normcdf	normcdf(x,mu,sigma)	参数为 mu、sigma 的正态分布累积分布函数值 $F(x) = P\{X \leqslant x\}$
chi2cdf	chi2cdf(x,n)	自由度为 n 的 χ^2 分布累积分布函数值 $F(x) = P\{X \leqslant x\}$
tcdf	tcdf(x,n)	自由度为 n 的 t 分布累积分布函数值 $F(x) = P\{X \leqslant x\}$
fcdf	fcdf(x,n_1,n_2)	第一自由度为 n_1，第二自由度为 n_2 的 F 分布累积分布函数值
gamcdf	gamcdf(x,a,b)	参数为 a, b 的 γ 分布累积分布函数值 $F(x) = P\{X \leqslant x\}$
betacdf	betacdf(x,a,b)	参数为 a, b 的 β 分布累积分布函数值 $F(x) = P\{X \leqslant x\}$

续表

函数名	调用形式	注释
logncdf	logncdf(x,mu,sigma)	参数为 mu,sigma 的对数正态分布累积分布函数值
nbincdf	nbincdf(x,R,P)	参数为 R,P 的负二项式分布概累积分布函数值 $F(x)=P\{X\leqslant x\}$
ncfcdf	ncfcdf(x,n_1,n_2,delta)	参数为 n_1,n_2,delta 的非中心 F 分布累积分布函数值
nctcdf	nctcdf(x,n,delta)	参数为 n,delta 的非中心 t 分布累积分布函数值 $F(x)=P\{X\leqslant x\}$
ncx2cdf	ncx2cdf(x,n,delta)	参数为 n,delta 的非中心 χ^2 分布累积分布函数值
raylcdf	raylcdf(x,b)	参数为 b 的瑞利分布累积分布函数值 $F(x)=P\{X\leqslant x\}$
weibcdf	weibcdf(x,a,b)	参数为 a,b 的韦伯分布累积分布函数值 $F(x)=P\{X\leqslant x\}$
binocdf	binocdf(x,n,p)	参数为 n,p 的二项分布的累积分布函数值 $F(x)=P\{X\leqslant x\}$
geocdf	geocdf(x,p)	参数为 p 的几何分布的累积分布函数值 $F(x)=P\{X\leqslant x\}$
hygecdf	hygecdf(x,M,K,N)	参数为 M,K,N 的超几何分布的累积分布函数值
poisscdf	poisscdf(x,Lambda)	参数为 Lambda 的泊松分布的累积分布函数值 $F(x)=P\{X\leqslant x\}$

注：累积概率值函数的取值就是分布函数 $F(x)=P\{X\leqslant x\}$ 在 x 处的值.

4 随机变量的数字特征

4.1 平均值、中值

命令 利用 mean 求算术平均值

格式 mean(X)   %X 为向量,返回 X 中各元素的平均值
　　　mean(A)   %A 为矩阵,返回 A 中各列元素的平均值构成的向量
　　　mean(A,dim) %在给出的维数内的平均值

说明 X 为向量时,算术平均值的数学含义是 $\bar{x}=\dfrac{1}{n}\sum_{i=1}^{n}x_i$,即样本均值.

例 1 >> A = [1 3 4 5;2 3 4 6;1 3 1 5]
A =
　　1　3　4　5
　　2　3　4　6
　　1　3　1　5
>> mean(A)
ans =   1.3333   3.0000   3.0000   5.3333
>> mean(A,1)
ans =   1.3333   3.0000   3.0000   5.3333

命令 忽略 NaN 计算算术平均值

格式 nanmean(X)   %X 为向量,返回 X 中除 NaN 外元素的算术平均值

```
                nanmean(A)           %A 为矩阵,返回 A 中各列除 NaN 外元素的算术平均值向量
```

例2
```
>> A = [1 2 3;nan 5 2;3 7 nan]
A =
     1     2     3
   NaN     5     2
     3     7   NaN
>> nanmean(A)
ans =    2.0000    4.6667    2.5000
```

命令 利用 median 计算中值(中位数)
格式
```
median(X)            %X 为向量,返回 X 中各元素的中位数
median(A)            %A 为矩阵,返回 A 中各列元素的中位数构成的向量
median(A,dim)        %求给出的维数内的中位数
```

例3
```
>> A = [1 3 4 5;2 3 4 6;1 3 1 5]
A =
     1     3     4     5
     2     3     4     6
     1     3     1     5
>> median(A)
ans =    1    3    4    5
```

命令 忽略 NaN 计算中位数
格式
```
nanmedian(X)         %X 为向量,返回 X 中除 NaN 外元素的中位数
nanmedian(A)         %A 为矩阵,返回 A 中各列除 NaN 外元素的中位数向量
```

例4
```
>> A = [1 2 3;nan 5 2;3 7 nan]
A =
     1     2     3
   NaN     5     2
     3     7   NaN
>> nanmedian(A)
ans =    2.0000    5.0000    2.5000
```

命令 利用 geomean 计算几何平均数
格式
```
M = geomean(X)       %X 为向量,返回 X 中各元素的几何平均数
M = geomean(A)       %A 为矩阵,返回 A 中各列元素的几何平均数构成的向量
```

说明 几何平均数的数学含义是 $M = \left(\prod_{i=1}^{n} x_i \right)^{\frac{1}{n}}$,其中样本数据非负,主要用于对数正态分布.

例5
```
>> B = [1 3 4 5]
B =    1    3    4    5
>> M = geomean(B)
M =    2.7832
>> A = [1 3 4 5;2 3 4 6;1 3 1 5]
```

```
            A =
                1    3    4    5
                2    3    4    6
                1    3    1    5
            >> M = geomean(A)
            M =    1.2599    3.0000    2.5198    5.3133
```

命令 利用 harmmean 求调和平均值

格式　　M = harmmean(X)　　　　% X 为向量,返回 X 中各元素的调和平均值

　　　　　M = harmmean(A)　　　　% A 为矩阵,返回 A 中各列元素的调和平均值构成的向量

说明　调和平均值的数学含义是 $M = \dfrac{n}{\sum_{i=1}^{n} \dfrac{1}{x_i}}$,其中样本数据非 0,主要用于严重偏斜分布.

例 6
```
            >> B = [1 3 4 5]
            B =    1    3    4    5
            >> M = harmmean(B)
            M =    2.2430
            >> A = [1 3 4 5;2 3 4 6;1 3 1 5]
            A =
                1    3    4    5
                2    3    4    6
                1    3    1    5
            >> M = harmmean(A)
            M =    1.2000    3.0000    2.0000    5.2941
```

4.2　数据比较

命令　排序

格式　　Y = sort(X)　　　　　% X 为向量,返回 X 按由小到大排序后的向量

　　　　　Y = sort(A)　　　　　% A 为矩阵,返回 A 的各列按由小到大排序后的矩阵

　　　　　[Y,I] = sort(A)　　　% Y 为排序的结果,I 中元素表示 Y 中对应元素在 A 中位置

　　　　　sort(A,dim)　　　　　% 在给定的维数 dim 内排序

说明　若 X 为复数,则通过 $|X|$ 排序.

例 7
```
            >> A = [1 2 3;4 5 2;3 7 0]
            A =
                1    2    3
                4    5    2
                3    7    0
            >> sort(A)
            ans =
                1    2    0
                3    5    2
```

```
        4       7       3
>> [Y,I] = sort(A)
Y =
        1       2       0
        3       5       2
        4       7       3
I =
        1       1       3
        3       2       2
        2       3       1
```

命令 按行方式排序

函数 sortrows

格式 Y = sortrows(A)　　　%A 为矩阵,返回矩阵 Y,Y 按 A 的第 1 列由小到大,以行方式排序后生成的矩阵

Y = sortrows(A,col)　%按指定列 col 由小到大进行排序

[Y,I] = sortrows(A,col)　% Y 为排序的结果,I 表示 Y 中第 col 列元素在 A 中位置

说明 若 X 为复数,则通过 $|X|$ 的大小排序.

例8
```
>> A = [1 2 3;4 5 2;3 7 0]
A =
        1       2       3
        4       5       2
        3       7       0
>> sortrows(A)
ans =
        1       2       3
        3       7       0
        4       5       2
>> sortrows(A,1)
ans =
        1       2       3
        3       7       0
        4       5       2
>> sortrows(A,3)
ans =
        3       7       0
        4       5       2
        1       2       3
>> sortrows(A,[3 2])
ans =
        3       7       0
        4       5       2
        1       2       3
>> [Y,I] = sortrows(A,3)
Y =
```

```
              3    7    0
              4    5    2
              1    2    3
        I  =  3
              2
              1
```

命令　求最大值与最小值之差

函数　**range**

格式　Y = range(X)　　　　%X 为向量,返回 X 中的最大值与最小值之差

　　　Y = range(A)　　　　%A 为矩阵,返回 A 中各列元素的最大值与最小值之差

例 9　>> A = [1 2 3;4 5 2;3 7 0]
```
        A =
              1    2    3
              4    5    2
              3    7    0
        >> Y = range(A)
        Y =     3    5    3
```

4.3　期望

命令　计算样本均值

函数　**mean**

格式　用法与前述一样

例 10　随机抽取 6 个滚珠测得直径如下(直径:mm):

14.70　15.21　14.90　14.91　15.32　15.32

试求样本平均值.

解　>> X = [14.70　15.21　14.90　14.91　15.32　15.32];
　　>> mean(X)　　　　　　%计算样本均值

结果如下:

ans =　　15.0600

命令　由分布律计算均值

利用 sum 函数计算.

例 11　设随机变量 X 的分布律为

X	-2	-1	0	1	2
P	0.3	0.1	0.2	0.1	0.3

求 $E(X), E(X^2-1)$.

解　在 MATLAB 编辑器中建立 M 文件如下:

```
X = [-2 -1 0 1 2];
p = [0.3 0.1 0.2 0.1 0.3];
EX = sum(X.*p)
Y = X.^2 - 1
EY = sum(Y.*p)
```

运行后结果如下：

```
EX =    0
Y =     3    0   -1    0    3
EY =    1.6000
```

4.4 方差

命令 求样本方差

函数 var

格式 D = var(X)   % var(X) = $s^2 = \dfrac{1}{n-1}\sum\limits_{i=1}^{n}(x_i - \bar{X})^2$，若 X 为向量，则返回向量的样本方差

D = var(A)   % A 为矩阵，则 D 为 A 的列向量的样本方差构成的行向量

D = var(X,1)   % 返回向量（矩阵）X 的简单方差$\left(\text{即置前因子为}\dfrac{1}{n}\text{的方差}\right)$

D = var(X,w)   % 返回向量（矩阵）X 的以 w 为权重的方差

命令 求标准差

函数 std

格式 std(X)   % 返回向量（矩阵）X 的样本标准差$\left(\text{置前因子为}\dfrac{1}{n-1}\right)$，即 std = $\sqrt{\dfrac{1}{n-1}\sum\limits_{i=1}^{n}x_i - \bar{X}}$

std(X,1)   % 返回向量（矩阵）X 的标准差$\left(\text{置前因子为}\dfrac{1}{n}\right)$

std(X,0)   % 与 std(X) 相同

std(X,flag,dim)   % 返回向量（矩阵）中维数为 dim 的标准差值，其中 flag = 0 时，置前因子为 $\dfrac{1}{n-1}$；否则置前因子为 $\dfrac{1}{n}$

例 12 求下列样本的样本方差和样本标准差，方差和标准差．

14.70   15.21   14.90   15.32   15.32

解
```
>> X = [14.7 15.21 14.9 14.91 15.32 15.32];
>> DX = var(X,1)        % 方差
DX = 0.0559
>> sigma = std(X,1)     % 标准差
sigma = 0.2364
>> DX1 = var(X)         % 样本方差
DX1 = 0.0671
```

```
>> sigma1 = std(X)        %样本标准差
   sigma1 =     0.2590 .
```

命令 忽略 NaN 的标准差

函数 nanstd

格式 y = nanstd(X)   %若 X 为含有元素 NaN 的向量,则返回除 NaN 外的元素的标准差,若 X 为含元素 NaN 的矩阵,则返回各列除 NaN 外的标准差构成的向量

例 13
```
>> M = magic(3)              %产生 3 阶魔方阵
   M =
        8    1    6
        3    5    7
        4    9    2
>> M([1 6 8]) = [NaN NaN NaN]   %替换 3 阶魔方阵中第 1、6、8 个元素为 NaN
   M =
       NaN    1    6
        3    5   NaN
        4   NaN   2
>> y = nanstd(M)             %求忽略 NaN 的各列向量的标准差
   y =    0.7071   2.8284   2.8284
>> X = [1 5];                %忽略 NaN 的第 2 列元素
>> y2 = std(X)               %验证第 2 列忽略 NaN 元素的标准差
   y2 =    2.8284 .
```

命令 样本的偏斜度

函数 skewness

格式 y = skewness(X)   %X 为向量,返回 X 的元素的偏斜度;X 为矩阵,返回 X 各列元素的偏斜度构成的行向量

y = skewness(X,flag)   % flag = 0 表示偏斜纠正,flag = 1(默认)表示偏斜不纠正

说明 偏斜度样本数据关于均值不对称的一个测度,如果偏斜度为负,说明均值左边的数据比均值右边的数据更散;如果偏斜度为正,说明均值右边的数据比均值左边的数据更散,因而正态分布的偏斜度为 0;偏斜度的定义为 $y = \dfrac{E(x-\mu)^3}{\sigma^3}$,其中 μ 为 x 的均值,σ 为 x 的标准差,$E(.)$ 为期望值算子.

例 14
```
>> X = randn([5,4])
   X =
        0.2944    0.8580   -0.3999    0.6686
       -1.3362    1.2540    0.6900    1.1908
        0.7143   -1.5937    0.8156   -1.2025
        1.6236   -1.4410    0.7119   -0.0198
       -0.6918    0.5711    1.2902   -0.1567
>> y = skewness(X)
   y =   -0.0040   -0.3136   -0.8865   -0.2652
>> y = skewness(X,0)
   y =   -0.0059   -0.4674   -1.3216   -0.3954
```

4.5 常见分布的期望和方差

命令 均匀分布(连续)的期望和方差

函数 `unifstat`

格式 [M,V] = unifstat(A,B)   %A、B为标量时,就是区间上均匀分布的期望和方差,A、B 也可为向量或矩阵,则M、V也是向量或矩阵

例15
```
>>a = 1:6;b = 2.*a;
>>[M,V] = unifstat(a,b)
M =
    1.5000    3.0000    4.5000    6.0000    7.5000    9.0000
V =
    0.0833    0.3333    0.7500    1.3333    2.0833    3.0000 .
```

命令 正态分布的期望和方差

函数 `normstat`

格式 [M,V] = normstat(MU,SIGMA)   %MU,SIGMA可为标量也可为向量或矩阵,则M = MU, V = SIGMA^2

例16
```
>>n = 1:4;
>>[M,V] = normstat(n'*n,n'*n)
M =
    1    2    3    4
    2    4    6    8
    3    6    9   12
    4    8   12   16
V =
    1    4    9   16
    4   16   36   64
    9   36   81  144
   16   64  144  256
```

命令 二项分布的均值和方差

函数 `binostat`

格式 [M,V] = binostat(N,P)   %N,P为二项分布的两个参数,可为标量也可为向量或矩阵

例17
```
>>n = logspace(1,5,5)
n =
       10      100     1000    10000   100000
>>[M,V] = binostat(n,1./n)
M =    1        1        1        1        1
V =    0.9000   0.9900   0.9990   0.9999   1.0000
>>[m,v] = binostat(n,1/2)
m =    5       50      500     5000    50000
v = 1.0e+04 *  0.0003   0.0025   0.0250   0.2500   2.5000
```

常见分布的期望和方差见表 A-5。

表 A-5 常见分布的均值和方差

函数名	调用形式	注释
unifstat	[M,V]=unifstat(a,b)	均匀分布（连续）的期望和方差，M 为期望，V 为方差
unidstat	[M,V]=unidstat(n)	均匀分布（离散）的期望和方差
expstat	[M,V]=expstat(p,Lambda)	指数分布的期望和方差
normstat	[M,V]=normstat(mu,sigma)	正态分布的期望和方差
chi2stat	[M,V]=chi2stat(x,n)	χ^2 分布的期望和方差
tstat	[M,V]=tstat(n)	t 分布的期望和方差
fstat	[M,V]=fstat(n_1,n_2)	F 分布的期望和方差
gamstat	[M,V]=gamstat(a,b)	γ 分布的期望和方差
betastat	[M,V]=betastat(a,b)	β 分布的期望和方差
lognstat	[M,V]=lognstat(mu,sigma)	对数正态分布的期望和方差
nbinstat	[M,V]=nbinstat(R,P)	负二项式分布的期望和方差
ncfstat	[M,V]=ncfstat(n_1,n_2,delta)	非中心 F 分布的期望和方差
nctstat	[M,V]=nctstat(n,delta)	非中心 t 分布的期望和方差
ncx2stat	[M,V]=ncx2stat(n,delta)	非中心 χ^2 分布的期望和方差
raylstat	[M,V]=raylstat(b)	瑞利分布的期望和方差
Weibstat	[M,V]=weibstat(a,b)	韦伯分布的期望和方差
Binostat	[M,V]=binostat(n,p)	二项分布的期望和方差
Geostat	[M,V]=geostat(p)	几何分布的期望和方差
hygestat	[M,V]=hygestat(M,K,N)	超几何分布的期望和方差
Poisstat	[M,V]=poisstat(Lambda)	泊松分布的期望和方差

4.6 协方差与相关系数

命令 协方差

函数 cov

格式 cov(X)   %求向量 X 的协方差

cov(A)   %求矩阵 A 的协方差矩阵，该协方差矩阵的对角线元素是 A 的各列的方差，即 var(A) = diag(cov(A))

cov(X,Y)   %X,Y 为等长列向量，等同于 cov([X Y])

例 18
```
>> X = [0 -1 1]';Y = [1 2 2]';
>> C1 = cov(X)         % X 的协方差
C1 =    1
>> C2 = cov(X,Y)       % 列向量 X,Y 的协方差矩阵，对角线元素为各列向量的方差
C2 =    1.0000    0
          0     0.3333
>> A = [1 2 3;4 0 -1;1 7 3]
A =
        1    2    3
```

```
                    4    0   -1
                    1    7    3
   >> C1 = cov(A)           %求矩阵A的协方差矩阵
   C1 =
        3.0000   -4.5000   -4.0000
       -4.5000   13.0000    6.0000
       -4.0000    6.0000    5.3333
   >> C2 = var(A(:,1))      %求A的第1列向量的方差
   C2 =      3
   >> C3 = var(A(:,2))      %求A的第2列向量的方差
   C3 =     13
   >> C4 = var(A(:,3))
   C4 =      5.3333
```

命令　相关系数

函数　**corrcoef**

格式　corrcoef(X,Y)　　　%返回列向量X,Y的相关系数,等同于corrcoef([X　Y])
　　　corrcoef(A)　　　　%返回矩阵A的列向量的相关系数矩阵

例19
```
   >> A = [1 2 3;4 0 -1;1 3 9]
   A =
        1    2    3
        4    0   -1
        1    3    9
   >> C1 = corrcoef(A)    %求矩阵A的相关系数矩阵
   C1 =
        1.0000   -0.9449   -0.8030
       -0.9449    1.0000    0.9538
       -0.8030    0.9538    1.0000
   >> C1 = corrcoef(A(:,2),A(:,3))   %求A的第2列与第3列列向量的相关系数矩阵
   C1 =
        1.0000    0.9538
        0.9538    1.0000
```

5　统计作图

5.1　正整数的频率表

命令　正整数的频率表

函数　**tabulate**

格式　table = tabulate(X)　　%X为正整数构成的向量,返回3列:第1列中包含X的值第
　　　　　　　　　　　　　　　2列为这些值的个数,第3列为这些值的频率

例1
```
   >> A = [1 2 2 5 6 3 8]
   A =
```

```
       1    2    2    5    6    3    8
>> tabulate(A)
   Value    Count    Percent
     1        1      14.29%
     2        2      28.57%
     3        1      14.29%
     4        0       0.00%
     5        1      14.29%
     6        1      14.29%
     7        0       0.00%
     8        1      14.29%
```

5.2 经验累积分布函数图形

函数 `cdfplot`

格式
```
cdfplot(X)              % 作样本 X(向量)的累积分布函数图形
h = cdfplot(X)          % h 表示曲线的环柄
[h,stats] = cdfplot(X)  % stats 表示样本的一些特征
```

例 2
```
>> X = normrnd(0,1,50,1);
>> [h,stats] = cdfplot(X)
h =    3.0013
stats =
      min: -1.8740      % 样本最小值
      max:  1.6924      % 最大值
     mean:  0.0565      % 平均值
   median:  0.1032      % 中间值
      std:  0.7559      % 样本标准差
```

如图 A.16 所示.

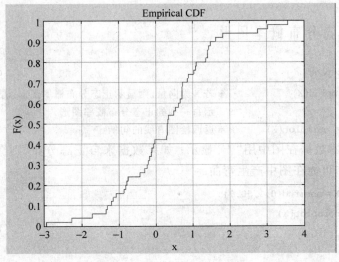

图 A.16

5.3 最小二乘拟合直线

函数 lsline

格式 lsline   %最小二乘拟合直线   h = lsline   %h 为直线的句柄

例3 >> X = [2 3.4 5.6 8 11 12.3 13.8 16 18.8 19.9]';
>> plot(X,'+')
>> lsline   %图 A.17

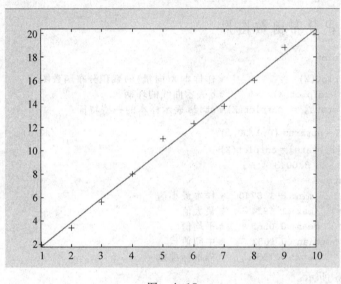

图 A.17

5.4 绘制正态分布概率图形

函数 normplot

格式 normplot(X)   %若 X 为向量,则显示正态分布概率图形,若 X 为矩阵,则显示每一列的正态分布概率图形
　　　　h = normplot(X)   %返回绘图直线的句柄

说明 样本数据在图中用"+"显示;如果数据来自正态分布,则图形显示为直线,而其他分布可能在图中产生弯曲.

例4 >> X = normrnd(0,1,50,1);
>> normplot(X)

5.5 绘制威布尔概率图形

函数 `weibplot`

格式 `weibplot(X)`   % 若 X 为向量，则显示威布尔(Weibull)概率图形，若 X 为矩阵，则显示每一列的威布尔概率图形

          `h = weibplot(X)`   % 返回绘图直线的柄

说明 绘制威布尔概率图形的目的是用图解法估计来自威布尔分布的数据 X，如果 X 是威布尔分布数据，其图形是直线的，否则图形中可能产生弯曲，如图 A.18 所示.

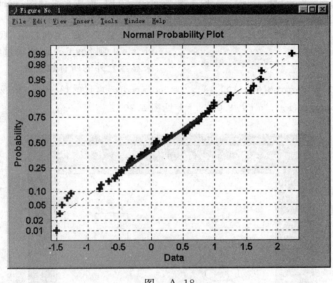

图 A.18

例 5 `>> r = weibrnd(1.2,1.5,50,1);`

       `>> weibplot(r)`   % 见图 A.19

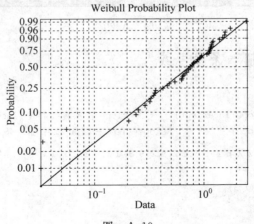

图 A.19

5.6 样本数据的盒图

函数 boxplot

格式 boxplot(X)　　% 产生矩阵 X 的每一列的盒图和"须"图,"须"是从盒的尾部延伸出来,并表示盒外数据长度的线,如果"须"的外面没有数据,则在"须"的底部有一个点

boxplot(X,notch)　　% 当 notch = 1 时,产生一凹盒图,notch = 0 时产生一矩箱图

boxplot(X,notch,'sym')　% sym 表示图形符号,默认值为" + "

boxplot(X,notch,'sym',vert)　　% 当 vert = 0 时,生成水平盒图,vert = 1 时,生成竖直盒图(默认值 vert = 1)

boxplot(X,notch,'sym',vert,whis)　　% whis 定义"须"图的长度,默认值为 1.5,若 whis = 0,则 boxplot 函数通过绘制 sym 符号图来显示盒外的所有数据值

例 6　>> x1 = normrnd(5,1,100,1);x2 = normrnd(6,1,100,1);x = [x1 x2];
>> boxplot(x,1,'g + ',1,0)　　% 见图 A.20

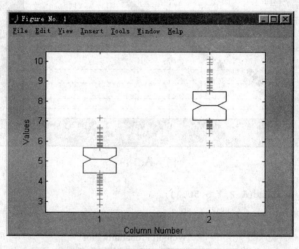

图　A.20

5.7 给当前图形加一条参考线

函数 refline

格式 refline(slope,intercept)　　% slope 表示直线斜率,intercept 表示截距

refline(slope)　　slope = [a b],图 A.21 中加一条直线 y = b + ax

例 7　>> y = [3.2 2.6 3.1 3.4 2.4 2.9 3.0 3.3 3.2 2.1 2.6]';
>> plot(y,' + ')
>> refline(0,3)

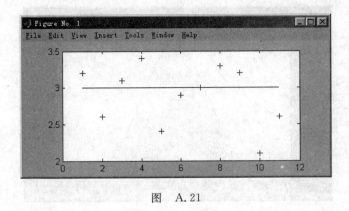

图 A.21

5.8 在当前图形中加入一条多项式曲线

函数 refcurve

格式 h = refcurve(p)   % 在图中加入一条多项式曲线,h 为曲线的环柄,p 为多项式系数向量,p = [p1,p2,p3,…,pn],其中 p1 为最高幂项系数

例 8 火箭的高度与时间图形,加入一条理论高度曲线,火箭初速为 100m/s.

```
>> h = [85 162 230 289 339 381 413 437 452 458 456 440 400 356];
>> plot(h,'+')
>> refcurve([-4.9 100 0])        % 见图 A.22
```

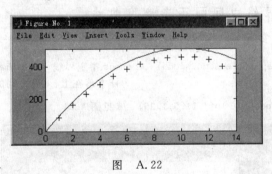

图 A.22

5.9 样本的概率图形

函数 capaplot

格式 p = capaplot(data,specs)   % data 为所给样本数据,specs 指定范围,p 表示在指定范围内的概率

说明 该函数返回来自于估计分布的随机变量落在指定范围内的概率.

例 9
```
>> data = normrnd (0,1,30,1);
>> p = capaplot(data,[-2,2])    % 见图 A.23
p =    0.9199
```

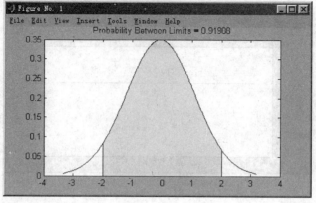

图 A.23

5.10 附加有正态密度曲线的直方图

函数 `histfit`

格式 `histfit(data)`   % data 为向量,返回直方图和正态曲线
      `histfit(data,nbins)`   % nbins 指定 bar 的个数,缺省时为 data 中数据个数的平方根

例 10 `>> r = normrnd(10,1,100,1);`
      `>> histfit(r)`

5.11 在指定的界线之间画正态密度曲线

函数 `normspec`

格式 `p = normspec(specs,mu,sigma)`   % specs 指定界线,mu,sigma 为正态分布的参数,p 为样本落在上、下界之间的概率

例 11 `>> normspec([10 Inf],11.5,1.25)`   % 见图 A.24

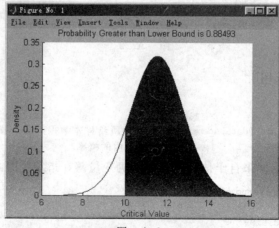

图 A.24

6 参数估计

命令 β分布的参数 a 和 b 的最大似然估计值和置信区间
函数 `betafit`
格式 PHAT = betafit(X)
　　　　[PHAT,PCI] = betafit(X,ALPHA)

说明 PHAT 为样本 X 的 β 分布的参数 a 和 b 的估计量. PCI 为样本 X 的 β 分布参数 a 和 b 的置信区间,是一个 2×2 矩阵,其第 1 例为参数 a 的置信下界和上界,第 2 例为 b 的置信下界和上界,ALPHA 为显著水平,$(1-\alpha)\times 100\%$ 为置信度.

例 1 随机产生 100 个 β 分布数据,相应的分布参数真值为 4 和 3. 求 4 和 3 的最大似然估计值和置信度为 99% 的置信区间.

解 >>X = betarnd (4,3,100,1);　　%产生 100 个 β 分布的随机数
　　　>>[PHAT,PCI] = betafit(X,0.01) %求置信度为 99% 的置信区间和参数 a,b 的估计值
结果显示

```
PHAT =    3.9010    2.6193
PCI =
     2.5244    1.7488
     5.2776    3.4898
```

说明 估计值 3.9010 的置信区间是 [2.5244　5.2776],估计值 2.6193 的置信区间是 [1.7488　3.4898].

命令 正态分布的参数估计
函数 `normfit`
格式 [muhat,sigmahat,muci,sigmaci] = normfit(X)
　　　　[muhat,sigmahat,muci,sigmaci] = normfit(X,alpha)

说明 muhat,sigmahat 分别为正态分布的参数 μ 和 σ 的估计值,muci,sigmaci 分别为置信区间,其置信度为 $(1-\alpha)\times 100\%$;alpha 给出显著水平 α,缺省时默认为 0.05,即置信度为 95%.

例 2 有两组(每组 100 个元素)正态随机数据,其均值为 10,均方差为 2,求 95% 的置信区间和参数估计值.

解 >>r = normrnd (10,2,100,2);　　%产生两列正态随机数据
　　　>[mu,sigma,muci,sigmaci] = normfit(r)
则结果为

```
mu =    10.1455    10.0527         %各列的均值的估计值
```

```
sigma =    1.9072    2.1256          %各列的均方差的估计值
muci =
    9.7652    9.6288
   10.5258   10.4766
sigmaci =
    1.6745    1.8663
    2.2155    2.4693
```

说明 muci,sigmaci 中各列分别为原随机数据各列估计值的置信区间,置信度为 95%.

例 3 分别使用金球和铂球测定引力常数如下：

(1) 用金球测定观察值为 6.683,6.681,6.676,6.678,6.679,6.672;

(2) 用铂球测定观察值为 6.661,6.661,6.667,6.667,6.664.

设测定值总体为 $N(\mu,\sigma^2)$,μ 和 σ 为未知.对(1)、(2)两种情况分别求 μ 和 σ 的置信度为 0.9 的置信区间.

解 建立 M 文件：LX0833.m

```
X = [6.683  6.681  6.676  6.678  6.679  6.672];
Y = [6.661  6.661  6.667  6.667  6.664];
[mu,sigma,muci,sigmaci] = normfit(X,0.1)        %金球测定的估计
[MU,SIGMA,MUCI,SIGMACI] = normfit(Y,0.1)        %铂球测定的估计
```

运行后结果显示如下：

```
mu =     6.6782
sigma =    0.0039
muci =     6.6750
 6.6813
sigmaci =
 0.0026
 0.0081
MU = 6.6640
SIGMA = 0.0030
MUCI =
 6.6611
 6.6669
SIGMACI =
 0.0019
 0.0071
```

由上可知,金球测定的 μ 估计值为 6.6782,置信区间为[6.6750,6.6813];
σ 的估计值为 0.0039,置信区间为[0.0026,0.0081].
泊球测定的 μ 估计值为 6.6640,置信区间为[6.6611,6.6669];

σ 的估计值为 0.0030, 置信区间为 [0.0019, 0.0071]。

命令 利用 mle 函数进行参数估计

函数 `mle`

格式
```
phat = mle('dist',X)                    % 返回用 dist 指定分布的极大似然估计值
[phat,pci] = mle('dist',X)              % 置信度为 95%
[phat,pci] = mle('dist',X,alpha)        % 置信度由 alpha 确定
[phat,pci] = mle('dist',X,alpha,pl)     % 仅用于二项分布,pl 为试验次数
```

说明 dist 为分布函数名,如 beta(β 分布),bino(二项分布)等,X 为数据样本,alpha 为显著水平 α,$(1-\alpha) \times 100\%$ 为置信度。

例 4
```
>> X = binornd(20,0.75)                 % 产生二项分布的随机数
X =    16
>> [p,pci] = mle('bino',X,0.05,20)      % 求概率的估计值和置信区间,置信度为 95%
p =    0.8000
pci =
    0.5634
    0.9427
```

常用分布的参数估计函数见表 A-6。

表 A-6 参数估计函数表

函数名	调用形式	函数说明
binofit	PHAT= binofit(X,N) [PHAT,PCI]= binofit(X,N) [PHAT,PCI]= binofit(X,N,ALPHA)	二项分布的概率的极大似然估计 置信度为 95% 的参数估计和置信区间 返回水平 α 的参数估计和置信区间
poissfit	Lambdahat= poissfit(X) [Lambdahat,Lambdaci] = poissfit(X) [Lambdahat,Lambdaci]= poissfit(X,ALPHA)	泊松分布的参数的极大似然估计 置信度为 95% 的参数估计和置信区间 返回水平 α 的 λ 参数和置信区间
normfit	[muhat,sigmahat,muci,sigmaci] = normfit(X) [muhat,sigmahat,muci,sigmaci] = normfit(X,ALPHA)	正态分布的极大似然估计,置信度为 95% 返回水平 α 的期望、方差值和置信区间
betafit	PHAT= betafit (X) [PHAT,PCI]= betafit (X,ALPHA)	返回 β 分布参数 a 和 b 的极大似然估计 返回极大似然估计值和水平 α 的置信区间
unifit	[ahat,bhat] = unifit(X) [ahat,bhat,ACI,BCI] = unifit(X) [ahat,bhat,ACI,BCI]=unifit(X,ALPHA)	均匀分布参数的极大似然估计 置信度为 95% 的参数估计和置信区间 返回水平 α 的参数估计和置信区间
expfit	muhat = expfit(X) [muhat,muci] = expfit(X) [muhat,muci] = expfit(X,alpha)	指数分布参数的极大似然估计 置信度为 95% 的参数估计和置信区间 返回水平 α 的参数估计和置信区间

续表

函数名	调用形式	函数说明
gamfit	phat=gamfit(X) [phat,pci] = gamfit(X) [phat,pci] = gamfit(X,alpha)	γ 分布参数的极大似然估计 置信度为 95% 的参数估计和置信区间 返回最大似然估计值和水平 α 的置信区间
weibfit	phat = weibfit(X) [phat,pci] = weibfit(X) [phat,pci] = weibfit(X,alpha)	韦伯分布参数的极大似然估计 置信度为 95% 的参数估计和置信区间 返回水平 α 的参数估计及其区间估计
Mle	phat = mle('dist',data) [phat,pci] = mle('dist',data) [phat,pci] = mle('dist',data,alpha) [phat,pci] = mle('dist',data,alpha,p1)	分布函数名为 dist 的极大似然估计 置信度为 95% 的参数估计和置信区间 返回水平 α 的极大似然估计值和置信区间 仅用于二项分布,pl 为试验总次数

说明 各函数返回已给数据向量 X 的参数极大似然估计值和置信度为 $(1-\alpha) \times 100\%$ 的置信区间。α 的默认值为 0.05,即置信度为 95%。

7 假设检验

7.1 σ^2 已知,单个正态总体的均值 μ 的假设检验(U 检验法)

函数 ztest

格式 h = ztest(x,m,sigma)　　　　　　% x 为正态总体的样本,m 为均值 μ_0,sigma 为标准差,显著性水平为 0.05(默认值)

　　　　h = ztest(x,m,sigma,alpha)　　　% 显著性水平为 alpha

　　　　[h,sig,ci,zval] = ztest(x,m,sigma,alpha,tail)　% sig 为观察值的概率,当 sig 为小概率时则对原假设提出质疑,ci 为真正均值 μ 的 1-alpha 置信区间,zval 为统计量的值

说明 若 h=0,表示在显著性水平 alpha 下,不能拒绝原假设;
若 h=1,表示在显著性水平 alpha 下,可以拒绝原假设。
原假设:$H_0:\mu=\mu_0=m$,
若 tail=0,表示备择假设:$H_1:\mu \neq \mu_0=m$(默认,双边检验);
tail=1,表示备择假设:$H_1:\mu > \mu_0=m$(单边检验);
tail=-1,表示备择假设:$H_1:\mu < \mu_0=m$(单边检验)。

例 1 某车间用一台包装机包装葡萄糖,包得的袋装糖重是一个随机变量,它服从正态分布。当机器正常时,其均值为 0.5kg,标准差为 0.015。某日开工后检验包装

机是否正常,随机地抽取所包装的糖 9 袋,称得净重为(单位:kg)
0.497,0.506,0.518,0.524,0.498,0.511,0.52,0.515,0.512.
问机器是否正常?

解 总体 μ 和 σ 已知,该问题是当 σ^2 为已知时,在水平 $\alpha=0.05$ 下,根据样本值判断 $\mu=0.5$ 还是 $\mu\neq 0.5$. 为此提出假设:

原假设:$H_0: \mu=\mu_0=0.5$

备择假设:$H_1: \mu\neq 0.5$

```
>> X = [0.497,0.506,0.518,0.524,0.498,0.511,0.52,0.515,0.512];
>> [h,sig,ci,zval] = ztest(X,0.5,0.015,0.05,0)
```

结果显示为

```
h    =    1
sig  =    0.0248              %样本观察值的概率
ci   =    0.5014    0.5210    %置信区间,均值 0.5 在此区间之外
zval =    2.2444              %统计量的值
```

结果表明:$h=1$,说明在水平 $\alpha=0.05$ 下,可拒绝原假设,即认为包装机工作不正常.

7.2 σ^2 未知,单个正态总体的均值 μ 的假设检验(t 检验法)

函数 ttest

格式 h = ttest(x,m)　　　%x 为正态总体的样本,m 为均值 μ_0,显著性水平为 0.05

　　　　h = ttest(x,m,alpha)　　　%alpha 为给定显著性水平

　　　　[h,sig,ci] = ttest(x,m,alpha,tail)　%sig 为观察值的概率,当 sig 为小概率时则对原假设提出质疑,ci 为真正均值 μ 的 1 - alpha 置信区间

说明 若 $h=0$,表示在显著性水平 alpha 下,不能拒绝原假设;

若 $h=1$,表示在显著性水平 alpha 下,可以拒绝原假设.

原假设:$H_0: \mu=\mu_0=m$,

若 tail=0,表示备择假设:$H_1: \mu\neq\mu_0=m$(默认,双边检验);

tail=1,表示备择假设:$H_1: \mu>\mu_0=m$(单边检验);

tail=-1,表示备择假设:$H_1: \mu<\mu_0=m$(单边检验).

例 2 某种电子元件的寿命 X(单位:h)服从正态分布,μ,σ^2 均未知. 现测得 16 只元件的寿命如下:

159　280　101　212　224　379　179　264　222　362　168　250
149　260　485　170

问是否有理由认为元件的平均寿命大于 225h?

解 未知 σ^2,在水平 $\alpha=0.05$ 下检验假设:$H_0: \mu<\mu_0=225, H_1: \mu>225$.

```
>> X = [159 280 101 212 224 379 179 264 222 362 168 250 149 260 485 170];
>> [h,sig,ci] = ttest(X,225,0.05,1)
```

结果显示为

```
h    =    0
sig  =    0.2570
ci   =    198.2321        Inf              % 均值 225 在该置信区间内
```

结果表明：$H=0$ 表示在水平 $\alpha=0.05$ 下应该接受原假设 H_0，即认为元件的平均寿命不大于 225h。

7.3 两个正态总体均值差的检验（t 检验）

两个正态总体方差未知但等方差时，比较两正态总体样本均值的假设检验

函数 ttest2

格式　[h,sig,ci] = ttest2(X,Y)　　　% X,Y 为两个正态总体的样本，显著性水平为 0.05
　　　　[h,sig,ci] = ttest2(X,Y,alpha)　　% alpha 为显著性水平
　　　　[h,sig,ci] = ttest2(X,Y,alpha,tail)　% sig 为当原假设为真时得到观察值的概率，当 sig 为小概率时则对原假设提出质疑，ci 为真正均值 μ 的 $1-$alpha 置信区间

说明　若 $h=0$，表示在显著性水平 alpha 下，不能拒绝原假设；
　　　若 $h=1$，表示在显著性水平 alpha 下，可以拒绝原假设.
原假设：$H_0: \mu_1=\mu_2$，（μ_1 为 X 的期望值，μ_2 为 Y 的期望值）
若 tail=0，表示备择假设：$H_1: \mu_1 \neq \mu_2$（默认，双边检验）；
tail=1，表示备择假设：$H_1: \mu_1 > \mu_2$（单边检验）；
tail=-1，表示备择假设：$H_1: \mu_1 < \mu_2$（单边检验）.

例 3　在平炉上进行一项试验以确定改变操作方法的建议是否会增加钢的产率，试验是在同一只平炉上进行的。每炼一炉钢时除操作方法外，其他条件都尽可能做到相同。先用标准方法炼一炉，然后用建议的新方法炼一炉，以后交替进行，各炼10 炉，其产率分别为

(1) 标准方法：78.1　72.4　76.2　74.3　77.4　78.4　76.0　75.5　76.7　77.3
(2) 新方法：79.1　81.0　77.3　79.1　80.0　79.1　79.1　77.3　80.2　82.1
设这两个样本相互独立，且分别来自正态总体 $N(\mu_1,\sigma^2)$ 和 $N(\mu_2,\sigma^2)$，μ_1,μ_2,σ^2 均未知．问建议的新操作方法能否提高产率？（取 $\alpha=0.05$）

解　两个总体方差不变时，在水平 $\alpha=0.05$ 下检验假设：$H_0: \mu_1=\mu_2, H_1: \mu_1 < \mu_2$

```
>> X = [78.1 72.4 76.2 74.3 77.4 78.4 76.0 75.5 76.7 77.3];
>> Y = [79.1 81.0 77.3 79.1 80.0 79.1 79.1 77.3 80.2 82.1];
>> [h,sig,ci] = ttest2(X,Y,0.05,-1)
```

结果显示为：

```
h    =    1
sig  =    2.1759e-004              %说明两个总体均值相等的概率很小
ci   =    -Inf    -1.9083
```

结果表明：$H=1$ 表示在水平 $\alpha=0.05$ 下，应该拒绝原假设，即认为建议的新操作方法提高了产率，因此，比原方法好．

7.4 两个总体一致性的检验——秩和检验

函数 `ranksum`

格式 `p = ranksum(x,y,alpha)`   %x,y为两个总体的样本，可以不等长，alpha为显著性水平
      `[p,h] = ranksum(x,y,alpha)`   %h为检验结果，h=0 表示 X 与 Y 的总体差别不显著
                                                 h=1 表示 X 与 Y 的总体差别显著

      `[p,h,stats] = ranksum(x,y,alpha)`   % stats 中包括：ranksum 为秩和统计量的值以及 zval 为过去计算 p 的正态统计量的值

说明 P 为两个总体样本 X 和 Y 为一致的显著性概率，若 P 接近于 0，则不一致较明显．

例 4 某商店为了确定向公司 A 或公司 B 购买某种商品，将 A 公司和 B 公司以往的各次进货的次品率进行比较，数据如下所示，设两样本独立．问两公司的商品的质量有无显著差异．设两公司的商品的次品的密度最多只差一个平移，取 $\alpha=0.05$.

A：7.0 3.5 9.6 8.1 6.2 5.1 10.4 4.0 2.0 10.5
B：5.7 3.2 4.1 11.0 9.7 6.9 3.6 4.8 5.6 8.4 10.1 5.5 12.3

解 设 μ_A, μ_B 分别为 A、B 两个公司的商品次品率总体的均值．则该问题为在水平 $\alpha=0.05$ 下检验假设：$H_0: \mu_A=\mu_B$，$H_1: \mu_A \neq \mu_B$.

```
>> A = [7.0 3.5 9.6 8.1 6.2 5.1 10.4 4.0 2.0 10.5];
>> B = [5.7 3.2 4.1 11.0 9.7 6.9 3.6 4.8 5.6 8.4 10.1 5.5 12.3];
>> [p,h,stats] = ranksum(A,B,0.05)
```

结果为

```
p  =    0.8041
h  =    0
stats =     zval: -0.2481
        ranksum: 116
```

结果表明：一方面，两样本总体均值相等的概率为 0.8041，不接近于 0；另一方面，$H=0$ 也说明可以接受原假设 H_0，即认为两个公司的商品的质量无明显差异．

8 随机变量的逆累积分布函数

MATLAB 中的逆累积分布函数是已知 $F(x) = P\{X \leqslant x\}$,求 x.
逆累积分布函数值的计算有两种方法.

8.1 通用函数计算逆累积分布函数值

命令 icdf 计算逆累积分布函数

格式 indf('name',P,a_1,a_2,a_3)

说明 返回分布为 name,参数为 a_1,a_2,a_3,累积概率值为 P 的临界值,这里 name 与前面表 1 相同.

如果 P = cdf('name',x,a_1,a_2,a_3),则 x = icdf('name',P,a_1,a_2,a_3)

例 1 在标准正态分布表中,若已知 $\Phi(x) = 0.975$,求 x.

解 >> x = icdf('norm',0.975,0,1)
    x =   1.9600

例 2 在 χ^2 分布表中,若自由度为 10,$\alpha = 0.975$,求临界值 Lambda.

解 因为表中给出的值满足 $P\{\chi^2 > \lambda\} = \alpha$,而逆累积分布函数 icdf 是求满足 $P\{\chi^2 < \lambda\} = \alpha$ 的临界值 λ. 所以,这里的 α 取为 0.025,即

>> Lambda = icdf('chi2',0.025,10)
Lambda =   3.2470

例 3 在假设检验中,求临界值问题:

已知:$\alpha = 0.05$,查自由度为 10 的双边界检验 t 分布临界值

>> lambda = icdf('t',0.025,10)
lambda =   -2.2281

8.2 专用函数-inv 计算逆累积分布函数

命令 正态分布逆累积分布函数

函数 norminv

格式 X = norminv(p,mu,sigma)   % p 为累积概率值,mu 为均值,sigma 为标准差,X 为临界值,满足 p = P{X ≤ x}

例 4 设 $X \sim N(3,2^2)$,确定 c 使得 $P\{X > c\} = P\{X < c\}$.

解 由 $P\{X > c\} = P\{X < c\}$ 得,$P\{X > c\} = P\{X < c\} = 0.5$,所以

>> X = norminv(0.5,3,2)
X =   3

关于常用临界值函数可查表 A-7.

表 A-7 常用临界值函数表

函数名	调用形式	注 释
unifinv	x=unifinv(p,a,b)	均匀分布（连续）逆累积分布函数（$P=P\{X\leqslant x\}$，求 x）
unidinv	x=unidinv(p,n)	均匀分布（离散）逆累积分布函数，x 为临界值
expinv	x=expinv(p,Lambda)	指数分布逆累积分布函数
norminv	x=Norminv(x,mu,sigma)	正态分布逆累积分布函数
chi2inv	x=chi2inv(x,n)	χ^2 分布逆累积分布函数
tinv	x=tinv(x,n)	t 分布累积分布函数
finv	x=finv(x,n_1,n_2)	F 分布逆累积分布函数
gaminv	x=gaminv(x,a,b)	γ 分布逆累积分布函数
betainv	x=betainv(x,a,b)	β 分布逆累积分布函数
logninv	x=logninv(x,mu,sigma)	对数正态分布逆累积分布函数
nbininv	x=nbininv(x,R,P)	负二项式分布逆累积分布函数
ncfinv	x=ncfinv(x,n_1,n_2,delta)	非中心 F 分布逆累积分布函数
nctinv	x=nctinv(x,n,delta)	非中心 t 分布逆累积分布函数
ncx2inv	x=ncx2inv(x,n,delta)	非中心 χ^2 分布逆累积分布函数
raylinv	x=raylinv(x,b)	瑞利分布逆累积分布函数
weibinv	x=weibinv(x,a,b)	韦伯分布逆累积分布函数
binoinv	x=binoinv(x,n,p)	二项分布的逆累积分布函数
geoinv	x=geoinv(x,p)	几何分布的逆累积分布函数
hygeinv	x=hygeinv(x,M,K,N)	超几何分布的逆累积分布函数
poissinv	x=poissinv(x,Lambda)	泊松分布的逆累积分布函数

例 5 公共汽车门的高度是按成年男子与车门顶碰头的机会不超过 1% 设计的. 设男子身高 X（单位：cm）服从正态分布 $N(175,36)$，求车门的最低高度.

解 设 h 为车门高度，X 为身高

求满足条件 $P\{X>h\}\leqslant 0.01$ 的 h，即 $P\{X<h\}\geqslant 0.99$，所以

```
>> h = norminv(0.99,175,6)
h =    188.9581
```

例 6 χ^2 分布的逆累积分布函数的应用.

在 MATLAB 的编辑器下建立 M 文件如下：

```
n = 5; a = 0.9;                            %n 为自由度，a 为置信水平或累积概率
x_a = chi2inv(a,n);                        %x_a 为临界值
x = 0:0.1:15;yd_c = chi2pdf(x,n);          %计算 χ²(5) 的概率密度函数值，供绘图用
plot(x,yd_c,'b'),hold on                   %绘密度函数图形
xxf = 0:0.1:x_a;yyf = chi2pdf(xxf,n);      %计算[0,x_a]上的密度函数值，供填色用
fill([xxf,x_a],[yyf,0],'g')                %填色，其中：点(x_a,0)使得填色区域封闭
text(x_a * 1.01,0.01,num2str(x_a))         %标注临界值点
text(10,0.10,['\fontsize{16}X~{\chi}^2(4)'])  % 图中标注
```

```
text(1.5,0.05,'\fontsize{22}alpha = 0.9')    % 图中标注
```

结果显示如图 A.25 所示.

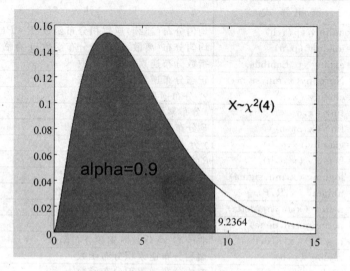

图 A.25

附录 B 常见概率分布表

附表 1 泊松分布数值表

$$P\{X=m\}=\frac{\lambda^m}{m!}\cdot e^{-\lambda}$$

λ m	0.1	0.2	0.3	0.4	0.5	0.6	0.7	0.8	0.9	1.0	1.5	2.0	2.5	3.0
0	0.904 8	0.818 7	0.740 8	0.670 3	0.606 5	0.548 8	0.496 6	0.449 3	0.406 6	0.367 9	0.223 1	0.135 3	0.082 1	0.049 8
1	0.090 5	0.163 7	0.222 3	0.268 1	0.303 3	0.329 3	0.347 6	0.359 5	0.365 9	0.367 9	0.334 7	0.270 7	0.205 2	0.149 4
2	0.004 5	0.016 4	0.033 3	0.053 6	0.075 8	0.098 8	0.121 6	0.143 8	0.164 7	0.183 9	0.251 0	0.270 7	0.256 5	0.224 0
3	0.000 2	0.001 1	0.003 3	0.007 2	0.012 6	0.019 8	0.028 4	0.038 3	0.049 4	0.061 3	0.125 5	0.180 5	0.213 8	0.224 0
4		0.000 1	0.000 3	0.000 7	0.001 6	0.003 0	0.005 0	0.007 7	0.011 1	0.015 3	0.047 1	0.090 2	0.133 6	0.168 1
5				0.000 1	0.000 2	0.000 3	0.000 7	0.001 2	0.002 0	0.003 1	0.014 1	0.036 1	0.066 8	0.100 8
6						0.000 3	0.000 1	0.000 2	0.000 3	0.000 5	0.003 5	0.012 0	0.027 8	0.050 4
7										0.000 1	0.000 8	0.003 4	0.009 9	0.021 6
8											0.000 2	0.000 9	0.003 1	0.008 1
9												0.000 2	0.000 9	0.002 7
10													0.000 2	0.000 8
11													0.000 1	0.000 2
12														0.000 1

λ m	3.5	4.0	4.5	5	6	7	8	9	10	11	12	13	14	15
0	0.030 2	0.018 3	0.011 1	0.006 7	0.002 5	0.000 9	0.000 3	0.000 1						
1	0.105 7	0.073 3	0.050 0	0.033 7	0.014 9	0.006 4	0.002 7	0.001 1	0.000 4	0.000 2	0.000 1			
2	0.185 0	0.146 5	0.112 5	0.084 2	0.044 6	0.022 3	0.010 7	0.005 0	0.002 3	0.001 0	0.000 4	0.000 2	0.000 1	
3	0.215 8	0.195 4	0.168 7	0.140 4	0.089 2	0.052 1	0.028 6	0.015 0	0.007 6	0.003 7	0.001 8	0.000 8	0.000 4	0.000 2
4	0.188 8	0.195 4	0.189 8	0.175 5	0.133 9	0.091 2	0.057 3	0.033 7	0.018 9	0.010 2	0.005 3	0.002 7	0.001 3	0.000 6

常见概率分布表

附录 B

续表

m \ λ	3.5	4.0	4.5	5	6	7	8	9	10	11	12	13	14	15
5	0.1322	0.1563	0.1708	0.1755	0.1606	0.1277	0.0916	0.0607	0.0378	0.0224	0.0127	0.0071	0.0037	0.0019
6	0.0771	0.1042	0.1281	0.1462	0.1606	0.1490	0.1221	0.0911	0.0631	0.0411	0.0255	0.0151	0.0087	0.0048
7	0.0385	0.0595	0.0824	0.1044	0.1377	0.1490	0.1396	0.1171	0.0901	0.0646	0.0437	0.0281	0.0174	0.0104
8	0.0169	0.0298	0.0463	0.0653	0.1033	0.1304	0.1396	0.1318	0.1126	0.0888	0.0655	0.0457	0.0304	0.0194
9	0.0065	0.0132	0.0232	0.0363	0.0688	0.1014	0.1241	0.1318	0.1251	0.1085	0.0874	0.0660	0.0473	0.0324
10	0.0023	0.0053	0.0104	0.0181	0.0413	0.0710	0.0993	0.1186	0.1251	0.1194	0.1048	0.0859	0.0663	0.0486
11	0.0007	0.0019	0.0043	0.0082	0.0225	0.0452	0.0722	0.0970	0.1137	0.1194	0.1144	0.1015	0.0844	0.0655
12	0.0002	0.0006	0.0015	0.0034	0.0113	0.0263	0.0481	0.0728	0.0948	0.1094	0.1144	0.1099	0.0984	0.0828
13	0.0001	0.0002	0.0006	0.0013	0.0052	0.0142	0.0296	0.0504	0.0729	0.0926	0.1056	0.1099	0.1061	0.0956
14		0.0001	0.0002	0.0005	0.0022	0.0071	0.0169	0.0324	0.0521	0.0728	0.0905	0.1021	0.1061	0.1025
15			0.0001	0.0002	0.0009	0.0033	0.0090	0.0194	0.0347	0.0533	0.0724	0.0885	0.0989	0.1025
16				0.0001	0.0003	0.0014	0.0045	0.0109	0.0217	0.0367	0.0543	0.0719	0.0866	0.0960
17					0.0001	0.0006	0.0021	0.0058	0.0128	0.0237	0.0383	0.0551	0.0713	0.0847
18						0.0002	0.0009	0.0029	0.0071	0.0145	0.0255	0.0397	0.0554	0.0706
19						0.0001	0.0004	0.0014	0.0037	0.0084	0.0161	0.0272	0.0408	0.0557
20							0.0002	0.0006	0.0019	0.0046	0.0097	0.0177	0.0286	0.0418
21							0.0001	0.0003	0.0009	0.0024	0.0055	0.0109	0.0191	0.0299
22								0.0001	0.0004	0.0013	0.0030	0.0065	0.0122	0.0204
23									0.0002	0.0006	0.0016	0.0036	0.0074	0.0133
24									0.0001	0.0003	0.0008	0.0020	0.0043	0.0083
25										0.0001	0.0004	0.0011	0.0024	0.0050
26											0.0002	0.0005	0.0013	0.0029
27											0.0001	0.0002	0.0007	0.0017
28												0.0001	0.0003	0.0009
29													0.0001	0.0004
30														0.0002
31														0.0001

泊松分布数值表

附表 1

续表

λ=20					λ=30		
m	p	m	p	m	p	m	p
5	0.0001	20	0.0889	10		25	0.0511
6	0.0002	21	0.0846	11		26	0.0590
7	0.0006	22	0.0769	12	0.0001	27	0.0655
8	0.0013	23	0.0669	13	0.0002	28	0.0702
9	0.0029	24	0.0557	14	0.0005	29	0.0727
10	0.0058	25	0.0446	15	0.0010	30	0.0727
11	0.0106	26	0.0343	16	0.0019	31	0.0703
12	0.0176	27	0.0254	17	0.0034	32	0.0659
13	0.0271	28	0.0183	18	0.0057	33	0.0599
14	0.0382	29	0.0125	19	0.0089	34	0.0529
15	0.0517	30	0.0083	20	0.0134	35	0.0453
16	0.0646	31	0.0054	21	0.0192	36	0.0378
17	0.0760	32	0.0034	22	0.0261	37	0.0306
18	0.0844	33	0.0021	23	0.0341	38	0.0242
19	0.0889	34	0.0012	24	0.0426	39	0.0186
		35	0.0007			40	0.0139
		36	0.0004			41	0.0102
		37	0.0002			42	0.0073
		38	0.0001			43	0.0051
		39	0.0001			44	0.0035
						45	0.0023
						46	0.0015
						47	0.0010
						48	0.0006
						49	0.0004
						50	0.0002
						51	0.0001
						52	0.0001

附录 B 常见概率分布表

续表

λ=40		λ=40		λ=40		λ=50		λ=50	
m	p	m	p	m	p	m	p	m	p
15		35	0.0485	55	0.0043	25		45	0.0458	65	0.0063
16	0.0001	36	0.0539	56	0.0031	26		46	0.0498	66	0.0048
17	0.0001	37	0.0583	57	0.0022	27	0.0001	47	0.0530	67	0.0036
18	0.0002	38	0.0614	58	0.0015	28	0.0001	48	0.0552	68	0.0026
19	0.0004	39	0.0629	59	0.0010	29	0.0002	49	0.0564	69	0.0019
20	0.0007	40	0.0629	60	0.0007	30	0.0004	50	0.0564	70	0.0014
21	0.0012	41	0.0614	61	0.0005	31	0.0007	51	0.0552	71	0.0010
22	0.0019	42	0.0585	62	0.0003	32	0.0011	52	0.0531	72	0.0007
23	0.0031	43	0.0544	63	0.0002	33	0.0017	53	0.0501	73	0.0005
24	0.0047	44	0.0495	64	0.0001	34	0.0026	54	0.0464	74	0.0003
25	0.0070	45	0.0440	65	0.0001	35	0.0038	55	0.0422	75	0.0002
26	0.0100	46	0.0382			36	0.0054	56	0.0377	76	0.0001
27	0.0139	47	0.0325			37	0.0075	57	0.0330	77	0.0001
28	0.0185	48	0.0271			38	0.0102	58	0.0285	78	0.0001
29	0.0238	49	0.0221			39	0.0134	59	0.0241		
30	0.0298	50	0.0177			40	0.0172	60	0.0201		
31	0.0361	51	0.0139			41	0.0215	61	0.0165		
32	0.0425	52	0.0107			42	0.0262	62	0.0133		
33		53	0.0081			43	0.0312	63	0.0106		
34		54	0.0060			44	0.0363	64	0.0082		
							0.0412				

222

附表2 标准正态分布表

$$\Phi(x) = \frac{1}{\sqrt{2\pi}} \int_{-\infty}^{x} e^{-\frac{u^2}{2}} du$$

x	0.00	0.01	0.02	0.03	0.04	0.05	0.06	0.07	0.08	0.09
0.0	0.5000	0.5040	0.5080	0.5120	0.5160	0.5199	0.5239	0.5279	0.5319	0.5359
0.1	0.5398	0.5438	0.5478	0.5517	0.5557	0.5596	0.5636	0.5675	0.5714	0.5753
0.2	0.5793	0.5832	0.5871	0.5910	0.5948	0.5987	0.6026	0.6064	0.6103	0.6141
0.3	0.6179	0.6217	0.6255	0.6293	0.6331	0.6368	0.6406	0.6443	0.6480	0.6517
0.4	0.6554	0.6591	0.6628	0.6664	0.6700	0.6736	0.6772	0.6808	0.6844	0.6879
0.5	0.6915	0.6950	0.6985	0.7019	0.7054	0.7088	0.7123	0.7157	0.7190	0.7224
0.6	0.7257	0.7291	0.7324	0.7357	0.7389	0.7422	0.7454	0.7485	0.7517	0.7549
0.7	0.7580	0.7611	0.7642	0.7673	0.7703	0.7734	0.7764	0.7794	0.7823	0.7852
0.8	0.7881	0.7910	0.7939	0.7967	0.7995	0.8023	0.8051	0.8078	0.8106	0.8133
0.9	0.8159	0.8186	0.8212	0.8238	0.8264	0.8289	0.8315	0.8340	0.8365	0.8389
1.0	0.8413	0.8438	0.8461	0.8485	0.8508	0.8531	0.8554	0.8577	0.8599	0.8621
1.1	0.8643	0.8665	0.8686	0.8708	0.8729	0.8749	0.8770	0.8790	0.8810	0.8830
1.2	0.8849	0.8869	0.8888	0.8907	0.8925	0.8944	0.8962	0.8980	0.8997	0.9015
1.3	0.9032	0.9049	0.9066	0.9082	0.9099	0.9115	0.9131	0.9147	0.9162	0.9177
1.4	0.9192	0.9207	0.9222	0.9236	0.9251	0.9265	0.9278	0.9292	0.9306	0.9319
1.5	0.9932	0.9345	0.9357	0.9370	0.9382	0.9394	0.9406	0.9418	0.9430	0.9441
1.6	0.9452	0.9465	0.9474	0.9484	0.9495	0.9505	0.9515	0.9525	0.9535	0.9545
1.7	0.9554	0.9564	0.9573	0.9582	0.9591	0.9599	0.9608	0.9616	0.9625	0.9633
1.8	0.9641	0.9648	0.9656	0.9664	0.9671	0.9678	0.9686	0.9693	0.9700	0.9706
1.9	0.9712	0.9719	0.9726	0.9732	0.9738	0.9744	0.9750	0.9756	0.9762	0.9767
2.0	0.9772	0.9778	0.9783	0.9788	0.9793	0.9798	0.9803	0.9808	0.9812	0.9817
2.1	0.9821	0.9826	0.9830	0.9834	0.9838	0.9842	0.9864	0.9850	0.9854	0.9857
2.2	0.9861	0.9864	0.9868	0.9871	0.9874	0.9878	0.9881	0.9884	0.9887	0.9890
2.3	0.9893	0.9896	0.9898	0.9901	0.9904	0.9906	0.9909	0.9911	0.9913	0.9916
2.4	0.9918	0.9920	0.9922	0.9925	0.9927	0.9929	0.9931	0.9932	0.9934	0.9936
2.5	0.9938	0.9940	0.9941	0.9943	0.9945	0.9946	0.9948	0.9940	0.9951	0.9952
2.6	0.9953	0.9955	0.9956	0.9957	0.9959	0.9960	0.9961	0.9962	0.9963	0.9964
2.7	0.9965	0.9966	0.9967	0.9968	0.9969	0.9970	0.9971	0.9972	0.9973	0.9974
2.8	0.9974	0.9975	0.9976	0.9977	0.9977	0.9978	0.9979	0.9979	0.9980	0.9981
2.9	0.9981	0.9982	0.9982	0.9983	0.9984	0.9984	0.9985	0.9985	0.9986	0.9986
3.0	0.9987	0.9987	0.9987	0.9988	0.9988	0.9989	0.9989	0.9989	0.9990	0.9990
3.1	0.9990	0.9991	0.9991	0.9991	0.9992	0.9992	0.9992	0.9992	0.9993	0.9993
3.2	0.9993	0.9993	0.9994	0.9994	0.9994	0.9994	0.9994	0.9995	0.9995	0.9995
3.3	0.9995	0.9995	0.9995	0.9996	0.9996	0.9996	0.9996	0.9996	0.9996	0.9997
3.4	0.9997	0.9997	0.9997	0.9997	0.9997	0.9997	0.9997	0.9997	0.9997	0.9998
3.6	0.9998	0.9998	0.9999	0.9999	0.9999	0.9999	0.9999	0.9999	0.9999	0.9999

附表3 t 分布表

$$P\{t(n) > t_\alpha(n)\} = \alpha$$

n	α=0.25	0.10	0.05	0.025	0.01	0.005
1	1.0000	3.0777	6.3138	12.7062	31.8207	63.6574
2	0.8165	1.8856	2.9200	4.3027	6.9646	9.9248
3	0.7649	1.6377	2.3534	3.1824	4.5407	5.8409
4	0.7407	0.5332	2.1318	2.7764	3.7469	4.6041
5	0.7267	1.4759	2.0150	2.5706	3.3649	4.0322
6	0.7176	1.4398	1.9432	2.4469	3.1427	3.7074
7	0.7111	1.4149	1.8946	2.3646	2.9980	3.4995
8	0.7064	1.3968	1.8595	2.3060	2.8965	3.3554
9	0.7027	1.3830	1.8331	2.2622	2.8214	3.2498
10	0.6998	1.3722	1.8125	2.2281	2.7638	3.1693
11	0.6974	1.3634	1.7959	2.2010	2.7181	3.1058
12	0.6955	1.3562	1.7823	2.1788	2.6810	3.0545
13	0.6938	1.3502	1.7709	2.1604	2.6503	3.0123
14	0.6924	1.3450	1.7613	2.1448	2.6245	2.9768
15	0.6912	1.3406	1.7531	2.1315	2.6025	2.9467
16	0.6901	1.3368	1.7459	2.1199	2.5835	2.9208
17	0.6892	1.3334	1.7396	2.1098	2.5669	2.8982
18	0.6884	1.3304	1.7341	2.1009	2.5524	2.8784
19	0.6876	1.3277	1.7291	2.0930	2.5395	2.8609
20	0.6870	1.3253	1.7247	2.0860	2.5280	2.8453
21	0.6864	1.3232	1.7207	2.0796	2.5177	2.8314
22	0.6858	1.3212	1.7171	2.0739	2.5083	2.8188
23	0.6853	1.3195	1.7139	2.0687	2.4999	2.8073
24	0.6848	1.3178	1.7109	2.0639	2.4922	2.7969
25	0.6844	1.3163	1.7081	2.0595	2.4851	2.7874
26	0.6840	1.3150	1.7056	2.0555	2.4786	2.7787
27	0.6837	1.3137	1.7033	2.0518	2.4727	2.7707
28	0.6834	1.3125	1.7011	2.0484	2.4641	2.7633
29	0.6830	1.3114	1.6991	2.0452	2.4620	2.7564
30	0.6828	1.3104	1.6973	2.0423	2.4573	2.7500
31	0.6825	1.3095	1.6955	2.0395	2.4528	2.7440
32	0.6822	1.3086	1.6939	2.0369	2.4487	2.7385

续表

n	α=0.25	0.10	0.05	0.025	0.01	0.005
33	0.6820	1.3077	1.6924	2.0345	2.4448	2.7333
34	0.6818	1.3070	1.6909	2.0322	2.4411	2.7284
35	0.6816	1.3062	1.6896	2.0301	2.4377	2.7238
36	0.6814	1.3055	1.6883	2.0281	2.4345	2.7195
37	0.6812	1.3049	1.6871	2.0262	2.4314	2.7154
38	0.6810	1.3042	1.6860	2.0244	2.4286	2.7116
39	0.6808	1.3036	1.6849	2.0227	2.4258	2.7079
40	0.6807	1.3031	1.6839	2.0211	2.4233	2.7045
41	0.6805	1.3025	1.6829	2.0195	2.4208	2.7012
42	0.6804	1.3020	1.6820	2.0181	2.4185	2.6981
43	0.6802	1.3016	1.6811	2.0167	2.4163	2.6951
44	0.6801	1.3011	1.6802	2.0154	2.4141	2.6923
45	0.6800	1.3006	1.6794	2.0141	2.4121	2.6896

附表 4 χ^2 分布临界值表

n'	P												
	0.995	0.99	0.975	0.95	0.90	0.75	0.50	0.25	0.10	0.05	0.025	0.01	0.005
1	...	...	...	...	0.02	0.10	0.45	1.32	2.71	3.84	5.02	6.63	7.88
2	0.01	0.02	0.02	0.10	0.21	0.58	1.39	2.77	4.61	5.99	7.38	9.21	10.60
3	0.07	0.11	0.22	0.35	0.58	1.21	2.37	4.11	6.25	7.81	9.35	11.34	12.84
4	0.21	0.30	0.48	0.71	1.06	1.92	3.36	5.39	7.78	9.49	11.14	13.28	14.86
5	0.41	0.55	0.83	1.15	1.61	2.67	4.35	6.63	9.24	11.07	12.83	15.09	16.75
6	0.68	0.87	1.24	1.64	2.20	3.45	5.35	7.84	10.64	12.59	14.45	16.81	18.55
7	0.99	1.24	1.69	2.17	2.83	4.25	6.35	9.04	12.02	14.07	16.01	18.48	20.28
8	1.34	1.65	2.18	2.73	3.40	5.07	7.34	10.22	13.36	15.51	17.53	20.09	21.96
9	1.73	2.09	2.70	3.33	4.17	5.90	8.34	11.39	14.68	16.92	19.02	21.67	23.59
10	2.16	2.56	3.25	3.94	4.87	6.74	9.34	12.55	15.99	18.31	20.48	23.21	25.19
11	2.60	3.05	3.82	4.57	5.58	7.58	10.34	13.70	17.28	19.68	21.92	24.72	26.76
12	3.07	3.57	4.40	5.23	6.30	8.44	11.34	14.85	18.55	21.03	23.34	26.22	28.30
13	3.57	4.11	5.01	5.89	7.04	9.30	12.34	15.98	19.81	22.36	24.74	27.69	29.82
14	4.07	4.66	5.63	6.57	7.79	10.17	13.34	17.12	21.06	23.68	26.12	29.14	31.32
15	4.60	5.23	6.27	7.26	8.55	11.04	14.34	18.25	22.31	25.00	27.49	30.58	32.80
16	5.14	5.81	6.91	7.96	9.31	11.91	15.34	19.37	23.54	26.30	28.85	32.00	34.27
17	5.70	6.41	7.56	8.67	10.09	12.79	16.34	20.49	24.77	27.59	30.19	33.41	35.72

续表

n'	P												
	0.995	0.99	0.975	0.95	0.90	0.75	0.50	0.25	0.10	0.05	0.025	0.01	0.005
18	6.26	7.01	8.23	9.39	10.86	13.68	17.34	21.60	25.99	28.87	31.53	34.81	37.16
19	6.84	7.63	8.91	10.12	11.65	14.56	18.34	22.72	27.20	30.14	32.85	36.19	38.58
20	7.43	8.26	9.59	10.85	12.44	15.45	19.34	23.83	28.41	31.41	34.17	37.57	40.00
21	8.03	8.90	10.28	11.59	13.24	16.34	20.34	24.93	29.62	32.67	35.48	38.93	41.40
22	8.64	9.54	10.98	12.34	14.04	17.24	21.34	26.04	30.81	33.92	36.78	40.29	42.80
23	9.26	10.20	11.69	13.09	14.85	18.14	22.34	27.14	32.01	35.17	38.08	41.64	44.18
24	9.89	10.86	12.40	13.85	15.66	19.04	23.34	28.24	33.20	36.42	39.36	42.98	45.56
25	10.52	11.52	13.12	14.61	16.47	19.94	24.34	29.34	34.38	37.65	40.65	44.31	46.93
26	11.16	12.20	13.84	15.38	17.29	20.84	25.34	30.43	35.56	38.89	41.92	45.64	48.29
27	11.81	12.88	14.57	16.15	18.11	21.75	26.34	31.53	36.74	40.11	43.19	46.96	49.64
28	12.46	13.56	15.31	16.93	18.94	22.66	27.34	32.62	37.92	41.34	44.46	48.28	50.99
29	13.12	14.26	16.05	17.71	19.77	23.57	28.34	33.71	39.09	42.56	45.72	49.59	52.34
30	13.79	14.95	16.79	18.49	20.60	24.48	29.34	34.80	40.26	43.77	46.98	50.89	53.67
40	20.71	22.16	24.43	26.51	29.05	33.66	39.34	45.62	51.80	55.76	59.34	63.69	66.77
50	27.99	29.71	32.36	34.76	37.69	42.94	49.33	56.33	63.17	67.50	71.42	76.15	79.49
60	35.53	37.48	40.48	43.19	46.46	52.29	59.33	66.98	74.40	79.08	83.30	88.38	91.95
70	43.28	45.44	48.76	51.74	55.33	61.70	69.33	77.58	85.53	90.53	95.02	100.42	104.22
80	51.17	53.54	57.15	60.39	64.28	71.14	79.33	88.13	96.58	101.88	106.63	112.33	116.32
90	59.20	61.75	65.65	69.13	73.29	80.62	89.33	98.64	107.56	113.14	118.14	124.12	128.30
100	67.33	70.06	74.22	77.93	82.36	90.13	99.33	109.14	118.50	124.34	129.56	135.81	140.17

附表 5 F 分布临界值表

$\alpha = 0.005$

k_2 \ k_1	1	2	3	4	5	6	8	12	24	∞
1	16 211	20 000	21 615	22 500	23 056	23 437	23 925	24 426	24 940	25 465
2	198.50	199.0	199.20	199.20	199.30	199.30	199.40	199.40	199.50	199.50
3	55.55	49.80	47.47	46.19	45.39	44.84	44.13	43.39	42.62	41.83
4	31.33	26.28	24.26	23.15	22.46	21.97	21.35	20.70	20.03	19.32
5	22.78	18.31	16.53	15.56	14.94	14.51	13.96	13.38	12.78	12.14

F 分布临界值表

续表

k_1 \ k_2	1	2	3	4	5	6	8	12	24	∞
6	18.63	14.45	12.92	12.03	11.46	11.07	10.57	10.03	9.47	8.88
7	16.24	12.40	10.88	10.05	9.52	9.16	8.68	8.18	7.65	7.08
8	14.69	11.04	9.60	8.81	8.30	7.95	7.50	7.01	6.50	5.95
9	13.61	10.11	8.72	7.96	7.47	7.13	6.69	6.23	5.73	5.19
10	12.83	9.43	8.08	7.34	6.87	6.54	6.12	5.66	5.17	4.64
11	12.23	8.91	7.60	6.88	6.42	6.10	5.68	5.24	4.76	4.23
12	11.75	8.51	7.23	6.52	6.07	5.76	5.35	4.91	4.43	3.90
13	11.37	8.19	6.93	6.23	5.79	5.48	5.08	4.64	4.17	3.65
14	11.06	7.92	6.68	6.00	5.56	5.26	4.86	4.43	3.96	3.44
15	10.80	7.70	6.48	5.80	5.37	5.07	4.67	4.25	3.79	3.26
16	10.58	7.51	6.30	5.64	5.21	4.91	4.52	4.10	3.64	3.11
17	10.38	7.35	6.16	5.50	5.07	4.78	4.39	3.97	3.51	2.98
18	10.22	7.21	6.03	5.37	4.96	4.66	4.28	3.86	3.40	2.87
19	10.07	7.09	5.92	5.27	4.85	4.56	4.18	3.76	3.31	2.78
20	9.94	6.99	5.82	5.17	4.76	4.47	4.09	3.68	3.22	2.69
21	9.83	6.89	5.73	5.09	4.68	4.39	4.01	3.60	3.15	2.61
22	9.73	6.81	5.65	5.02	4.61	4.32	3.94	3.54	3.08	2.55
23	9.63	6.73	5.58	4.95	4.54	4.26	3.88	3.47	3.02	2.48
24	9.55	6.66	5.52	4.89	4.49	4.20	3.83	3.42	2.97	2.43
25	9.48	6.60	5.46	4.84	4.43	4.15	3.78	3.37	2.92	2.38
26	9.41	6.54	5.41	4.79	4.38	4.10	3.73	3.33	2.87	2.33
27	9.34	6.49	5.36	4.74	4.34	4.06	3.69	3.28	2.83	2.29
28	9.28	6.44	5.32	4.70	4.30	4.02	3.65	3.25	2.79	2.25
29	9.23	6.40	5.28	4.66	4.26	3.98	3.61	3.21	2.76	2.21
30	9.18	6.35	5.24	4.62	4.23	3.95	3.58	3.18	2.73	2.18
40	8.83	6.07	4.98	4.37	3.99	3.71	3.35	2.95	2.50	1.93
60	8.49	5.79	4.73	4.14	3.76	3.49	3.13	2.74	2.29	1.69
120	8.18	5.54	4.50	3.92	3.55	3.28	2.93	2.54	2.09	1.43

附录 B 常见概率分布表

续表

$\alpha = 0.01$

k_1 \ k_2	1	2	3	4	5	6	8	12	24	∞
1	4 052	4 999	5 403	5 625	5 764	5 859	5 981	6 106	6 234	6 366
2	98.49	99.01	99.17	99.25	99.30	99.33	99.36	99.42	99.46	99.50
3	34.12	30.81	29.46	28.71	28.24	27.91	27.49	27.05	26.60	26.12
4	21.20	18.00	16.69	15.98	15.52	15.21	14.80	14.37	13.93	13.46
5	16.26	13.27	12.06	11.39	10.97	10.67	10.29	9.89	9.47	9.02
6	13.74	10.92	9.78	9.15	8.75	8.47	8.10	7.72	7.31	6.88
7	12.25	9.55	8.45	7.85	7.46	7.19	6.84	6.47	6.07	5.65
8	11.26	8.65	7.59	7.01	6.63	6.37	6.03	5.67	5.28	4.86
9	10.56	8.02	6.99	6.42	6.06	5.80	5.47	5.11	4.73	4.31
10	10.04	7.56	6.55	5.99	5.64	5.39	5.06	4.71	4.33	3.91
11	9.65	7.20	6.22	5.67	5.32	5.07	4.74	4.40	4.02	3.60
12	9.33	6.93	5.95	5.41	5.06	4.82	4.50	4.16	3.78	3.36
13	9.07	6.70	5.74	5.20	4.86	4.62	4.30	3.96	3.59	3.16
14	8.86	6.51	5.56	5.03	4.69	4.46	4.14	3.80	3.43	3.00
15	8.68	6.36	5.42	4.89	4.56	4.32	4.00	3.67	3.29	2.87
16	8.53	6.23	5.29	4.77	4.44	4.20	3.89	3.55	3.18	2.75
17	8.40	6.11	5.18	4.67	4.34	4.10	3.79	3.45	3.08	2.65
18	8.28	6.01	5.09	4.58	4.25	4.01	3.71	3.37	3.00	2.57
19	8.18	5.93	5.01	4.50	4.17	3.94	3.63	3.30	2.92	2.49
20	8.10	5.85	4.94	4.43	4.10	3.87	3.56	3.23	2.86	2.42
21	8.02	5.78	4.87	4.37	4.04	3.81	3.51	3.17	2.80	2.36
22	7.94	5.72	4.82	4.31	3.99	3.76	3.45	3.12	2.75	2.31
23	7.88	5.66	4.76	4.26	3.94	3.71	3.41	3.07	2.70	2.26
24	7.82	5.61	4.72	4.22	3.90	3.67	3.36	3.03	2.66	2.21
25	7.77	5.57	4.68	4.18	3.86	3.63	3.32	2.99	2.62	2.17
26	7.72	5.53	4.64	4.14	3.82	3.59	3.29	2.96	2.58	2.13
27	7.68	5.49	4.60	4.11	3.78	3.56	3.26	2.93	2.55	2.10
28	7.64	5.45	4.57	4.07	3.75	3.53	3.23	2.90	2.52	2.06
29	7.60	5.42	4.54	4.04	3.73	3.50	3.20	2.87	2.49	2.03
30	7.56	5.39	4.51	4.02	3.70	3.47	3.17	2.84	2.47	2.01
40	7.31	5.18	4.31	3.83	3.51	3.29	2.99	2.66	2.29	1.80
60	7.08	4.98	4.13	3.65	3.34	3.12	2.82	2.50	2.12	1.60
120	6.85	4.79	3.95	3.48	3.17	2.96	2.66	2.34	1.95	1.38
∞	6.64	4.60	3.78	3.32	3.02	2.80	2.51	2.18	1.79	1.00

F 分布临界值表

续表

$\alpha = 0.025$

k_2 \ k_1	1	2	3	4	5	6	8	12	24	∞
1	647.80	799.50	864.20	899.60	921.80	937.10	956.70	976.70	997.20	1018
2	38.51	39.00	39.17	39.25	39.30	39.33	39.37	39.41	39.46	39.50
3	17.44	16.04	15.44	15.10	14.88	14.73	14.54	14.34	14.12	13.90
4	12.22	10.65	9.98	9.60	9.36	9.20	8.98	8.75	8.51	8.26
5	10.01	8.43	7.76	7.39	7.15	6.98	6.76	6.52	6.28	6.02
6	8.81	7.26	6.60	6.23	5.99	5.82	5.60	5.37	5.12	4.85
7	8.07	6.54	5.89	5.52	5.29	5.12	4.90	4.67	4.42	4.14
8	7.57	6.06	5.42	5.05	4.82	4.65	4.43	4.20	3.95	3.67
9	7.21	5.71	5.08	4.72	4.48	4.32	4.10	3.87	3.61	3.33
10	6.94	5.46	4.83	4.47	4.24	4.07	3.85	3.62	3.37	3.08
11	6.72	5.26	4.63	4.28	4.04	3.88	3.66	3.43	3.17	2.88
12	6.55	5.10	4.47	4.12	3.89	3.73	3.51	3.28	3.02	2.72
13	6.41	4.97	4.35	4.00	3.77	3.60	3.39	3.15	2.89	2.60
14	6.30	4.86	4.24	3.89	3.66	3.50	3.29	3.05	2.79	2.49
15	6.20	4.77	4.15	3.80	3.58	3.41	3.20	2.96	2.70	2.40
16	6.12	4.69	4.08	3.73	3.50	3.34	3.12	2.89	2.63	2.32
17	6.04	4.62	4.01	3.66	3.44	3.28	3.06	2.82	2.56	2.25
18	5.98	4.56	3.95	3.61	3.38	3.22	3.01	2.77	2.50	2.19
19	5.92	4.51	3.90	3.56	3.33	3.17	2.96	2.72	2.45	2.13
20	5.87	4.46	3.86	3.51	3.29	3.13	2.91	2.68	2.41	2.09
21	5.83	4.42	3.82	3.48	3.25	3.09	2.87	2.64	2.37	2.04
22	5.79	4.38	3.78	3.44	3.22	3.05	2.84	2.60	2.33	2.00
23	5.75	4.35	3.75	3.41	3.18	3.02	2.81	2.57	2.30	1.97
24	5.72	4.32	3.72	3.38	3.15	2.99	2.78	2.54	2.27	1.94
25	5.69	4.29	3.69	3.35	3.13	2.97	2.75	2.51	2.24	1.91
26	5.66	4.27	3.67	3.33	3.10	2.94	2.73	2.49	2.22	1.88
27	5.63	4.24	3.65	3.31	3.08	2.92	2.71	2.47	2.19	1.85
28	5.61	4.22	3.63	3.29	3.06	2.90	2.69	2.45	2.17	1.83
29	5.59	4.20	3.61	3.27	3.04	2.88	2.67	2.43	2.15	1.81
30	5.57	4.18	3.59	3.25	3.03	2.87	2.65	2.41	2.14	1.79
40	5.42	4.05	3.46	3.13	2.90	2.74	2.53	2.29	2.01	1.64
60	5.29	3.93	3.34	3.01	2.79	2.63	2.41	2.17	1.88	1.48
120	5.15	3.80	3.23	2.89	2.67	2.52	2.30	2.05	1.76	1.31
∞	5.02	3.69	3.12	2.79	2.57	2.41	2.19	1.94	1.64	1.00

续表

$\alpha = 0.05$

$k_2 \backslash k_1$	1	2	3	4	5	6	8	12	24	∞
1	161.40	199.50	215.70	224.60	230.20	234.00	238.90	243.90	249.00	254.30
2	18.51	19.00	19.16	19.25	19.30	19.33	19.37	19.41	19.45	19.50
3	10.13	9.55	9.28	9.12	9.01	8.94	8.84	8.74	8.64	8.53
4	7.71	6.94	6.59	6.39	6.26	6.16	6.04	5.91	5.77	5.63
5	6.61	5.79	5.41	5.19	5.05	4.95	4.82	4.68	4.53	4.36
6	5.99	5.14	4.76	4.53	4.39	4.28	4.15	4.00	3.84	3.67
7	5.59	4.74	4.35	4.12	3.97	3.87	3.73	3.57	3.41	3.23
8	5.32	4.46	4.07	3.84	3.69	3.58	3.44	3.28	3.12	2.93
9	5.12	4.26	3.86	3.63	3.48	3.37	3.23	3.07	2.90	2.71
10	4.96	4.10	3.71	3.48	3.33	3.22	3.07	2.91	2.74	2.54
11	4.84	3.98	3.59	3.36	3.20	3.09	2.95	2.79	2.61	2.40
12	4.75	3.88	3.49	3.26	3.11	3.00	2.85	2.69	2.50	2.30
13	4.67	3.80	3.41	3.18	3.02	2.92	2.77	2.60	2.42	2.21
14	4.60	3.74	3.34	3.11	2.96	2.85	2.70	2.53	2.35	2.13
15	4.54	3.68	3.29	3.06	2.90	2.79	2.64	2.48	2.29	2.07
16	4.49	3.63	3.24	3.01	2.85	2.74	2.59	2.42	2.24	2.01
17	4.45	3.59	3.20	2.96	2.81	2.70	2.55	2.38	2.19	1.96
18	4.41	3.55	3.16	2.93	2.77	2.66	2.51	2.34	2.15	1.92
19	4.38	3.52	3.13	2.90	2.74	2.63	2.48	2.31	2.11	1.88
20	4.35	3.49	3.10	2.87	2.71	2.60	2.45	2.28	2.08	1.84
21	4.32	3.47	3.07	2.84	2.68	2.57	2.42	2.25	2.05	1.81
22	4.30	3.44	3.05	2.82	2.66	2.55	2.40	2.23	2.03	1.78
23	4.28	3.42	3.03	2.80	2.64	2.53	2.38	2.20	2.00	1.76
24	4.26	3.40	3.01	2.78	2.62	2.51	2.36	2.18	1.98	1.73
25	4.24	3.38	2.99	2.76	2.60	2.49	2.34	2.16	1.96	1.71
26	4.22	3.37	2.98	2.74	2.59	2.47	2.32	2.15	1.95	1.69
27	4.21	3.35	2.96	2.73	2.57	2.46	2.30	2.13	1.93	1.67
28	4.20	3.34	2.95	2.71	2.56	2.44	2.29	2.12	1.91	1.65
29	4.18	3.33	2.93	2.70	2.54	2.43	2.28	2.10	1.90	1.64
30	4.17	3.32	2.92	2.69	2.53	2.42	2.27	2.09	1.89	1.62
40	4.08	3.23	2.84	2.61	2.45	2.34	2.18	2.00	1.79	1.51
60	4.00	3.15	2.76	2.52	2.37	2.25	2.10	1.92	1.70	1.39
120	3.92	3.07	2.68	2.45	2.29	2.17	2.02	1.83	1.61	1.25
∞	3.84	2.99	2.60	2.37	2.21	2.09	1.94	1.75	1.52	1.00

F 分布临界值表
附表 5

续表

$\alpha = 0.10$

k_1 k_2	1	2	3	4	5	6	8	12	24	∞
1	39.86	49.50	53.59	55.83	57.24	58.20	59.44	60.71	62.00	63.33
2	8.53	9.00	9.16	9.24	9.29	9.33	9.37	9.41	9.45	9.49
3	5.54	5.46	5.36	5.32	5.31	5.28	5.25	5.22	5.18	5.13
4	4.54	4.32	4.19	4.11	4.05	4.01	3.95	3.90	3.83	3.76
5	4.06	3.78	3.62	3.52	3.45	3.40	3.34	3.27	3.19	3.10
6	3.78	3.46	3.29	3.18	3.11	3.05	2.98	2.90	2.82	2.72
7	3.59	3.26	3.07	2.96	2.88	2.83	2.75	2.67	2.58	2.47
8	3.46	3.11	2.92	2.81	2.73	2.67	2.59	2.50	2.40	2.29
9	3.36	3.01	2.81	2.69	2.61	2.55	2.47	2.38	2.28	2.16
10	3.29	2.92	2.73	2.61	2.52	2.46	2.38	2.28	2.18	2.06
11	3.23	2.86	2.66	2.54	2.45	2.39	2.30	2.21	2.10	1.97
12	3.18	2.81	2.61	2.48	2.39	2.33	2.24	2.15	2.04	1.90
13	3.14	2.76	2.56	2.43	2.35	2.28	2.20	2.10	1.98	1.85
14	3.10	2.73	2.52	2.39	2.31	2.24	2.15	2.05	1.94	1.80
15	3.07	2.70	2.49	2.36	2.27	2.21	2.12	2.02	1.90	1.76
16	3.05	2.67	2.46	2.33	2.24	2.18	2.09	1.99	1.87	1.72
17	3.03	2.64	2.44	2.31	2.22	2.15	2.06	1.96	1.84	1.69
18	3.01	2.62	2.42	2.29	2.20	2.13	2.04	1.93	1.81	1.66
19	2.99	2.61	2.40	2.27	2.18	2.11	2.02	1.91	1.79	1.63
20	2.97	2.59	2.38	2.25	2.16	2.09	2.00	1.89	1.77	1.61
21	2.96	2.57	2.36	2.23	2.14	2.08	1.98	1.87	1.75	1.59
22	2.95	2.56	2.35	2.22	2.13	2.06	1.97	1.86	1.73	1.57
23	2.94	2.55	2.34	2.21	2.11	2.05	1.95	1.84	1.72	1.55
24	2.93	2.54	2.33	2.19	2.10	2.04	1.94	1.83	1.70	1.53
25	2.92	2.53	2.32	2.18	2.09	2.02	1.93	1.82	1.69	1.52
26	2.91	2.52	2.31	2.17	2.08	2.01	1.92	1.81	1.68	1.50
27	2.90	2.51	2.30	2.17	2.07	2.00	1.91	1.80	1.67	1.49
28	2.89	2.50	2.29	2.16	2.06	2.00	1.90	1.79	1.66	1.48
29	2.89	2.50	2.28	2.15	2.06	1.99	1.89	1.78	1.65	1.47
30	2.88	2.49	2.28	2.14	2.05	1.98	1.88	1.77	1.64	1.46
40	2.84	2.44	2.23	2.09	2.00	1.93	1.83	1.71	1.57	1.38
60	2.79	2.39	2.18	2.04	1.95	1.87	1.77	1.66	1.51	1.29
120	2.75	2.35	2.13	1.99	1.90	1.82	1.72	1.60	1.45	1.19
∞	2.71	2.30	2.08	1.94	1.85	1.17	1.67	1.55	1.38	1.00

习题参考答案

习题一

1. (1) $S=\{3,4,5,6,\cdots,18\}$；

(2) $S=\{$正正正，正正反，正反正，反正正，正反反，反正反，反反正，反反反$\}$；

(3) $S=\{5,6,7,8,9,\cdots\}$；

(4) $S=\{(x,y,z)|0<x<1,0<y<1,0<z<1,x+y+z=1\}$；

(5) $S=\begin{Bmatrix}(1,2),(1,3),\cdots,(1,10)\\(2,1),(2,3),\cdots,(2,10)\\\vdots\\(10,1),(10,2),\cdots,(10,9)\end{Bmatrix}$.

2. (1) $\overline{A}\overline{B}\overline{C}$；(2) ABC；(3) $A\overline{B}\overline{C}$；(4) $A\cup B\cup C$；(5) $AB\cup BC\cup AC$；
(6) $A\overline{B}\overline{C}\cup \overline{A}B\overline{C}\cup \overline{A}\overline{B}C$；(7) $\overline{A}BC\cup A\overline{B}C\cup AB\overline{C}$；(8) $\overline{ABC}$；(9) $\overline{A}\cup\overline{B}\cup\overline{C}$.

3. 0.6.

4. (1) 0.1；(2) 0.4；(3) 0.1；(4) 0.4.

5. (1) 当 $A\cup B=B$ 时，取最大值 0.6；(2) 当 $A\cup B=S$ 时，取最小值 0.3.

6. $\dfrac{3}{4}$. 7. $\dfrac{1}{12}$；$\dfrac{1}{20}$. 8. (1) $\dfrac{C_{25}^2 C_{15}^2 C_{10}^6}{C_{50}^{10}}$；(2) $\dfrac{C_{25}^2 C_{25}^8}{C_{50}^{10}}$；(3) $\dfrac{C_{40}^{10}}{C_{50}^{10}}$. 9. $\dfrac{13}{21}$.

10. $\dfrac{A_{10}^4}{10^4}$. 11. $\dfrac{12!C_{18}^{12}}{12^{18}}$. 12. (1) $\dfrac{1}{7^5}$；(2) $\left(\dfrac{6}{7}\right)^5$；(3) $1-\dfrac{1}{7^5}$. 13. $\dfrac{1}{3}$.

14. (1) 0.68；(2) $\dfrac{1}{4}+\dfrac{1}{2}\ln 2$. 15. 0.7. 16. $\dfrac{2}{9}$.

17. (1) 0.2；(2) 0.7. 18. $\dfrac{2}{3}$. 19. $\dfrac{3}{5}$. 20. 0.082 6 21. 0.057.

22. 0.835. 23. 0.089. 24. (1) 0.027 02；(2) 0.307 7.

25. 0.994 92. 26. $\dfrac{20}{21}$. 27. 0.994 8. 28. 11. 29. $\dfrac{1}{2}$.

30. 略. 31. $\dfrac{2}{5}$. 32. $\dfrac{3}{4}$. 33. $\dfrac{3}{4}$. 34. C. 35. B. 36. C.

习题二

1. (1) 不能；(2) 能；(3) 不能.

2. $F(x)=\begin{cases} 0, & x<1, \\ 0.2, & 1\leqslant x<3, \\ 0.7, & 3\leqslant x<5, \\ 1, & x\geqslant 5. \end{cases}$

3. (1)

X	0	1	2
p_k	$\dfrac{7}{15}$	$\dfrac{7}{15}$	$\dfrac{1}{15}$

;

(2) $F(x)=\begin{cases} 0, & x<0, \\ \dfrac{7}{15}, & 0\leqslant x<1, \\ \dfrac{14}{15}, & 1\leqslant x<2, \\ 1, & x\geqslant 2; \end{cases}$ (3) $1;\dfrac{1}{15};\dfrac{8}{15};\dfrac{1}{15}$.

4.
X	1	2	3	4	5	6
p_k	p	$(1-p)p$	$(1-p)^2 p$	$(1-p)^3 p$	$(1-p)^4 p$	$(1-p)^5$

5.
X_1	2	3	4	5	6	7	8	9	10	11	12
p_k	$\dfrac{1}{36}$	$\dfrac{1}{18}$	$\dfrac{1}{12}$	$\dfrac{1}{9}$	$\dfrac{5}{36}$	$\dfrac{1}{6}$	$\dfrac{5}{36}$	$\dfrac{1}{9}$	$\dfrac{1}{12}$	$\dfrac{1}{18}$	$\dfrac{1}{36}$

X_2	1	2	3	4	5	6
p_k	$\dfrac{11}{36}$	$\dfrac{1}{4}$	$\dfrac{7}{36}$	$\dfrac{5}{36}$	$\dfrac{1}{12}$	$\dfrac{1}{36}$

6. $\dfrac{\sqrt{5}-1}{2}$.

7. (1) $k=1$; (2) $F(x)=\begin{cases} 0, & x<0, \\ \dfrac{1}{2}x^2, & 0\leqslant x<1, \\ -\dfrac{1}{2}x^2+2x-1, & 1\leqslant x<2, \\ 1, & x\geqslant 2; \end{cases}$ (3) $\dfrac{3}{4}$; (4) $\dfrac{7}{8}$;

(5) 1.

8. 2.   9. 0.9524.

习题参考答案

10. (1) $a=\frac{1}{2}, b=\frac{1}{\pi}$; (2) $\frac{1}{2}$; (3) $f(x)=\frac{1}{\pi(1+x^2)}, x\in \mathbf{R}$.

11. (1) $\frac{1}{2}$; (2) 0; (3) $\frac{1}{2}$. 12. $e^{-1}-e^{-2}$

13. Y 的分布律为 $P\{Y=k\}=C_5^k(e^{-2})^k(1-e^{-2})^{5-k}, k=0,1,2,3,4,5$; $P\{Y\geqslant 1\}=1-(1-e^{-2})^5$.

14.

Y	-1	0	1
p_k	$\frac{2}{15}$	$\frac{1}{3}$	$\frac{8}{15}$

15.

Y	-3	-1	1	3	7
p_k	0.2	0.1	0.3	0.3	0.1

Z	4	5	8	20
p_k	0.1	0.5	0.3	0.1

16. $f_Y(y)=\begin{cases}\frac{1}{8}, & -3<y<5,\\ 0, & 其他.\end{cases}$ 17. $\frac{9}{64}$.

18. (1) 0.532 8; (2) 0.971 0; (3) $c=3$.

19. (1) 0.988 6; (2) 111.84.   20. $e^{-1}-e^{-2}$.

习题三

1. $(1-e^{-1})(1-e^{-4})$.

2.

X \ Y	1	3	$P\{X=x_i\}$
0	0	$\frac{1}{8}$	$\frac{1}{8}$
1	$\frac{3}{8}$	0	$\frac{3}{8}$
2	$\frac{3}{8}$	0	$\frac{3}{8}$
3	0	$\frac{1}{8}$	$\frac{1}{8}$
$P\{Y=y_j\}$	$\frac{3}{4}$	$\frac{1}{4}$	

3. (1)

X \ Y	0	1	2	$P\{X=x_i\}$
0	$\frac{1}{9}$	$\frac{2}{9}$	$\frac{1}{9}$	$\frac{4}{9}$
1	$\frac{2}{9}$	$\frac{2}{9}$	0	$\frac{4}{9}$
2	$\frac{1}{9}$	0	0	$\frac{1}{9}$
$P\{Y=y_j\}$	$\frac{4}{9}$	$\frac{4}{9}$	$\frac{1}{9}$	

(2) X 和 Y 不独立.

4. (1) $A=\frac{1}{3}$；(2) $\frac{7}{72}$.

5. (1) $f(x,y)=\begin{cases} 2e^{-4y}, & x>0, y>0, \\ 0, & \text{其他}; \end{cases}$ (2) $\frac{1}{8}$.

6. (1) $f_X(x)=\begin{cases} 12x^2(1-x), & 0<x<1, \\ 0, & \text{其他}; \end{cases}$ $f_Y(y)=\begin{cases} 4y^3, & 0<y<1, \\ 0, & \text{其他}; \end{cases}$

(2) X 和 Y 不独立.

7. $\frac{1}{2}$.

8. (1) X 和 Y 独立；(2) $(1-e^{-3})(1-e^{-8})$.

9. (1) 0.4, 0.5；

(2)

U	-3	-2	-1	0	1	2
p_k	0.2	0	0.5	0.1	0	0.2

10. (1) $\frac{21}{4}$；(2) X 和 Y 不独立；

(3) $f_{X|Y}(x,y)=\begin{cases} \dfrac{2y}{1-x^4}, & x^2\leqslant y\leqslant 1, \\ 0, & \text{其他}, \end{cases}$ $f_{Y|X}(y,x)=\begin{cases} \dfrac{3}{2}x^2 y^{-\frac{3}{2}}, & x^2\leqslant y\leqslant 1, \\ 0, & \text{其他}; \end{cases}$

(4) $\frac{3}{20}$.

11.

X \ Y	y_1	y_2	y_3	$P\{X=x_i\}$
x_1	$\frac{1}{24}$	$\frac{1}{8}$	$\frac{1}{12}$	$\frac{1}{4}$
x_2	$\frac{1}{8}$	$\frac{3}{8}$	$\frac{1}{4}$	$\frac{3}{4}$
$P\{Y=y_j\}$	$\frac{1}{6}$	$\frac{1}{2}$	$\frac{1}{3}$	1

12. $\frac{1}{9}$.

13. $F_Y(y)=\begin{cases} 0, & y<0, \\ \frac{3}{4}y, & 0\leqslant y<1, \\ \frac{1}{2}+\frac{1}{4}y, & 1\leqslant y<2, \\ 1, & y\geqslant 2. \end{cases}$

14. $f_Z(z)=\begin{cases} \frac{1}{2}(1-e^{-z}), & 0\leqslant z\leqslant 2, \\ \frac{1}{2}e^{-z}(e^2-1), & z>2, \\ 0, & 其他. \end{cases}$

习题四

1.

X	2	3	4	9
P	1/8	5/8	1/8	1/8

$E(X)=3.75$.

2. 1.055 6.   3. 1 500.   4. $-0.2, 2.8, 13.4$.   5. 2, 1/3.

6. (1) 2, 0; (2) 5.   7. 0.8, 0.6, 0.5, 16/15.   8. $\frac{1}{p}, \frac{1-p}{p^2}$.

9. $\sqrt{\frac{\pi}{2}}\sigma, \frac{4-\pi}{2}\sigma^2$.   10. 8.67, 21.42.   11. 7, 37.25.   12~15. 略.

16. 0, 2/3, 0.   17. 7/6, 7/6, $-1/36$, $-1/11$, 5/9.   18. 3, 108.

19. 略.   20. 0.75.   21. (1) 0.180 2; (2) 443.   22. 0.078 7.

23. 0.006 2.   24. (1) 0.896 8; (2) 0.749 8.

习题五

1. 203.5, 44.333. 2. 0.383 0. 3. 略. 4. 61.340 0, 62, 6.055 7, 28.

习题六

1. 212.312 5. 2. $\hat{\alpha} = \dfrac{\overline{X}}{\overline{X}-1}$. 3. (1) $\hat{p} = \dfrac{1}{\overline{X}}$; (2) $\hat{p} = \dfrac{1}{\overline{X}}$.

4. (1) $\hat{\beta} = \dfrac{\overline{X}}{1-\overline{X}}$; (2) $\hat{\beta} = -\dfrac{n}{\sum\limits_{i=1}^{n} \ln X_i}$. 5. 2.4. 6. 33, 18.8.

7. $\hat{\mu}_1$ 更有效. 8. (1) (149.43, 15.23); (2) (147.59, 152.075).

9. (1) (14.81, 15.01); (2) (14.45, 15.07).

10. (1) (42.92, 43.88); (2) (0.53, 1.15).

11. (9.23, 50.77).

12. (0.295, 2.806).

习题七

1. 正常. 2. 有显著降低. 3. 略. 4. 无明显差异.

5. 是. 6. (1) 相等; (2) 有. 7. 是.

习题八

1. $\mu_Y(t) = F_x(x;t), R_Y(t_1,t_2) = F_x(x,x;t_1,t_2)$.

2. $\mu_Y(t) = \dfrac{1}{at}(1-e^{at}), t>0, R_Y(t_1,t_2) = F_x(x,x;t_1,t_2), \mu_Y(t) = \dfrac{1}{at}(1-e^{at}), t>0$,
$R_Y(t_1,t_2) = \dfrac{1}{a(t_1+t_2)}(1-e^{a(t_1+t_2)}), t_1,t_2>0$.

3. $\mu_Y(t) = \mu_Y(t) + \varphi(t), C_Y(t_1,t_2) = C_X(t_1,t_2)$.

4~6 略.

7. $\mu_Y(t) = \lambda L, R_Y(t_1,t_2) = \begin{cases} \lambda^2 L^2 + \lambda(L-|\tau|), & |\tau| \leqslant L, \\ \lambda^2 L^2, & |\tau| > L, \end{cases}$ $\tau = t_2 - t_1, t_1, t_2 > 0$, 是.

8. 是.

9. 状态空间 $I = \{1, 2, \cdots, N\}, p_{ij} = P\{X_n = j \mid X_{n-1} = i\} = \begin{cases} \dfrac{1}{i}, & 1 \leqslant j \leqslant i, \\ 0, & j > i, \end{cases}$ $i = 1, 2, \cdots, N$.

$$P = \begin{bmatrix} 1 & 0 & 0 & \cdots & 0 & 0 \\ \frac{1}{2} & \frac{1}{2} & 0 & \cdots & 0 & 0 \\ \vdots & \vdots & & & \vdots & \vdots \\ 1/i & 1/i & \cdots & 1/i & 0 & 0 \\ \vdots & \vdots & & & \vdots & \vdots \\ 1/N & 1/N & 1/N & 1/N & \cdots & 1/i \end{bmatrix}.$$

10. 状态空间 $I = \{1, 2, \cdots, N\}$, $p_{ij} = \begin{cases} p, & j = i+1, \\ q, & j = i, \\ 0, & 其他, \end{cases}$ $i, j = 1, 2, \cdots$

$$P = \begin{bmatrix} q & p & 0 & 0 & \cdots & 0 \\ 0 & q & p & 0 & \cdots & 0 \\ 0 & 0 & q & p & 0 & \cdots \\ \vdots & \vdots & \vdots & \vdots & & \end{bmatrix}.$$

11. (1) 1/16；(2) 略；(3) 7/16；(4) 0.399 3.

12. 略.

13. $m = 2$, $\pi_i = \dfrac{1 - \dfrac{p}{q}}{1 - \left(\dfrac{p}{q}\right)^3} \left(\dfrac{p}{q}\right)^{i-1}$, $i = 1, 2, 3$.

14. $P = \begin{matrix} 0 \\ 1 \end{matrix} \begin{bmatrix} 1/2 & 1/2 \\ 1/3 & 1/3 \end{bmatrix}$；5月1日为晴天的情况下，5月3日为晴天的概率为 $P_{00}(2) = 0.416\ 7$，5月5日为雨天的概率为 $P_{01}(2) = 0.599\ 5$.